全国高职高专“十二五”规划教材

Photoshop CS5 中文版模块教程

主　编　彭德林　明丽宏

副主编　刘　妍　李苏晋　杨泽琳

主　审　张丽静　敖冰峰

中国水利水电出版社
www.waterpub.com.cn

内 容 提 要

Photoshop CS5 中文版以其领先的数字艺术理念、可扩展的开放性以及强大的兼容性成为图形图像领域的标准，它将广告设计与图像处理推向了更高、更灵活的艺术水准。Photoshop CS5 应用程序在原有版本的基础上对图像的编辑、绘制等诸多功能进行了完善，本书从教学实际需求出发，合理安排知识结构，以“模块驱动”和“创建工作情境”相配合的教学方法为特色，重点突出对学生实践动手能力、职业岗位能力、创新能力和解决实际问题能力的培养，强化职业技能的提高。

本书根据本学科的教学规律和高职高专学生学习的特点，合理安排各模块教学内容，力求准确、简明、完整，体现“学以致用”、“即学即用”的编写思路，强调基础知识和实践环节相结合，注重操作步骤和应用技巧相联系。既是高职高专计算机类专业的首选教材，也是大多数计算机爱好者的重要学习资料。

本书提供有电子教案和素材效果文件库，读者可以从中国水利水电出版社网站或万水书苑上免费下载，网址为：http://www.waterpub.com.cn/softdown/和 http://www.wsbookshow.com。

图书在版编目（CIP）数据

Photoshop CS5中文版模块教程 / 彭德林，明丽宏主编. -- 北京 : 中国水利水电出版社，2012.1（2018.9 重印）
全国高职高专“十二五”规划教材
ISBN 978-7-5084-9231-5

Ⅰ. ①P… Ⅱ. ①彭… ②明… Ⅲ. ①图象处理软件，Photoshop CS5－高等职业教育－教材 Ⅳ. ①TP391.41

中国版本图书馆CIP数据核字(2011)第258601号

策划编辑：石永峰　责任编辑：张玉玲　加工编辑：孙　丹　封面设计：李　佳

书　名	全国高职高专“十二五”规划教材 Photoshop CS5 中文版模块教程
作　者	主　编　彭德林　明丽宏 副主编　刘　妍　李苏晋　杨泽琳 主　审　张丽静　敖冰峰
出版发行	中国水利水电出版社 （北京市海淀区玉渊潭南路 1 号 D 座　100038） 网址：www.waterpub.com.cn E-mail：mchannel@263.net（万水） sales@waterpub.com.cn 电话：（010）68367658（发行部）、82562819（万水）
经　售	北京科水图书销售中心（零售） 电话：（010）88383994、63202643、68545874 全国各地新华书店和相关出版物销售网点
排　版	北京万水电子信息有限公司
印　刷	三河市铭浩彩色印装有限公司
规　格	184mm×260mm　16 开本　17.5 印张　440 千字
版　次	2012 年 1 月第 1 版　2018 年 9 月第 8 次印刷
印　数	14001—16000 册
定　价	32.00 元

前 言

Photoshop CS5 是 Adobe 公司旗下最著名的图像处理软件之一，如今 Photoshop CS5 已成为图像处理软件的标准。Photoshop CS5 中文版以其领先的数字艺术理念、可扩展的开放性以及强大的兼容性将广告设计与图像处理推向了更高、更灵活的艺术水准。Photoshop CS5 应用程序在原有版本的基础上对图像的编辑、绘制等诸多功能进行了完善。

为培养生产、建设、服务和管理第一线所需的高素质技能型专门人才，本书贯彻“模块驱动式”教学方法，通过模块驱动与工作情境相融合，系统地介绍了 Photoshop CS5 的常用功能，全书由 12 个模块构成，每个模块由若干子模块和工作情境组成，以具体“子模块”带动知识点的模块化教学思想为特色，剖析每个“子模块”的实现手段和技巧，创建工作情境，以情境模拟工作项目，展现全新教学方法。

模块 1 为初识 Photoshop CS5，模块 2 为 Photoshop CS5 图像处理，模块 3 为图像色彩调整，模块 4 为文字的应用，模块 5 为图层的应用，模块 6 为绘制图形及路径，模块 7 为通道与蒙版，模块 8 为滤镜的应用，模块 9 为 3D 图像处理，模块 10 为制作动画与视频，模块 11 为动作与任务自动化，模块 12 为 Photoshop CS5 应用实战。初识 Photoshop CS5 主要介绍其新增功能及界面构成；Photoshop CS5 图像处理主要介绍图像选取、图像绘制与修饰、图像擦除、图像填充等内容；图像色彩调整主要介绍图像颜色模式、快速调整图像色彩、图像色彩的高级调整等内容；文字的应用主要介绍文字的基本操作、创建路径文字、创建变形文字等内容；图层的应用主要介绍图层特性、图层的基本操作、图层的高级应用等内容；绘制图形及路径主要介绍绘制图形、绘制路径、选取路径等内容；通道与蒙版主要介绍通道的应用、蒙版的应用等内容；滤镜的应用主要介绍滤镜库、智能滤镜及其丰富多彩的各种滤镜组；3D 图像处理主要介绍 3D 概述、使用 2D 图像来创建 3D 对象、创建和编辑 3D 对象的纹理、在 3D 对象上绘图等内容；制作动画与视频主要介绍动画及视频内容；动作与任务自动化主要介绍播放动作、编辑动作、记录动作等内容；Photoshop CS5 应用实战主要介绍人物照片处理、风景照片处理及动画设计的相关创作。

本书由彭德林、明丽宏任主编，刘妍、李苏晋、杨泽琳任副主编，张丽静、敖冰峰任主审。全书由彭德林和明丽宏策划、统稿并审阅定稿，张丽静和敖冰峰对全文进行了审核校对。

模块 1、4、5 由刘妍编写，模块 2 由明丽宏、彭德林编写，模块 3 由杨泽琳编写，模块 6 由翟烯如编写，模块 7、8 由明丽宏编写，模块 9 由宗凯编写，模块 10～12 由李苏晋编写；相成、郭文慧、徐士华也参与了相关内容的编辑和校对工作。

本书在编写过程中得到了中国水利水电出版社有关领导和编辑的大力支持与帮助，在此表示感谢。由于编者水平有限，书中疏漏和不足之处在所难免，恳请广大读者和同仁批评指正。

编 者

2011 年 10 月

目　录

模块 1　初识 Photoshop CS5

美国 Adobe 公司的 Photoshop 系列一直以专业的图像处理软件著称。它在图形图像领域一直占据着重要的位置，被广泛应用于美工设计、彩色印刷、图像处理、网页设计等多个领域，深受广大用户的青睐。Photoshop CS5 是目前最新开发的软件版本，它给广大摄影师、画家、设计人员和 Photoshop 爱好者带来了许多实用的功能。在下面的学习中，将通过了解 Photoshop CS5 的新增功能、操作界面与基本操作使学习者对其工作环境有一个初步认识，带您进入 Photoshop 的精彩世界。

重点提示：

- Photoshop CS5 的新增功能。
- Photoshop CS5 的安装与卸载。
- Photoshop CS5 界面详解。
- 文件操作。

1.1　子模块一　Photoshop CS5 的新增功能

全新的 Photoshop CS5 带来了全新的界面和扩展功能。Photoshop CS5 新增的实时工作区可以让用户轻松地进行界面管理；新增的智能选区技术可以更快且准确地进行抠图；新增的内容识别填充和修复可以轻松地使主体与周边环境融合在一起；新增的混合器画笔工具和硬毛刷笔尖形状可以产生逼真的绘画效果；3D 凸纹可以将平面图像表面凸出膨胀，产生 3D 效果；增强的 3D 性能和材质设置使图像能够更快地渲染。

1.1.1　显示 Photoshop CS5 的新增功能

单击 Photoshop CS5 界面右上方的“CS5 新功能”命令后，右侧的调板组会自动更改为“新增功能”调板组。相应地，所有菜单栏里的新增功能都会以蓝色显示，如图 1-1 所示。

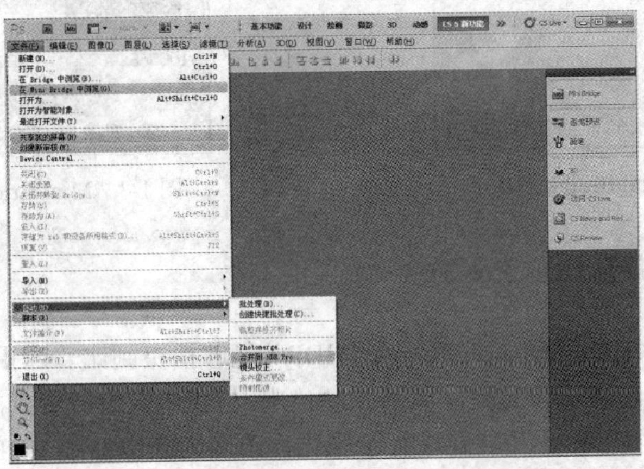

图 1-1　Photoshop CS5 的新增功能界面

1.1.2 新增的在 Mini Bridge 中浏览命令

Adobe Bridge 是 Adobe Creative Suite 的控制中心，可以用来组织、浏览和寻找所需资源，以便提供用户所需素材的内容。Photoshop CS5 新增的“在 Mini Bridge 中浏览”命令可以在 Photoshop 环境中访问所有的资源。

具体步骤如下：

（1）执行“文件”｜“在 Mini Bridge 中浏览”命令，将弹出 Mini Bridge 调板，如图 1-2 所示。

（2）单击“浏览文件”按钮（如图 1-3 所示），可以浏览指定文件夹下的图像文件。

（3）在其中选择要查看图像的路径，在对话框中双击图像的缩略图或者将缩略图拖动到文档窗口处即可打开图像。

图 1-2 Mini Bridge 调板一

图 1-3 Mini Bridge 调板二

1.1.3 增强的合并到 HDR Pro 命令

高动态光照渲染（High-Dynamic Range，HDR）能够拍摄到比普通摄影技术更加广泛的亮度和色彩范围，能够再现阴影和光亮区域的生动色彩，与我们人眼所看到的原始场景更加吻合。

Photoshop CS5 对 HDR 合并功能进行了强化，改名为“合并到 HDR Pro”命令，增加了很多调整参数，这样我们就可以对图像的细节进行深入调整，从而创建出超现实照片的 HDR

图像。借助自动消除叠影和色调映射可以更好地调整控制图像，以获得更好的效果，甚至可使单次曝光的照片获得 HDR 图像的外观。

具体步骤如下：

（1）执行“文件”|“自动”|“合并到 HDR Pro”命令，将弹出“合并到 HDR Pro”对话框，如图 1-4 所示。

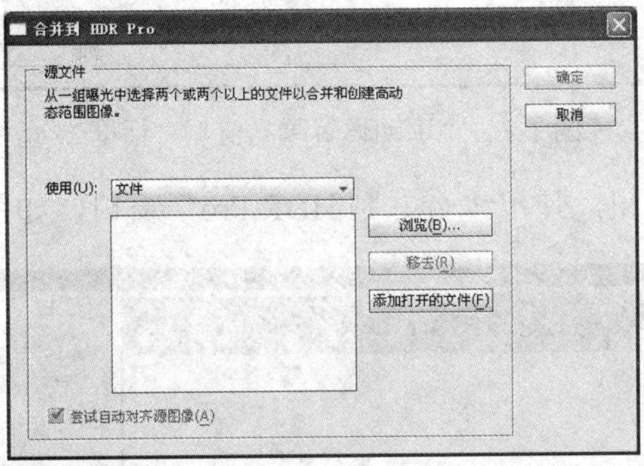

图 1-4　“合并到 HDR Pro”对话框一

（2）单击“浏览”按钮，选择需要合并的图像文件，在这里我们选择了相同场景下的不同曝光度的照片，如图 1-5 所示。

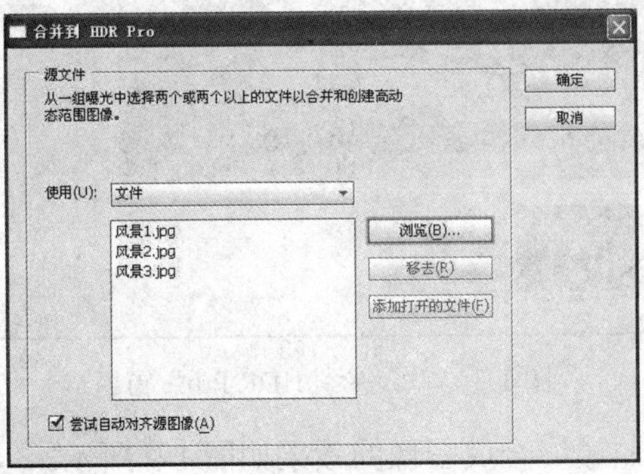

图 1-5　“合并到 HDR Pro”对话框二

（3）单击“确定”按钮，经过一段时间的处理，弹出“手动设置曝光值”对话框，如图 1-6 所示。

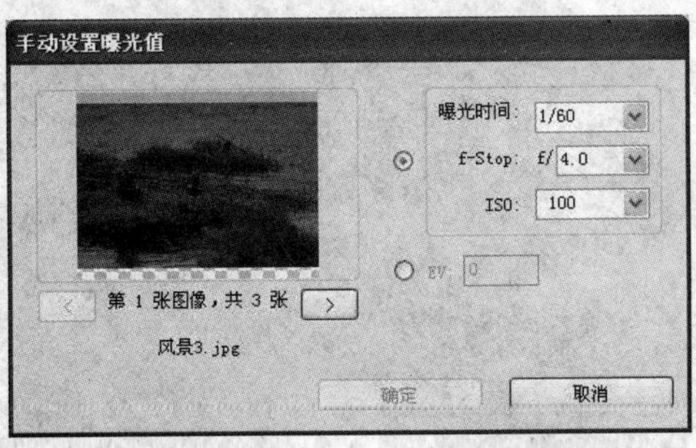

图 1-6　“手动设置曝光值”对话框一

（4）在其中单击 > 按钮查看图像并选择 EV 单选项，如图 1-7 所示。

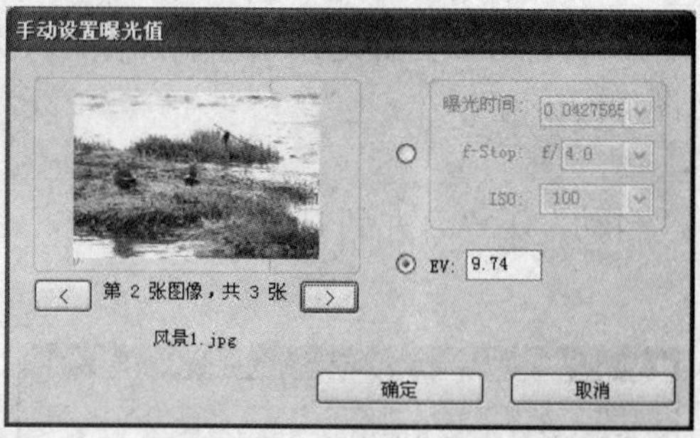

图 1-7 “手动设置曝光值”对话框二

（5）单击“确定”按钮，弹出“合并到 HDR Pro”窗口，如图 1-8 所示。

图 1-8 “合并到 HDR Pro”窗口

（6）在其中设置参数，最终合成图像的效果如图 1-9 所示。

图 1-9 “合并到 HDR Pro”命令效果图

1.1.4　新增的选择性粘贴命令

使用“选择性粘贴”命令能够对拷贝的图像按“原位粘贴”、“贴入”和“外部粘贴”的方式进行复制。

各命令含义如下：

- 原位粘贴：该命令可以将拷贝的图像按照图像原来所在的位置进行粘贴。
- 贴入：该命令可以将拷贝的图像显示在选区内，选区以外的图像会自动出现蒙版。
- 外部粘贴：该命令可以将拷贝的图像显示在选区外，选区以内的图像会自动出现蒙版。

具体步骤如下：

（1）打开素材文件：素材\模块 1\选择性粘贴.psd 和背景.jpg，如图 1-10 和图 1-11 所示。

图 1-10　“选择性粘贴.psd”图像文件

图 1-11　“背景.jpg”图像文件

（2）选择“选择性粘贴.psd”文件，按 Ctrl+A 组合键全选图像，再按 Ctrl+C 组合键复制图像。

（3）选择“背景.jpg”文件，执行“编辑”｜“选择性粘贴”｜“原位粘贴”命令，效果如图 1-12 所示。

图 1-12　“原位粘贴”效果

（4）打开素材文件：素材\模块 1\小狗.jpg，按 Ctrl+A 组合键全选图像，再按 Ctul+C 组合键复制图像。选择“背景.jpg”文件，使用工具箱中的套索工具创建一个不规则选区，执行“编辑”｜“选择性粘贴”｜“贴入”命令，效果如图 1-13 所示。

图 1-13 “贴入”效果

（5）打开素材文件：素材\模块 1\背景 2.jpg，按 Ctrl+A 组合键全选图像，再按 Ctrl+C 组合键复制图像。选择“背景.jpg”文件中的“图层 1”，按住 Ctrl 键不放，单击“图层 1”左边的缩览图将图像载入选区。执行“编辑”|“选择性粘贴”|“外部粘贴”命令，效果如图 1-14 所示。

图 1-14 “外部粘贴”效果

1.1.5 新增的操控变形命令

新增的操控变形命令可以在一张图像上建立网格，借助网格可以随意地扭曲特定图像区域，同时使用“图钉”保持其他区域不变。使用“操控变形”可以修饰小而精细的图像（如发型设计），也可以用来改变人物或动物的肢体动作。

具体步骤如下：

（1）打开素材文件：素材\模块 1\操控变形.psd，如图 1-15 所示。

（2）执行“编辑”|“操控变形”命令，会看到图像上出现了网格，如图 1-16 所示。可以使用选项栏中的“扩展”选项来收缩或扩展网格，也可以使用选项栏中的“显示网格”复选框来隐藏网格。

（3）在图像上单击可添加图钉，用来固定图像，如图 1-17 所示。

（4）拖动图钉可以改变网格，效果如图 1-18 所示。

图 1-15　“操控变形.psd”图像文件

图 1-16　“显示网格”效果

图 1-17　添加图钉

图 1-18　操控变形效果

注意　在使用图钉时，可以按住 Alt 键并将鼠标放到当前图钉附近，可以旋转图像；将鼠标放在图钉上，当剪刀图标出现时可以删除图钉。

1.1.6　更强的 3D 功能

Photoshop CS5 可以轻松地将 2D 的文字和图像转换为 3D 对象，并且凸出其表面增加立体感。使用“材质载入”和“拖放”工具可以更好地应用材质。使用改进的 Adobe Ray Tracer 引擎能够更好地渲染。另外还增加了专用的 3D 首选项快速优化性能。本书将在模块 9 中进行详细介绍。

1.2 子模块二 Photoshop CS5 的安装与卸载

1.2.1 安装 Photoshop CS5 的系统需求

要安装 Photoshop CS5，硬件配置需要达到的最低要求如下：

- 至少 2GHz 或更快的处理器。
- 至少 1GB 或更大的内存。
- 安装需要至少 1GB 或更多的可用硬盘空间。
- 显示器的分辨率至少为 1024×768，建议使用 1280×800。显示器需要带有合格的硬件加速 OpenGL 的图形卡、16 位颜色和至少 256MB 的 VRAM。
- DVD-ROM 驱动器。
- 支持 DirectX9 和 Shader Model 3.0 标准。
- 多媒体功能需要支持 QuickTime 7.4.5。
- 联机服务需要支持 Internet 连接。

对于使用 Windows 系列操作系统的用户来说，操作系统可以是以下版本：Windows XP SP3、Vista Home Premium（家庭高级版）、Business（商用版）、Ultimate（旗舰版）或 Enterprise SP2（企业版）、Vista 64 位版本或 Windows 7 操作系统。

1.2.2 Photoshop CS5 的安装与卸载

1．安装 Photoshop CS5

在安装软件之前，先关闭系统中正在运行的所有应用程序，以确保 Photoshop CS5 正常安装。

具体操作步骤如下：

（1）将光盘放入驱动器，然后按屏幕说明操作，如果安装程序没有自动启动，在光盘中找到 Adobe Photoshop CS5 文件夹中的 Set-up.exe 安装文件并双击，即可进入 Photoshop CS5 的安装界面，如图 1-19 所示。单击“接受”按钮进入下一界面，如图 1-20 所示。

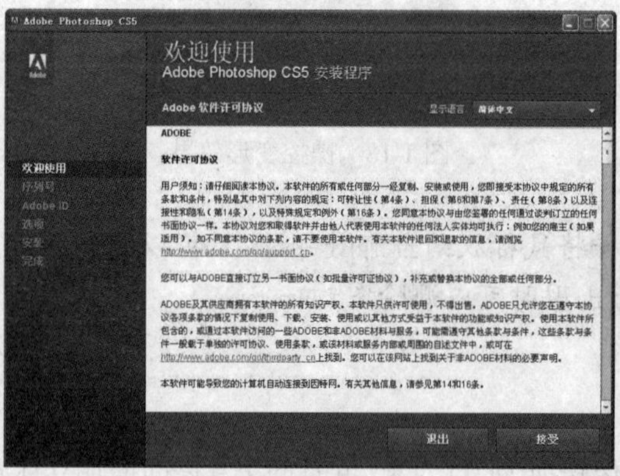

图 1-19 Photoshop CS5 安装步骤一

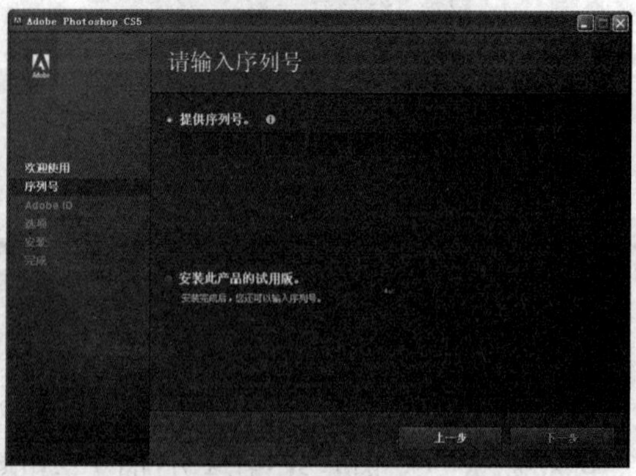

图 1-20 Photoshop CS5 安装步骤二

（2）输入正确的序列号后选择安装语言，单击“下一步”按钮，如图 1-21 所示。

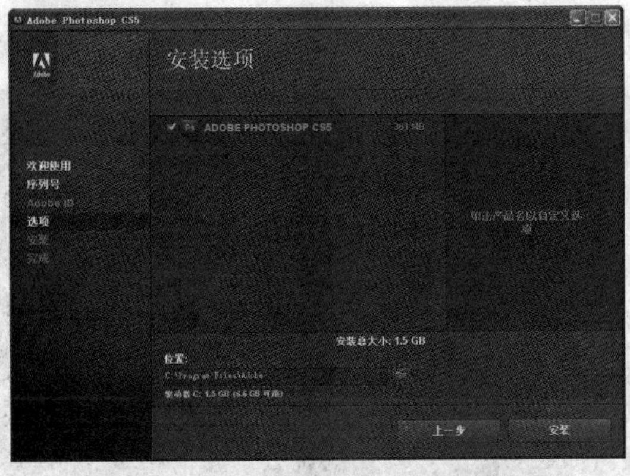

图 1-21　Photoshop CS5 安装步骤三

（3）选择要安装的选项和安装位置后，单击“安装”按钮即开始安装。几分钟后即可顺利完成安装过程，如图 1-22 和图 1-23 所示。

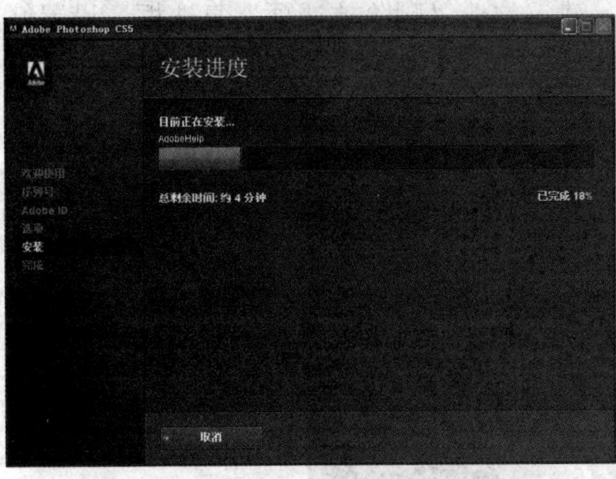

图 1-22　Photoshop CS5 安装步骤四

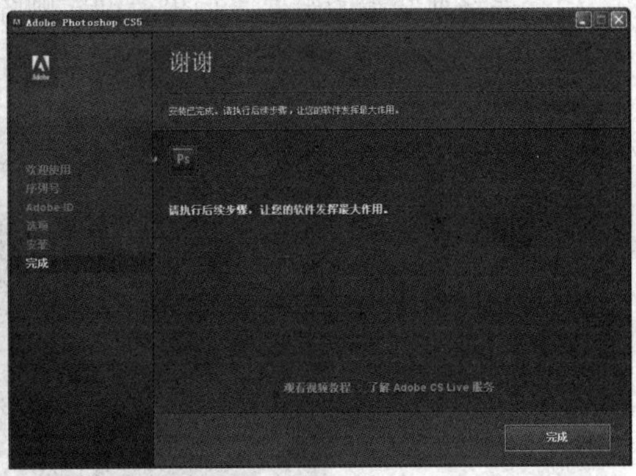

图 1-23　Photoshop CS5 安装步骤五

2. 卸载 Photoshop CS5

卸载 Photoshop CS5 的具体操作步骤如下：

（1）执行“开始”|“设置”|“控制面板”命令，在“控制面板”窗口中打开“添加或删除程序”窗口，找到 Adobe Photoshop CS5，如图 1-24 所示。

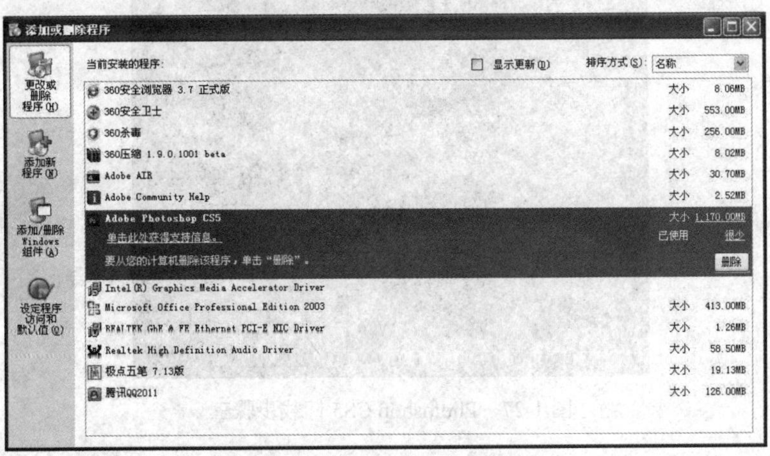

图 1-24　“添加或删除程序”窗口

（2）单击“删除”按钮即进入 Photoshop CS5 卸载页面，如图 1-25 所示。

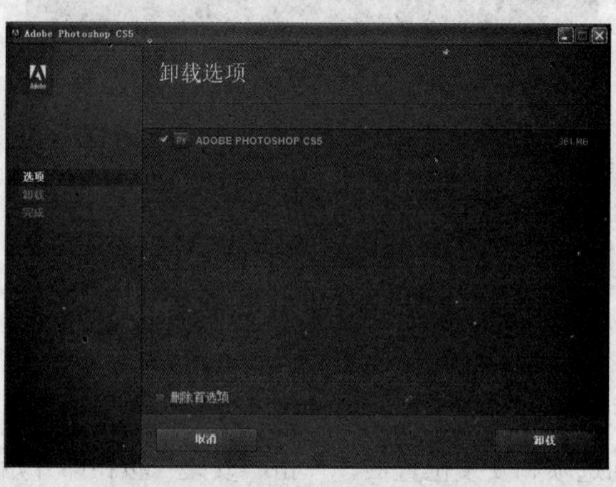

图 1-25 Photoshop CS5 卸载步骤一

（3）选择要卸载的组件，如果要彻底删除，建议勾选“删除首选项”复选框，设置好后单击“卸载”按钮进入卸载界面，如图 1-26 所示。

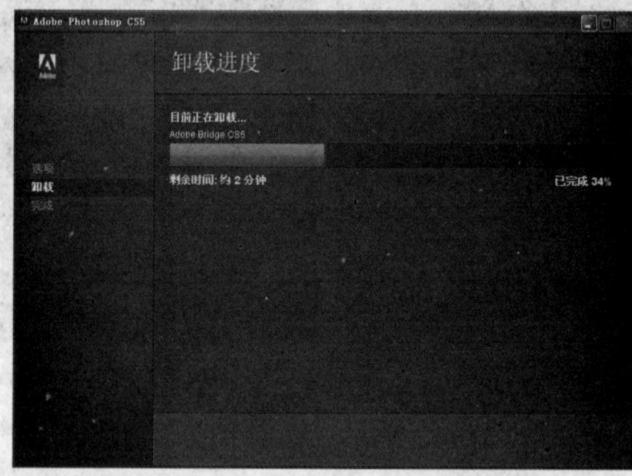

图 1-26 Photoshop CS5 卸载步骤二

（4）软件成功卸载，如图 1-27 所示。

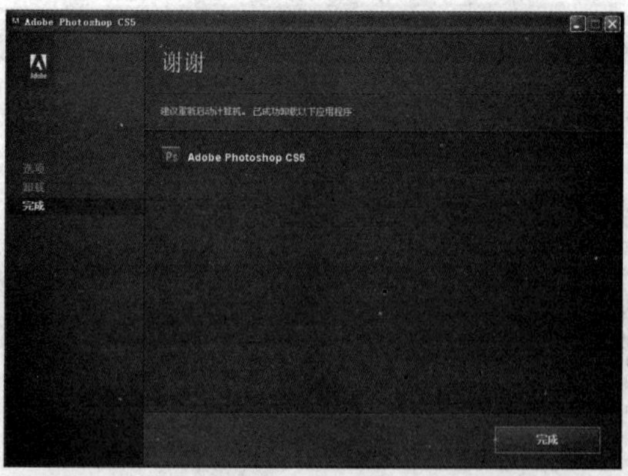

图 1-27 Photoshop CS5 卸载步骤三

1.3　子模块三　Photoshop CS5 界面详解

Photoshop CS5 安装完成后，即可启动 Photoshop CS5 应用程序，打开 Photoshop CS5 的常用方法有以下两种：

（1）执行“开始”｜“所有程序”｜Adobe Photoshop CS5 命令。

（2）双击桌面上的 Photoshop CS5 图标。

1.3.1　Photoshop CS5 的主界面

Photoshop CS5 的工作界面如图 1-28 所示，主要由应用程序栏、菜单栏、工具选项栏、选项卡式“文档”窗口、工具箱、控制调板组、状态栏等几部分组成。

下面对窗口中各部分的功能进行介绍。

图 1-28　Photoshop CS5 的工作界面

1.3.2　应用程序栏

应用程序栏与 Windows 平台应用程序中的标题栏相似，位于窗口的最上方，用于显示应用程序的名称及窗口的“最小化”、“最大化/还原”、“关闭”按钮。此外，一些常用的辅助命令也放置在应用程序栏中，包括其他应用程序控件按钮和工作区切换器，如图 1-29 所示。

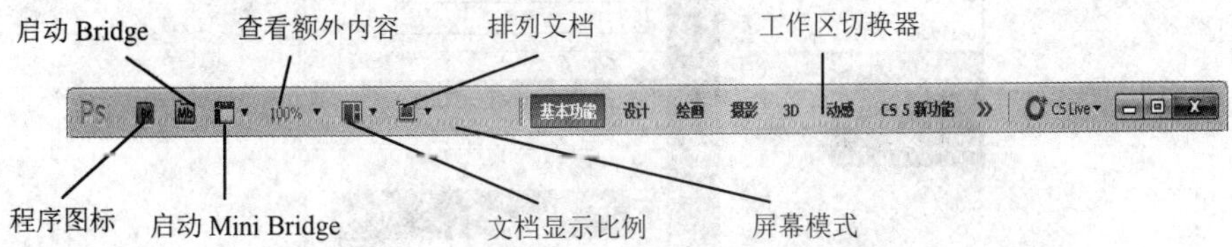

图 1-29　应用程序栏

1.3.3 工具选项栏

1. 了解工具箱

工具箱中集合了 Photoshop 中所有常用的功能，把它们以图标的形式表现出来。使用这些功能可以完成几乎所有的基本操作。工具箱位于整个界面的左侧。

可以看到，多数工具的右下角都有一个三角形的符号，这表示该工具的下面还有同类型的其他工具，鼠标放在该工具上按住左键不放或右击即可显示其他工具，如图 1-30 所示，可以看到工具名称和快捷键。可以使用 Shift+快捷键来实现该组工具的切换。

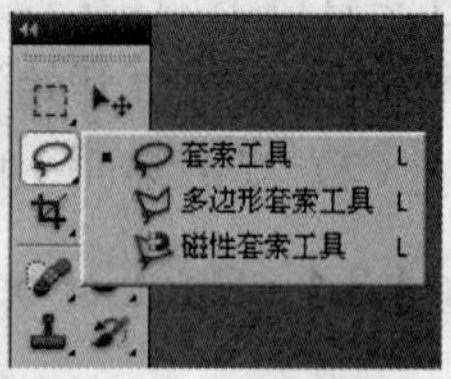

图 1-30 套索工具组

2. 工具选项栏

工具选项栏显示的是工具的属性以及相应选项，它是随工具箱中所选择的工具不同而随时变化的。如图 1-31 所示显示的是套索工具的工具选项栏。工具选项栏中的一些设置对许多工具都是通用的，例如羽化选项等。

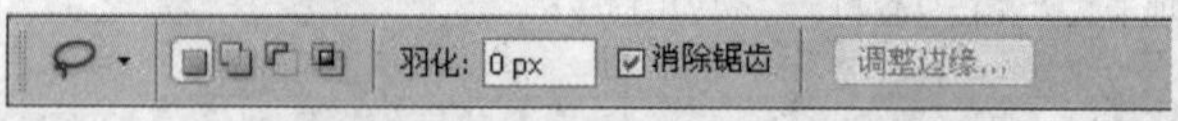

图 1-31 工具选项栏

1.3.4 常用调板

控制调板位于界面的右侧，是图像操作的常用选项和功能。并不是每个调板都是打开的，通过“窗口”菜单可以显示或隐藏每个调板，如图 1-32 所示。

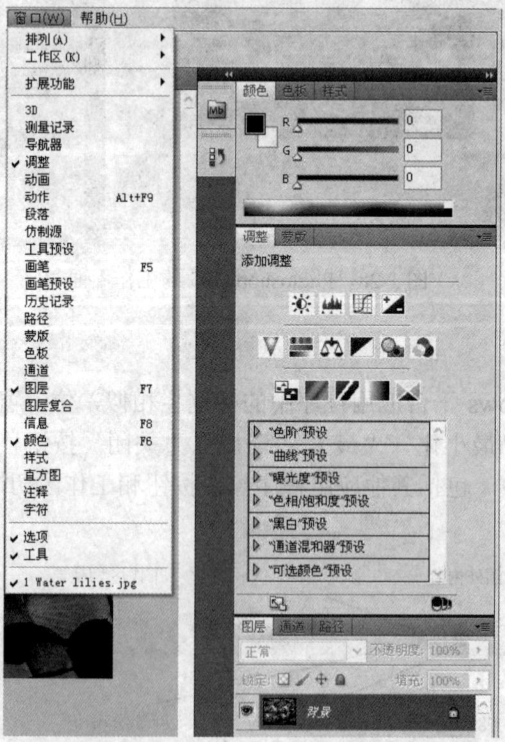

图 1-32 使用“窗口”菜单打开或隐藏调板

用户可以根据自己的需要来选择哪些调板可见，可以拖动调板顶部的标题来移动位置，完成组合。还可以单击调板顶部的“折叠为图标”按钮将调板折叠或展开，如图 1-33 所示。也可以单击“面板菜单”按钮打开调板的菜单项，如图 1-34 所示。

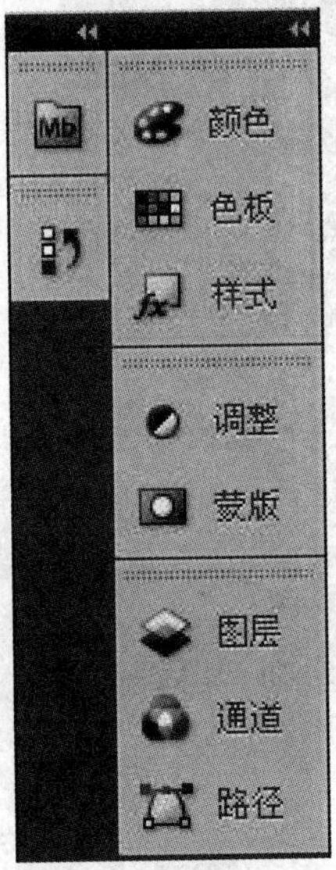

图 1-33　折叠调板

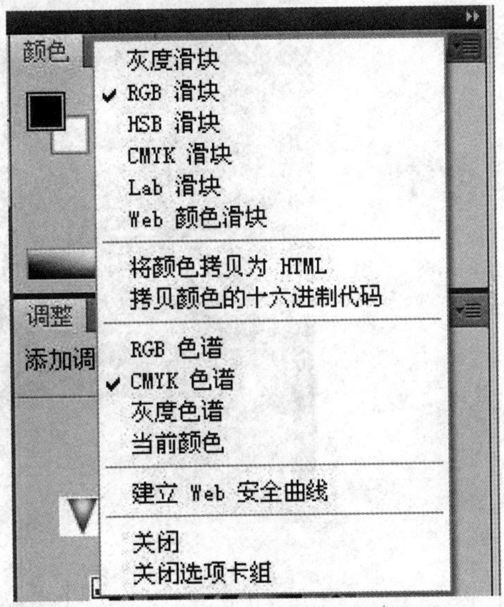

图 1-34　“颜色”调板菜单项

1.3.5　状态栏

状态栏位于图像窗口的底部，它主要显示当前编辑图像文件的基本信息（文档的显示比例、文档大小等）。用户可以选择不同选项来显示文档的相关信息，如图 1-35 所示。

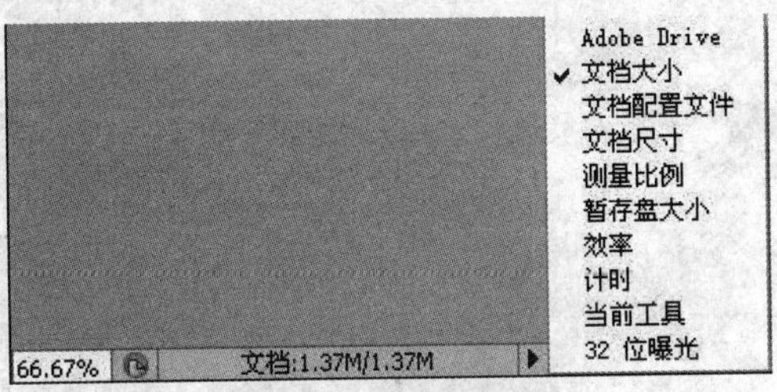

图 1-35　状态栏

1.3.6　优化工作界面

Photoshop CS5 为用户提供了三种屏幕显示模式：标准屏幕模式、带有菜单栏的全屏模式、全屏模式。通过优化工作界面可以把不常用的部分隐藏，以最大限度地显示图像。

具体操作步骤如下：

（1）执行“文件”|“打开”命令，打开素材文件：素材\模块 1\草莓.jpg，默认情况下屏幕的显示模式为标准屏幕模式，如图 1-36 所示。

（2）单击应用程序栏中的“屏幕模式”按钮，选择“带有菜单栏的全屏模式”选项，如图 1-37 所示，当前屏幕模式转换为带有菜单栏的全屏模式，隐藏了“文档”窗口和状态栏，图像的视图被增大，保持菜单栏为可见状态，如图 1-38 所示。在这种模式下，用户可以使用

“抓手”工具在屏幕范围内移动图像窗口，以查看不同的区域。

图 1-36　标准屏幕模式

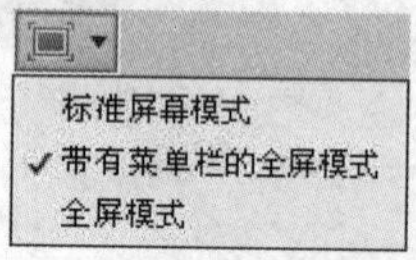

图 1-37　选择“带有菜单栏的全屏模式”

图 1-38　带有菜单栏的全屏模式

（3）单击应用程序栏中的“屏幕模式”按钮，选择“全屏模式”，当前屏幕模式转换为全屏模式，以最大视图来显示图像，如图 1-39 所示。鼠标移动到左侧可以显示工具箱，移动到右侧可以显示控制调板组，也可以按快捷键 F 来进行屏幕模式的切换。

图 1-39　全屏模式

1.4　子模块四　文件操作

1．新建文件

新建文件的具体步骤如下：

（1）执行“文件”|“新建”命令或按 Ctrl+N 组合键，弹出“新建”对话框，如图 1-40 所示。

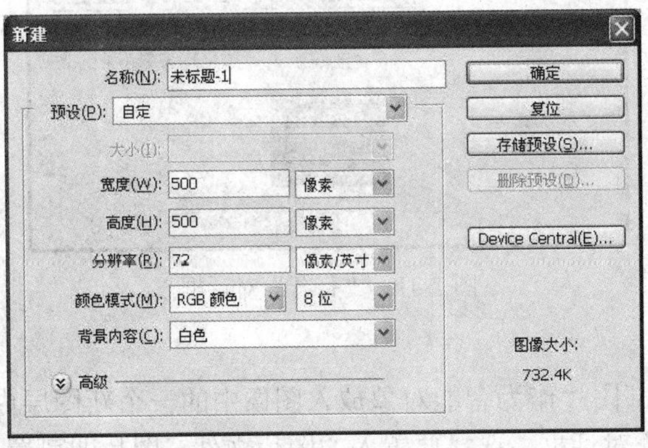

图 1-40　“新建”对话框

（2）在“名称”文本框中输入图像文件的名称。

（3）在“宽度”和“高度”文本框中输入要建立文件的大小，在制作网页图像时一般以像素为单位，制作印刷品时一般以厘米为单位。

（4）在“分辨率”文本框中输入合适的分辨率。图像的分辨率因情况而定，屏幕显示则设为 72 像素/英寸，打印输出则至少设为 300 像素/英寸。

（5）选择颜色模式，颜色模式主要用于确定图像中显示的颜色数量，它同时还影响颜色通道的数量和图像文件的大小。常见的颜色类型包括 RGB、CMYK、HSB、Lab 等。颜色模式默认为 RGB 颜色模式，如果要打印输出则需要设为 CMYK 颜色模式。

（6）选择背景内容的颜色，都设置完成后单击“确定”按钮。

注意 图像的像素是指位图图像在宽度、高度两个方向上的色块数。
分辨率是指每单位长度显示的像素数。

2. 打开文件

打开文件主要有以下几种方式：

- 执行“文件”|“打开”命令或按 Ctrl+O 组合键，弹出“打开”对话框，如图 1-41 所示。
- 执行“文件”|“打开为”命令，可以使某些原本以其他格式保存的图像文件以特定的类型打开。
- 执行“文件”|“打开为智能对象”命令，可以使图像文件以智能对象的形式打开。
- 执行“文件”|“最近打开文件”命令，可以打开最近打开过的图像文件。

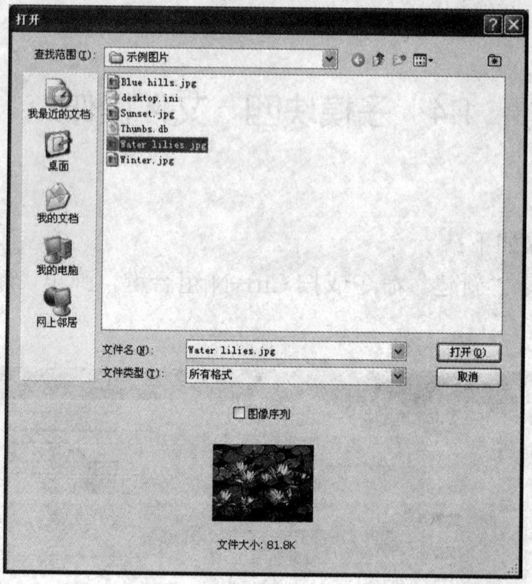

图 1-41 “打开”对话框

3. 置入文件

置入文件可以将外部图片作为智能对象放入图像中的一个新图层内。执行“文件”|“置入”命令，弹出“置入”对话框，选择要置入的图片文件，图片即可置入到当前文件中，如图 1-42 所示。

4. 保存文件

文件第一次保存时，可以执行“文件”|“存储”命令或按 Ctrl+S 组合键，弹出“存储为”对话框，选择文件要保存的位置、文件名以及存储格式，最后单击“保存”按钮，如图 1-43 所示。

Photoshop CS5 默认的存储文件格式为 PSD 格式，PSD 格式文件将图像数据的每一个细节都进行存储，包括图像所含的每一个图层、通道、路径等信息，方便用户以后进行修改，但存储后文件所占空间较大。

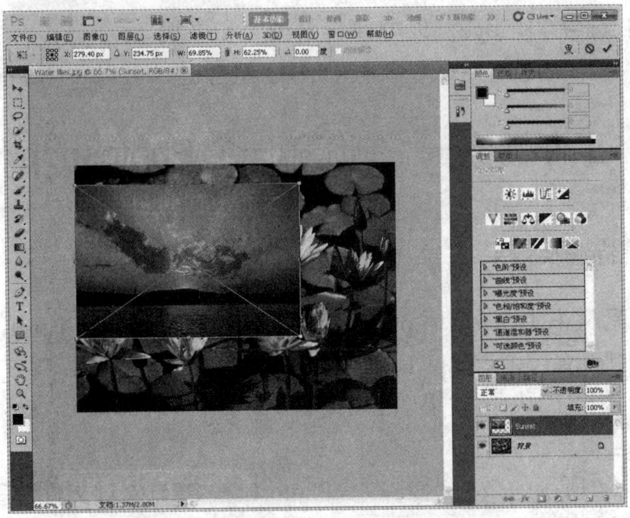

图 1-42 置入文件

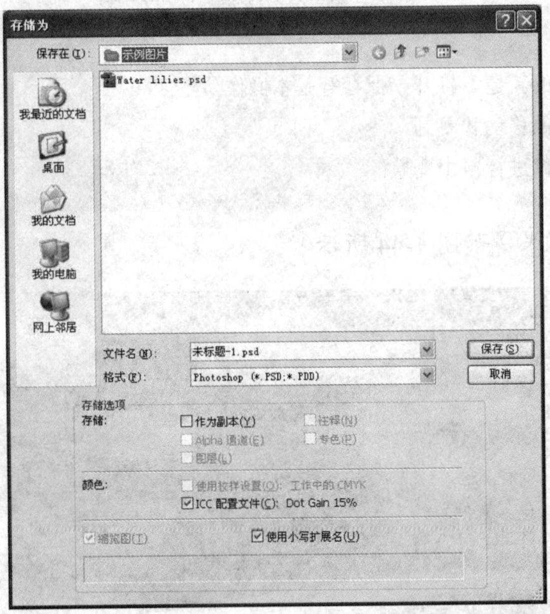

图 1-43 “存储为”对话框

也可以根据需要将文件存储为其他类型的文件格式。常用的图像文件格式有 BMP 格式、JPEG 格式、TIFF 格式、GIF 格式、PDF 格式等。

如果文件需要另存为一个文件名称或另一种格式，可以执行“文件”|“存储为”命令或 Shift+Ctrl+S 组合键，再次弹出“存储为”对话框进行存储。

5. 关闭文件

关闭文件主要有以下几种方式：

- 执行“文件”|“关闭”命令或按 Ctrl+W 组合键，可以关闭当前文档。
- 执行“文件”|“关闭全部”命令或按 Alt+Ctrl+W 组合键，可以关闭当前所有打开的文档。
- 执行“文件”|“关闭并转到 Bridge”命令或按 Shift+Ctrl+W 组合键，可以关闭当

前文档并将其转到 Bridge，以方便将来浏览和寻找。

● 执行“文件”|“退出”命令或按 Ctrl+Q 组合键，可以关闭 Photoshop CS5。

1.5 工作情境一 制作第一个 Photoshop 作品

1.5.1 工作情境描述及效果

- 原始文件：素材\模块 1 \草地.psd、动物.psd、房子.psd、花 1.psd、花 2.psd、树 1.psd、树 2.psd、太阳.psd 和云彩.psd。
- 最终文件：效果\模块 1\效果图.psd。

1. 工作情境描述

通过制作如图 1-44 所示的效果图来掌握 Photoshop CS5 中对文件的基本操作，并且能够灵活选择图像进行基本的操作。案例要点如表 1-1 所示。

表 1-1 “第一个作品”要点分析

案例要点：
◆ 文件的新建、打开、保存等基本操作
◆ 图像的移动和复制
◆ 对图像进行自由变换

2. 工作情境最终效果（如图 1-44 所示）

图 1-44 最终效果图

1.5.2 工作情境详解

（1）执行“文件”|“新建”命令，弹出“新建”对话框，设置“宽度”为 800 像素，“高度”为 600 像素，如图 1-45 所示。

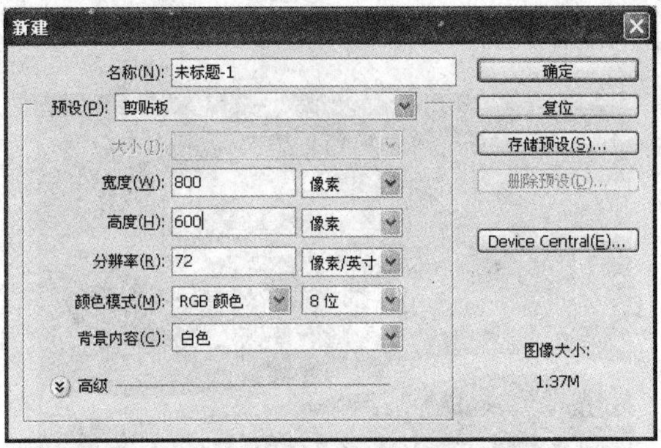

图 1-45　“新建”对话框

（2）单击工具箱中颜色工具的“前景色”框■，弹出“拾色器（前景色）”对话框，如图 1-46 所示。设置前景色为蓝色（R：52，G：165，B：255），然后单击“确定”按钮。

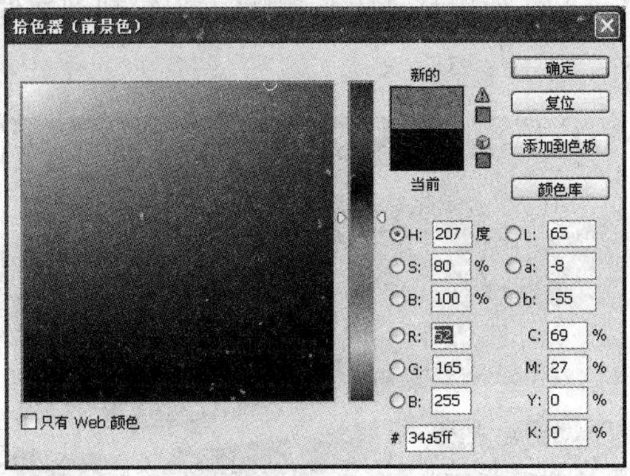

图 1-46　设置颜色

（3）选择工具箱中的油漆桶工具，在画面上单击左键填充前景色，如图 1-47 所示。

图 1-47　填充前景色

注意　可以使用 Alt+Delete 组合键填充前景色，使用 Ctrl+Delete 组合键填充背景色。

（4）打开文件“草地.psd”，单击工具箱中的移动工具，选择“草地.psd”图像文件，按住鼠标左键并拖动图片到文件“未标题-1”中，使用组合键 Ctrl+T 自由变换，调整到合适的大小后确定，如图 1-48 所示。

图 1-48　添加草地

（5）打开文件“太阳.psd”，使用移动工具将太阳复制到文件“未标题-1”中，放至合适的位置，如图 1-49 所示。

图 1-49　添加太阳

（6）打开文件“云彩.psd”，使用移动工具将云彩复制到文件“未标题-1”中，按 Alt 键移动云彩，可以复制出多个云彩，将各个云彩移动至合适的位置，如图 1-50 所示。

图 1-50　添加云彩

（7）打开其余的素材文件，将图像复制到文件“未标题-1”中，并移动到合适的位置，得到最终效果图。

（8）执行“文件”｜“存储”命令保存文件。

1.6　模块小结

本模块主要讲解 Photoshop CS5 的新增功能、Photoshop CS5 的安装与卸载、Photoshop CS5 的工作界面以及对文件的基本操作。通过本章的学习，读者可对 Photoshop CS5 有一个初步的了解，为今后更好地学习打下坚实的基础。

1.7　模块训练一

1. 使用如图 1-51 所示的原始文件，运用所学知识，完成图像合成。

图 1-51　素材图像

2. 使用原始文件“素材\模块 1 \模块训练一\脸.psd、红脸蛋.psd、眼睛.psd 和嘴.psd”，运用所学知识，完成 QQ 表情的制作，效果如图 1-52 所示。

图 1-52　QQ 表情效果图

模块 2　Photoshop CS5 图像处理

本模块主要介绍图像选取与图像的修饰技巧。一方面，Photoshop 中的绝大多数操作都是针对选区内的图像完成的，因此灵活地使用多种选取工具和创作出精确的选区是 Photoshop 操作的关键环节；另一方面，Photoshop 在图像修饰方面同样有着非常强大的功能，巧妙地使用这些变幻莫测的修饰功能，足以使没有任何美术基础的人成为一名优秀的设计师。

重点提示：

- 图像选取。
- 图像修饰。

2.1　子模块一　图像选取

在 Photoshop CS5 中，无论是绘图还是处理图像，选取图像都是这些操作的基础。我们可以灵活地使用多种选取工具创建完美的选区，并对选区进行编辑，从而变化出多种视觉效果，下面就一起来学习选框工具的使用方法。

2.1.1　矩形选框工具

矩形选框工具主要用来选取规则的矩形，不能选取其他形状。选择选框工具后，属性栏中会显示所使用工具的相关选项，如图 2-1 所示为选择“矩形选框工具”时的工具属性栏。

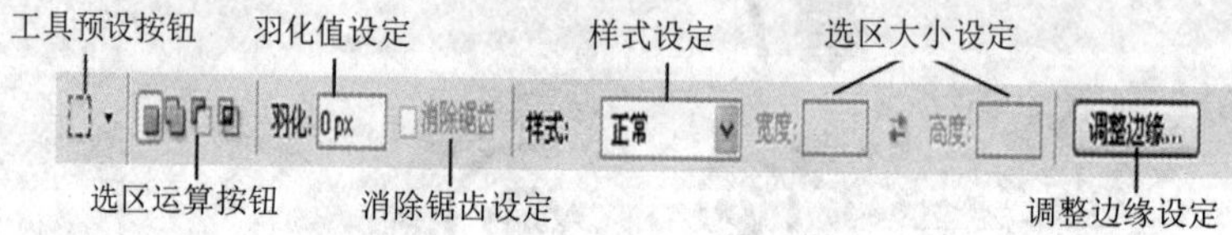

图 2-1　“矩形选框工具”属性栏

“矩形选框工具”属性栏中的“选区运算”按钮用于创建由两个以上基本选区组合构成的复杂选区，这 4 个按钮如下：

（新选区）：新选区会替代原选区，相当于取消后重新选取。

（添加到选区）：新选区会与原选区相加，若两个选区不相交则最后都独立存在，若两个选区有相交部分则最后会合并成一个大的选区。

（从选区减去）：新选区将从原选区中减去。若两个选区不相交则没有任何效果，若两个选区有相交部分则最后效果是从原选区中减去了两者相交的区域。要注意新选区不能大于原选区。

（与选区交叉）：保留两个选区的相交部分，若没有相交部分则会出现警告框。

使用矩形选框工具创建选区，步骤如下：

（1）打开素材文件：素材\模块 2\花.jpg 文件。

（2）选择工具箱中的矩形选框工具创建矩形选区，如图 2-2 所示。

图 2-2　使用矩形选框工具创建选区

> **注意**　按 Shift 键再选择矩形选框工具，可以创建正方形选区。按 Alt 键可以创建一个以起点为中心的矩形选区。按 Alt+Shift 组合键则可以创建一个以起点为中心的正方形选区。

2.1.2　椭圆选框工具

椭圆选框工具主要用来创建椭圆或圆形选区。椭圆选框工具与矩形选框工具的参数设置基本一致。下面使用椭圆选框工具来创建一个选区。

使用椭圆选框工具创建选区的步骤如下：

（1）打开素材文件：素材\模块 2\圣诞快乐.jpg 文件。

（2）选择工具箱中的椭圆选框工具，按住 Alt+Shift 组合键创建以起点为中心的正圆选区。

（3）将圆形填充为黄色，按 Ctrl+D 组合键取消选区，如图 2-3 所示。

图 2-3　使用椭圆选框工具创建选区

> **注意**　按下 Shift 键再选择椭圆选框工具，可以创建圆形选区。按下 Alt 键可以创建一个以起点为中心的椭圆形选区。按下 Alt+Shift 组合键则可以创建一个以起点为中心的圆形选区。

2.1.3　套索工具

套索工具可以创建形状随意的曲线选区。具体使用时，先在图像中单击确定一个起点，然后按住鼠标左键随意拖曳或沿所需形状边缘拖曳，若拖曳到起点后释放鼠标，则会形成一个封闭的选区；若未回到起点就释放鼠标，则起点和终点间会自动以直线相连。

由于比较难以控制鼠标走向，一般套索工具适合于创建一些精确性要求不高的选区或者随意区域。

使用套索工具创建选区的步骤如下：

（1）打开素材文件：素材\模块 2\羽毛之心.jpg 文件。

（2）选择工具箱中的套索工具，按住鼠标左键创建选区，如图 2-4 所示。

图 2-4　使用套索工具创建选区

2.1.4　多边形套索工具

多边形套索工具的原理是使用折线作为选区局部的边界，由鼠标连续点击生成的折线段连接起来形成一个多边形的选区。具体使用时，先在图像上单击确定多边形选区的起点，移动鼠标时会有一条直线跟随着鼠标，沿着要选择形状的边缘到达合适的位置单击左键创建一个转折点，按照同样的方法沿着选区边缘移动并依次创建各个转折点，最终回到起点后单击完成选区的创建。若不回到起点，在任意位置双击也会自动在起点和终点间生成一条连线作为多边形选区的最后一条边。

多边形套索工具相比套索工具来说能更好地控制鼠标走向，所以创建的选区更为精确，一般适合于绘制形状边缘为直线的选区。

使用多边形套索工具创建选区的步骤如下：

（1）打开素材文件：素材\模块 2\瓷砖.jpg 文件。

（2）选择工具箱中的多边形套索工具，按住鼠标左键创建选区，如图 2-5 所示。

图 2-5　使用多边形套索工具创建选区

2.1.5　磁性套索工具

磁性套索工具是根据颜色像素自动查找边缘来生成与选择对象最为接近的选区，一般适合于选择与背景反差较大且边缘复杂的对象。具体使用方法与“套索工具”类似，先单击鼠标确定一个起点，然后鼠标在沿着对象边缘移动时会根据颜色范围自动绘制边界。若在选取过程中，局部对比度较低难以精确绘制时，也可以人为地单击鼠标添加紧固点，按 Delete 键将会删除当前取样点，最后移动到起点位置单击鼠标完成图像的选取。

选择磁性套索工具后，属性栏中会显示“磁性套索工具”选项，如图 2-6 所示。

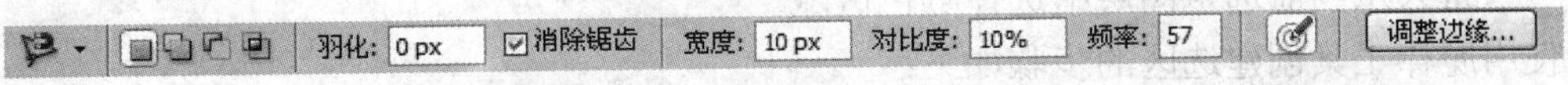

图 2-6　“磁性套索工具”属性栏

- 宽度：取值范围为 1～256（像素），默认值为 10，用于指定检测到的边缘宽度，数值越小选择的图像越精确。
- 对比度：取值范围为 1%～100%，用于设置检测图像边缘的灵敏度。如果选取的图像与周围图像间的颜色对比度较大，应设置一个较高的数值；反之，取较低的数值。
- 频率：取值范围为 0～100，默认值为 57，用于设置生成紧固点的数量。数值越大，紧固点越多，选区的精确度越高，在选取边缘较复杂的图像时应设置较大的频率。

使用磁性套索工具创建选区的步骤如下：

（1）打开素材文件：素材\模块 2\人.jpg 文件。

（2）选择工具箱中的磁性套索工具，按住鼠标左键创建选区，如图 2-7 所示。

图 2-7　使用磁性套索工具创建选区

注意　在使用磁性套索工具时，按 Alt 键可以切换至套索工具或多边形套索工具。

2.1.6　魔棒工具

魔棒工具可以一次性选择与取样点相同的颜色。它的操作方法较为简单，只要在所需选择图像的颜色区域中任意单击，即可将所有与采样点相近的像素区域都包含在内。

选择魔棒工具后，属性栏中会显示相关的工具选项，如图 2-8 所示。

图 2-8　魔棒工具属性栏

- 容差：取值范围为 0～255（像素），用于控制选取的范围。若取值较低，则只选择与取样点像素非常相似的几种颜色，选择范围较小，但精确度较高；若取值较高，则会选择范围更广的颜色区域，但选择的精确度会降低。
- 消除锯齿：使选区的边缘更为平滑。
- 连续：勾选此选项则只选择与鼠标落点颜色相近并相连的区域；反之，将会选择整个图像中所有颜色相近的部分。

- 对所有图层取样：勾选此选项将选中所有可见图层中与取样点颜色相近的区域；反之，将只从当前选定图层中选择颜色区域。

使用魔棒工具创建选区的步骤如下：

（1）打开素材文件：素材\模块 2\羊.jpg 文件。

（2）选择工具箱中的魔棒工具，按住鼠标左键创建选区，如图 2-9 所示。

图 2-9 使用“魔棒工具”创建选区

2.1.7 快速选择工具

快速选择工具的功能非常强大，给用户提供了快速“绘制”优质选区的方法。快速选择工具的使用方法类似于画笔工具，设置好工具属性后，在要选择的图像区域上拖动鼠标，选区会随之扩展并自动查找和跟随图像中定义的边缘。

选择快速选择工具后，属性栏中会显示相关的工具选项，如图 2-10 所示。

图 2-10 “快速选择工具”属性栏

- 新选区：是在未选择任何选区情况下的默认选项。创建初始选区后，此选项将自动更改为“添加到选区”。
- 添加到选区：新绘制的区域将被包含到已有的选区中。
- 从选区减去：从已有选区中减去另外拖过的区域。
- 画笔：单击画笔旁边的下拉箭头可以设置画笔选项，方法同画笔工具的使用。若选取离边缘较远或较大的区域，可以将画笔直径设置得大一些；若要选取图像的边缘或较小的区域，则应将画笔直径设置得小一些，尽量避免选择到不需要的区域。
- 对所有图层取样：选择该选项是基于所有图层创建的选区；反之是基于当前选定图层创建的选区。
- 自动增强：选择该选项会自动将选区向图像边缘进一步流动并应用一些边缘调整，减少选区边界的粗糙度和锯齿，选区边缘的效果也可以在“调整边缘”对话框中精细调整。

使用快速选择工具创建选区的步骤如下：

（1）打开素材文件：素材\模块 2\蟹.jpg 文件。

（2）选择工具箱中的快速选择工具，按住鼠标左键创建选区，如图 2-11 所示。

图 2-11　使用快速选择工具创建选区

2.1.8　使用选择命令选择选区

除了使用工具选择对象以外，在“选择”菜单中也包含有选择对象的命令。

（1）执行“选择”｜“全部”命令，可对图像进行全部选取，如图 2-12 所示。

图 2-12　全部选择图像的效果

（2）执行“选择”｜“反向”命令，可对选区进行反向选取，如图 2-13 所示。

原选区　　执行反向后的选区

图 2-13　原选区与执行反向后的选区

（3）执行“选择”｜“变换选区”命令，可对选区进行各种变形操作，如图 2-14 所示。

原选区

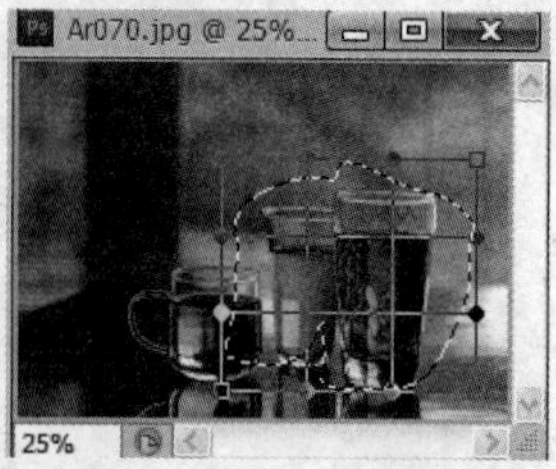

变换选区

图 2-14 原选区与变换选区

注意 按 Alt 键可以以中心点为中心对称缩放选区。按下 Shift+Ctrl 组合键，同时拖动边框线或边框上的小方块，可以使选区变换为平行四边形。按下 Shift+Ctrl+Alt 组合键，同时拖动边框线或边框上的小方块，可以使选区对称扭曲变形。

（4）执行“选择”｜“在快速蒙版模式下编辑”命令，可使用画笔或橡皮擦工具增加或减少蒙版区域，如图 2-15 所示。编辑完蒙版区域后，单击工具箱中的“以标准模式编辑”按钮即可查看选区，如图 2-16 所示。

原蒙版区域

用画笔工具增加蒙版区域

用橡皮擦工具减少蒙版区域

图 2-15 使用快速蒙版创建选区

原选区

用画笔工具后的选区

用橡皮擦工具后的选区

图 2-16 使用快速蒙版创建选区的最后效果

（5）执行“选择”｜“扩大选取”命令，可以将现有选区扩大，把相邻且颜色相近的区域添加到选择区域内，颜色相近程度由魔棒工具的容差值决定。

（6）执行“选择”｜“选取相似”命令的效果和扩大选取命令的效果相似，但它所扩大的范围不仅仅局限于相邻的区域，还可以将整个图像中不连续但颜色相近的像素区域扩充到选区内，如图 2-17 所示。

2.1.9　使用色彩范围命令选择选区

执行“选择”｜“色彩范围”命令，将按指定的颜色或颜色子集来确定选择区域，弹出的“色彩范围”对话框如图 2-18 所示，最终效果如图 2-19 所示。

原始图片　　扩大选取　　选取相似

图 2-17　执行“扩大选取”与“选取相似”命令后的选区效果

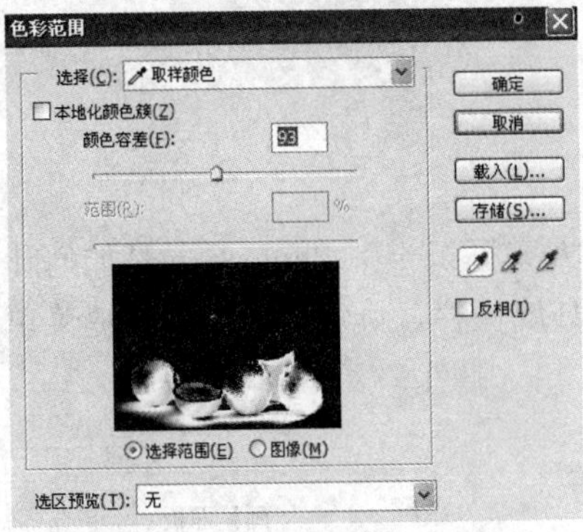

图 2-18　“色彩范围”对话框

图 2-19　最终效果

- 选择：有取样颜色、标准色（红色、黄色、绿色、青色、蓝色、洋红）、亮度（高光、中间调、阴影）和溢色几种选择。溢色是无法使用印刷色打印的 RGB 或 Lab 颜色（注：如果选择了一种颜色，但图像中并没有包含高饱和度的这种颜色时会出现“任何像素都不大于 50%选择。选区边将不可见”的警告框）。
- 颜色容差：可以通过拖动“颜色容差”滑块或直接输入数值来设置颜色的选取范围，数值越小，所选择的颜色范围就越小；反之，数值越大，所选择的颜色范围就越大。
- 选择范围：选中该单选项，在图像预览框中只显示被选中的颜色范围。
- 图像：选中该单选项，在图像预览框中将显示整幅图像。
- 选区预览：设置图像窗口的预览模式，有 5 种选择。
- 标准吸管：创建新的颜色选区时选择此选项。
- 加色吸管：向已有选区中添加颜色区域时选择此选项。
- 减色吸管：向已有选区中删除颜色区域时选择此选项。
- 反相：选择与原选定区域相反的区域。

2.1.10　使用修改命令调整选区

执行“选择”｜“修改”命令，可以对选区进行边界、平滑、扩展、收缩和羽化操作，其修改效果如图 2-20 所示。

原选区　　执行“扩展”命令后的选区　　执行“收缩”命令后的选区

图 2-20　变换选区

2.2　子模块二　图像绘制与修饰

Photoshop CS5 拥有丰富的绘画资源，使用多种填色模式和多样的滤镜功能可以绘制出效果逼真的图像。

2.2.1　画笔工具

1. 画笔工具

下面就来看看 Photoshop 的画笔工具，让我带着大家见识一下 Photoshop 是如何让我们妙笔生花的！选择工具箱中的画笔工具后，会出现其工具属性栏、新建画笔预设快捷菜单及画笔面板，如图 2-21 所示。

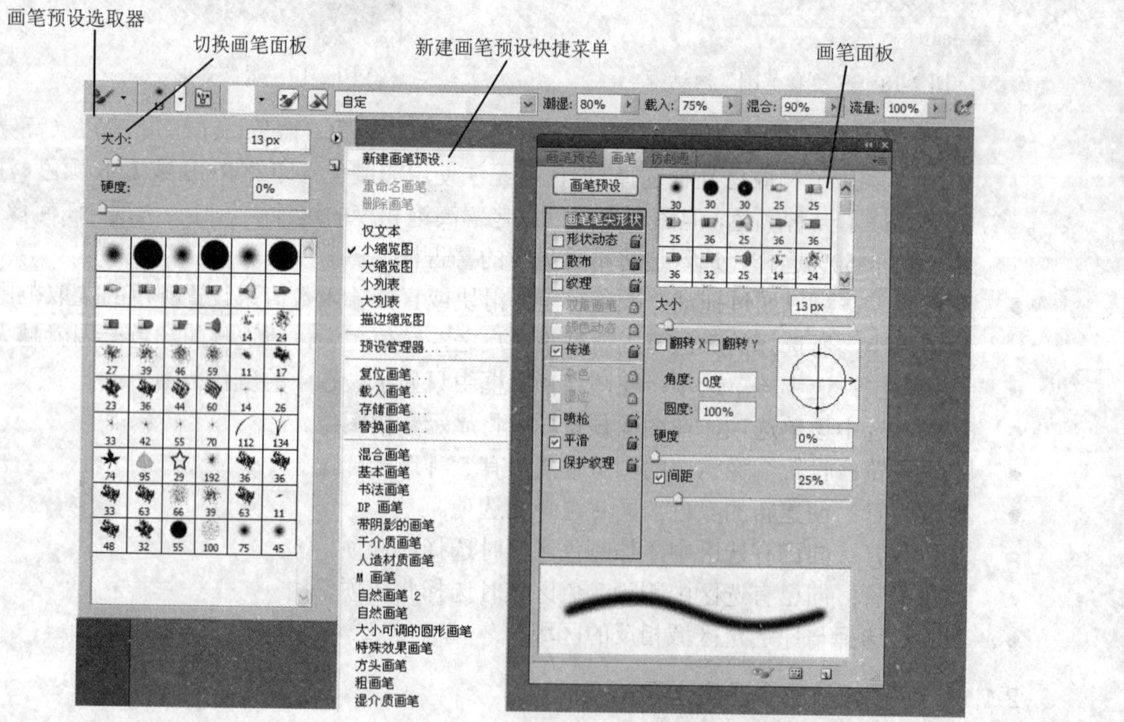

图 2-21　“画笔工具”属性栏、“画笔面板”及“新建画笔预设”快捷菜单

画笔工具用于绘制线条或修饰图像，还可以模拟毛笔、水彩笔在图像或选区中进行绘制。

选中画笔工具后，再指定一种前景色，拖动鼠标在图像中直接绘画即可。

在工具属性栏中单击“画笔预设选取器”按钮，可以设置画笔的笔尖形状、画笔主直径和硬度。其中画笔笔尖形状提供了许多不同形状的画笔笔尖，可以根据需要用它画出不同风格的线条和形状，所以应根据绘制的实际情况合理选择笔尖。不同画笔大小可用于绘制不同的线条。

在工具属性栏中单击“切换画笔面板”按钮即可打开画笔面板，画笔面板的左侧主要用来设置笔刷属性，右侧用来设置笔刷参数，下方是笔头预览区域。使用画笔工具绘图的具体操作方法如下：

（1）打开素材文件：素材\模块 2\设置画笔形状动态.jpg 文件。

（2）选择工具箱中的画笔工具并设置工具属性栏，在属性栏中设置画笔大小和形状，设置“模式”为“颜色加深”，“流量”为 60%，设置“前景”为 R64、G82、B0，如图 2-22 所示。

图 2-22　“画笔工具”属性栏

（3）在画笔面板中勾选“形状动态”复选框，在面板中设置参数，如图 2-23 所示。

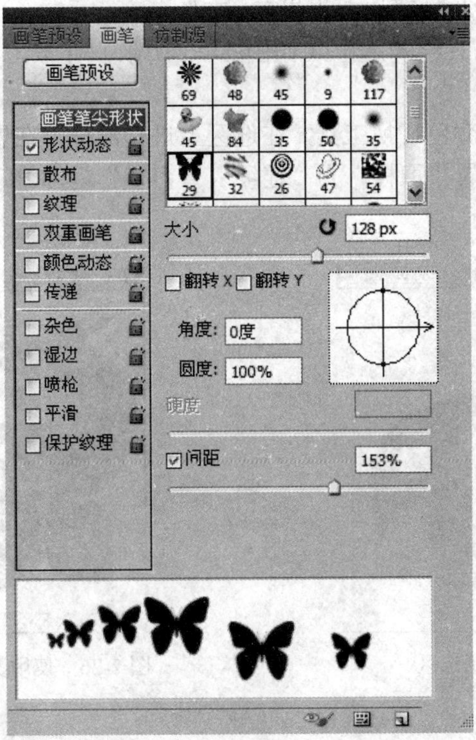

图 2-23　设置“形状动态”参数

（4）在画面中涂抹，效果如图 2-24 所示。

2. 铅笔工具

使用铅笔工具可以绘制出硬边缘的效果，特别是绘制斜线，锯齿效果会非常明显，并且所有定义的外形光滑的笔刷也会被锯齿化。其具体使用方法与画笔工具相似。

图 2-24　画笔绘制效果

3. 颜色替换工具

使用颜色替换工具可以将图像中的颜色改变成自己所需要的颜色，具体操作如下：

（1）打开素材文件：素材\模块 2\水果.jpg 文件。

（2）使用快速选择工具绘制选区（如图 2-25 所示）并按 Ctrl+J 组合键将选区复制为新图层。

（3）选择工具箱中的颜色替换工具，在选区上进行涂抹。在属性栏中设置画笔大小，设置“模式”为“颜色”，设置“取样”为“连续”，“容差”为 30%，设置“前景”为 R237、G143、B39，如图 2-26 所示。

图 2-25　绘制选区

图 2-26　使用颜色替换工具的效果

4. 混合器画笔工具

混合器画笔工具可以让不懂绘画的人轻易画出漂亮的画面。如果是美术专业的朋友使用它，则更是如虎添翼。混合器画笔工具属性栏如图 2-27 所示。

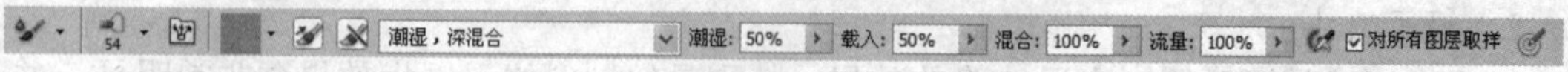

图 2-27　“混合器画笔”工具属性栏

工具属性栏中新增按钮的功能如下：

- 当前画笔载入 ：可重新载入或清除画笔，也可以在这里设置一种颜色，让它和涂抹的颜色进行混合。
- 每次描边后载入画笔和每次描边后清理画笔：控制了每一笔涂抹结束后对画笔是否更新和清理。是类似于画家在绘画时一笔过后是否将画笔在水中清洗的选项。
- 潮湿：设置从画布拾取的油彩量。
- 载入：设置画笔上的油彩量。
- 混合：设置颜色混合的比例。
- 流量：这是以前版本其他画笔常见的设置，可设置描边的流动速率。
- 喷枪模式：当画笔在一个固定的位置一直描绘时，画笔会像喷枪那样一直喷出颜色。如果不启用这个模式，则画笔只描绘一下就停止喷出颜色。
- 对所有图层取样：无论本文件有多少图层，将它们作为一个单独的合并的图层看待。
- 绘图板压力：当我们选择普通画笔时，它可被选择。此时我们可用绘图板来控制画笔的压力。

2.2.2 历史画笔工具

本节学习历史画笔的基本操作，主要包括历史记录画笔工具和历史记录艺术画笔工具两种。

1. 历史记录画笔工具

使用历史记录画笔工具可以结合历史记录对图像的处理状态进行局部恢复，具体操作步骤如下：

（1）打开素材文件：素材\模块 2\03.jpg 文件。

（2）执行“图像”|“调整”|“黑白”命令，将图像调整为黑白颜色。

（3）执行“窗口”|“历史记录”命令，在弹出的“历史记录”调板中单击“黑白”选项，以设置历史记录的源图标所在的位置，将其作为历史记录画笔的源图像，如图 2-28 所示。

图 2-28　原始图片及使用历史记录画笔后的图片

2. 历史记录艺术画笔工具

使用指定的历史记录状态或快照中的源数据，以风格化描边进行绘画，具体操作步骤如下：

（1）打开素材文件：素材\模块 2\04.jpg 文件。

（2）单击图层调板下的“创建新图层”按钮，新建“图层 1”图层。

（3）设置前景色为灰色，按 Alt+Delete 组合键对图层 1 填充前景色。

（4）选择历史记录艺术画笔工具，并在弹出的“历史记录”调板中的“打开”步骤前单击，指定图像被恢复的位置，如图 2-29 所示。

（5）将鼠标移到画布中单击并拖动鼠标进行图像的恢复，创建类似粉笔画的效果。

图 2-29　原始图片及使用历史记录艺术画笔后的图片

2.2.3　图章工具

图章工具包括仿制图章工具和图案图章工具两种。它们的基本功能都是复制图像，但复制的方式不同。

1. 仿制图章工具

仿制图章工具将图像的一部分绘制到同一个图像的另一部分或绘制到具有相同颜色模式的任何打开的文档的另一部分。也可以将一个图层的一部分绘制到另一个图层。仿制图章工具对于复制对象或移去图像中的缺陷很有用。“仿制图章”工具属性栏如图 2-30 所示。

图 2-30　“仿制图章”工具属性栏

- 对齐：连续对像素进行取样，即使释放鼠标也不丢失当前取样点。如果取消选择“对齐”，则会在每次停止并重新开始绘制时使用初始取样点中的样本像素。
- 样本：从指定的图层中进行数据取样。要从现用图层及其下方的可见图层中取样，请选择“当前和下方图层”；要仅从现用图层中取样，请选择“当前图层”；要从所有可见图层中取样，请选择“所有图层”；要从调整图层以外的所有可见图层中取样，请选择“所有图层”，然后单击“样本”下拉列表框右侧的“忽略调整图层”图标。可通过将指针放置在任意打开的图像中，然后按住 Alt 键并单击来设置取样点。

仿制图章工具的具体操作步骤如下：

（1）打开素材文件：素材\模块 2\仿制图章工具.jpg 文件。

（2）单击工具箱中的“仿制图章”工具并适当设置其工具属性栏。

（3）按住 Alt 键的同时单击稻穗确定复制的参考点，然后拖动鼠标，效果如图 2-31 所示。

图 2-31　原始图片及使用仿制图章工具后的图片

2. 图案图章工具

图案图章工具可使用图案进行绘画。可以从图案库中选择图案或者自己创建图案。图案图章工具属性栏如图 2-32 所示。

图 2-32　“图案图章”工具属性栏

图案图章工具的具体操作步骤如下：

（1）打开素材文件：素材\模块 2\图案图章工具.jpg 文件。

（2）单击工具箱中的“图案图章工具”。

（3）设置模式为“实色混合”，选择所需的图案类型并勾选“印象派效果”复选框。

（4）在图像中单击添加图案，效果如图 2-33 所示。

图 2-33　原始图片及使用图案图章工具后的图片

2.2.4　修复工具

修复工具可用于校正图像中的瑕疵，不仅可以去除，还可以通过自动调整项目让图像看起来更自然。

1. 修复画笔工具

修复画笔工具可用于校正瑕疵，使瑕疵消失在周围的图像中。与仿制图章工具一样，使用修复画笔工具可以利用图像或图案中的样本像素来绘画。但是修复画笔工具还可将样本像素的纹理、光照、透明度和阴影与所修复的像素进行匹配，从而使修复后的像素不留痕迹地融入图像的其余部分，修复画笔工具属性栏如图 2-34 所示。

图 2-34　“修复画笔”工具属性栏

修复画笔工具的具体操作步骤如下：

（1）打开素材文件：素材\模块 2\美女.jpg 文件。

（2）单击工具箱中的“修复画笔工具”。

（3）按住 Alt 键摄取样本点，单击人物脸部的图案将其去除，效果如图 2-35 所示。

2. 污点修复画笔工具

污点修复画笔工具可以快速移去照片中的污点和其他不理想的部分。污点修复画笔工具的工作方式与修复画笔工具类似，它使用图像或图案中的样本像素进行绘画，并将样本像素的纹理、光照、透明度和阴影与所修复的像素相匹配。与修复画笔工具不同，污点修复画笔工具不要求指定样本点，污点修复画笔将自动从所修复区域的周围取样，污点修复画笔工具属性栏如图 2-36 所示。

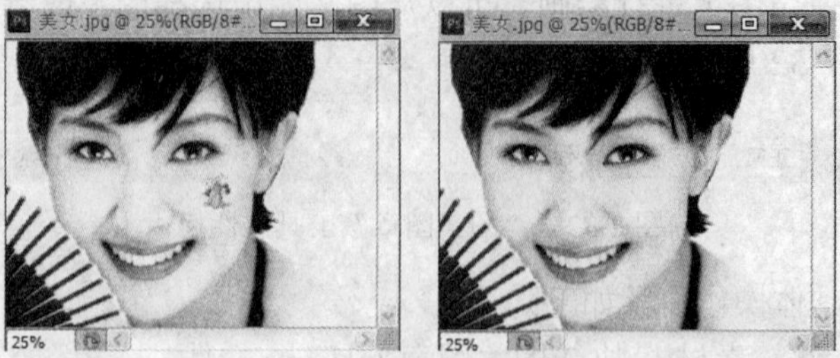

图 2-35　原始图片及使用修复画笔工具后的图片

图 2-36　“污点修复画笔”工具属性栏

污点修复画笔工具的具体操作步骤如下：

（1）打开素材文件：素材\模块 2\去除照片上的墨迹.jpg 文件。

（2）单击工具箱中的污点修复画笔工具，在需要修复的地方进行涂抹，效果如图 2-37 所示。

图 2-37　原始图片及使用污点修复画笔工具后的图片

3. 修补工具

通过使用修补工具，可以用其他区域或图案中的像素来修复选中的区域。与修复画笔工具一样，修补工具会将样本像素的纹理、光照和阴影与源像素进行匹配，还可以使用修补工具来仿制图像的隔离区域。修补工具属性栏如图 2-38 所示。

图 2-38　“修补”工具属性栏

修补工具的具体操作步骤如下：

（1）打开素材文件：素材\模块 2\修补工具.jpg 文件。

（2）单击工具箱中的“修补工具”，沿着人物脸部伤疤边缘创建选区，并将选区拖动到皮肤完好处松开鼠标，效果如图 2-39 所示。

4. 红眼工具

红眼工具可以移去用闪光灯拍摄的人像或动物照片中的红眼，也可以移去用闪光灯拍摄的动物照片中的白色或绿色反光。红眼工具属性栏如图 2-40 所示。

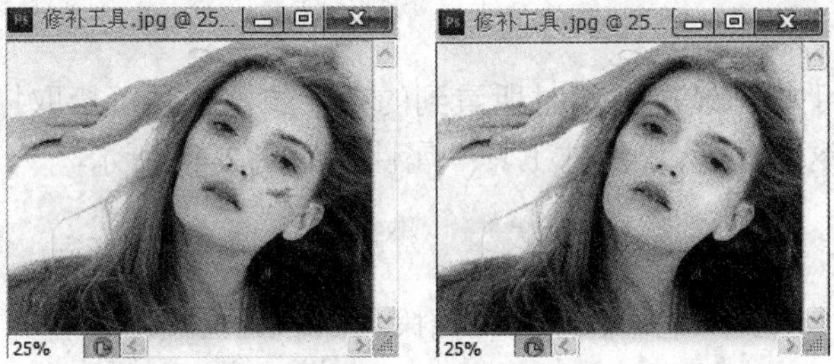

图 2-39　原始图片及使用修补工具后的图片

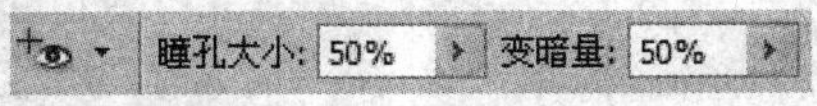

图 2-40　“红眼”工具属性栏

红眼工具的具体操作步骤如下：

（1）打开素材文件：素材\模块 2\医治红眼病.jpg 文件。

（2）单击工具箱中的“红眼工具”，在小狗的双眼处单击并松开鼠标，效果如图 2-41 所示。

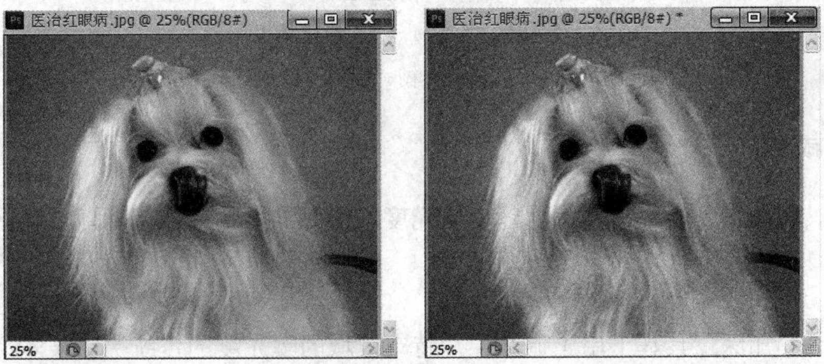

图 2-41　原始图片及使用红眼工具后的图片

2.2.5　模糊工具

该组工具主要是对图像的细节进行修饰，进行像素之间的对比，以使主题鲜明。

1. 模糊工具

模糊工具可柔化硬边缘或减少图像中的细节。使用此工具在某个区域上方绘制的次数越多，该区域就越模糊，模糊工具属性栏如图 2-42 所示。

图 2-42　“模糊”工具属性栏

2. 锐化工具

锐化工具用于增加边缘的对比度以增强外观上的锐化程度。用此工具在某个区域上方绘制的次数越多，增强的锐化效果就越明显。锐化工具属性栏如图 2-43 所示。

图 2-43　“锐化”工具属性栏

3. 涂抹工具

涂抹工具模拟将手指拖过湿油漆时所看到的效果。该工具可拾取描边开始位置的颜色，并沿拖动的方向展开这种颜色。“涂抹工具”属性栏如图 2-44 所示。

图 2-44 “涂抹”工具属性栏

以上三种工具的效果图，如图 2-45 所示。

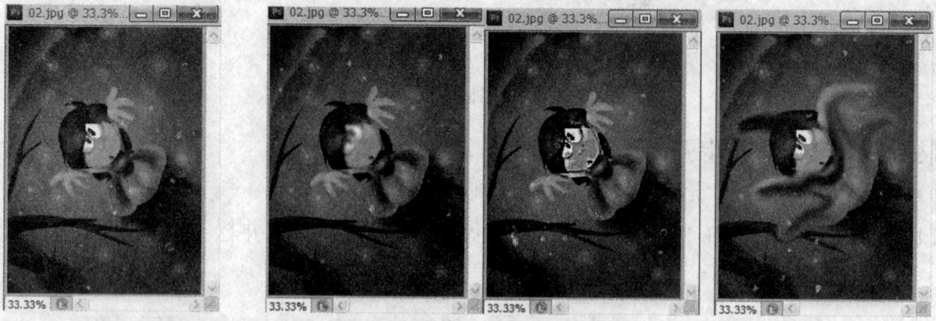

原始图片 模糊效果 锐化效果 涂抹效果

图 2-45 原始图片及使用模糊、锐化及涂抹工具后的图片

2.2.6 减淡工具

减淡工具和加深工具相当于摄影师调节光度，而海绵工具可以精确地更改区域的色彩饱和度。

1. 减淡工具和加深工具

减淡工具和加深工具基于用于调节照片特定区域的曝光度的传统摄影技术，可以用于使图像区域变亮或变暗。摄影师可遮挡光线以使照片中的某个区域变亮（减淡），或增加曝光度以使照片中的某些区域变暗（加深）。用减淡工具或加深工具在某个区域上方绘制的次数越多，该区域就会变得越亮或越暗。

2. 海绵工具

海绵工具可精确地更改区域的色彩饱和度。当图像处于灰度模式时，该工具通过使灰阶远离或靠近中间灰色来增加或降低对比度。

2.3 子模块三 图像擦除

在绘制图像时，有些多余的部分可以通过擦除工具将其擦除。使用擦除工具还可以操作一些图像的选择和拼合。

2.3.1 橡皮擦工具

橡皮擦工具可将像素更改为背景色或透明。如果正在背景中或已锁定透明度的图层中工作，像素将更改为背景色，如图 2-46 所示；否则像素将被抹成透明，如图 2-47 所示。

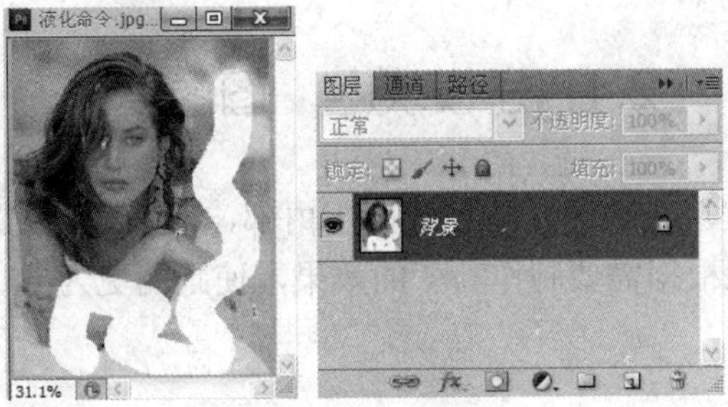

图 2-46　在背景上擦除效果

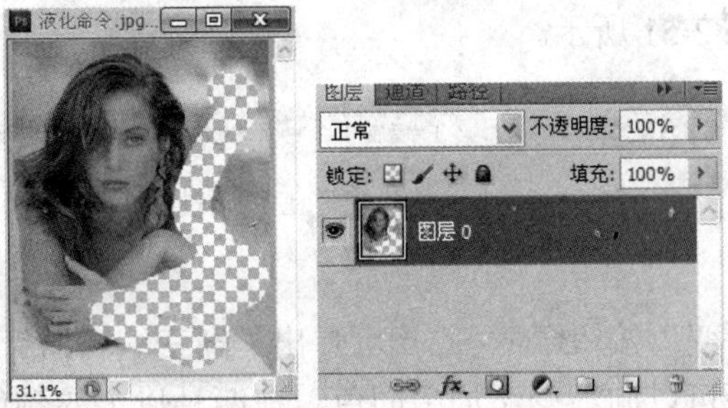

图 2-47　在普通图层上擦除效果

2.3.2　背景橡皮擦工具

背景橡皮擦工具可在拖动时将图层上的像素抹成透明，如图 2-48 所示。单击工具属性栏中的“保护前景色”按钮☑保护前景色，可以在抹除背景的同时在前景中保留对象的边缘，如图 2-49 所示。通过指定不同的取样和容差选项，可以控制透明度的范围和边界的锐化程度。

图 2-48　未选中“保护前景色”擦除效果

图 2-49　选中“保护前景色”擦除效果

2.3.3　魔术橡皮擦工具

用“魔术橡皮擦工具”在图层中单击时，该工具会将所有相似的像素更改为透明。如果在已锁定透明度的图层中工作，这些像素将更改为背景色。如果在背景中单击，则将背景转换为图层并将所有相似的像素更改为透明，如图 2-50 所示。

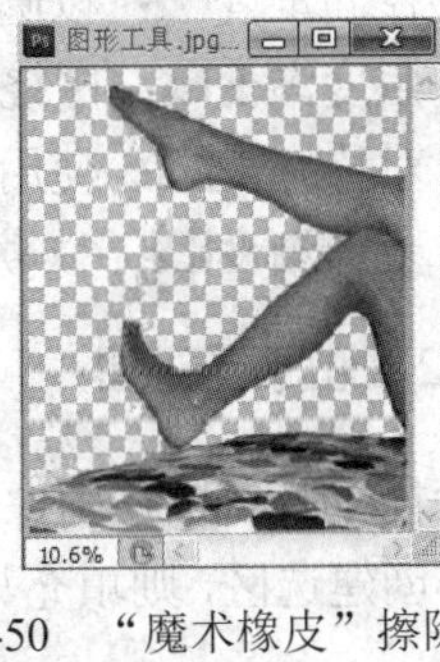

图 2-50　“魔术橡皮”擦除效果

2.4 子模块四 图像填充

可以使用颜色或图案填充选区、路径或图层内部，此操作称为填充。可以使用简单的方法直接填入颜色，也可以根据需要制作渐变的效果，使画面更为丰富多彩。

2.4.1 渐变工具

渐变工具可以创建多种颜色间的逐渐混合。可以从预设渐变填充中选取或创建自己的渐变。渐变工具属性栏如图 2-51 所示。

图 2-51 “渐变”工具属性栏

1. 渐变编辑器

单击“点按可编辑渐变”按钮可弹出“渐变编辑器”面板，通过修改现有渐变的拷贝来定义新渐变。还可以向渐变添加中间色，在两种以上的颜色间创建混合，如图 2-52 所示。

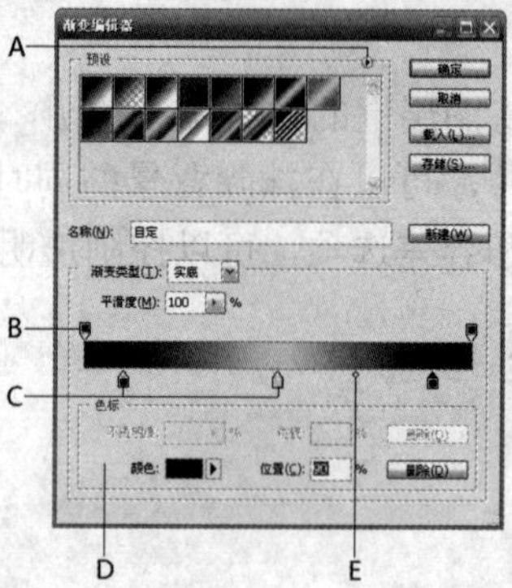

A. 调板菜单；B. 不透明性色标；C. 色标；D. 调整值或删除选中的不透明度或色标；E. 中点

图 2-52 “渐变编辑器”面板

2. 渐变类型的选择

设置好渐变后，需要通过工具选项栏选择渐变类型。

- 线性渐变：以直线从起点渐变到终点。
- 径向渐变：以圆形图案从起点渐变到终点。
- 角度渐变：围绕起点以逆时针扫描方式渐变。
- 对称渐变：使用均衡的线性渐变在起点的任一侧渐变。
- 菱形渐变：以菱形方式从起点向外渐变，终点定义菱形的一个角。

2.4.2 油漆桶工具

油漆桶工具可以在图像中填充前景色或图案。如果创建了选区，填充的区域为所选区域；如果没有创建选区，则填充与鼠标单击相近的区域。使用油漆桶工具的填充效果如图 2-53 所示。

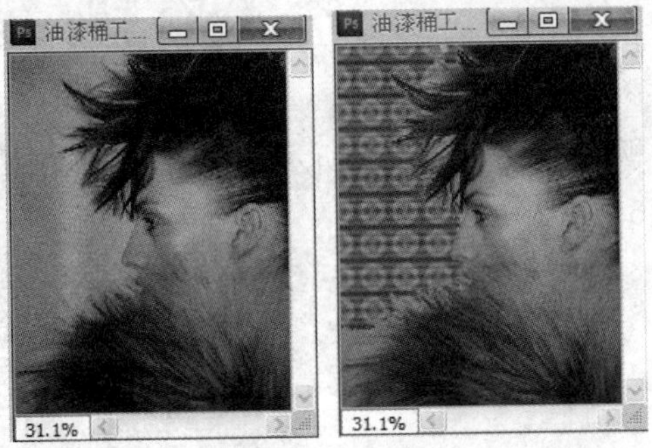

图 2-53　原始图片及使用油漆桶工具后的图片

2.5　工作情境一　红叶香满山

2.5.1　工作情境描述及效果

- 原始文件：Photoshop CS5\素材\模块 2\枫叶.jpg
- 最终文件：Photoshop CS5\效果\模块 2\红叶香满山.psd

1. 工作情境描述

通过制作如图 2-54 所示的效果图，掌握画笔工具在实例中的使用，通过设置“画笔工具”选项栏以及“图层”面板中的“混合模式”选项可以将实例中的图像与背景有机地融合。案例要点如表 2-1 所示。

表 2-1　“红叶香满山”要点分析

案例要点：

- 画笔工具的使用
- 创建新图层的应用
- 混合模式中正片叠底的应用

2. 工作情境最终效果（如图 2-54 所示）

图 2-54　“红叶香满山”的最终效果

2.5.2 工作情境详解

（1）打开原始文件“枫叶”，如图 2-55 所示。单击工具箱中的“画笔工具”按钮，选择笔尖为散布枫叶，如图 2-56 所示。

图 2-55 “红叶香满山”原始文件

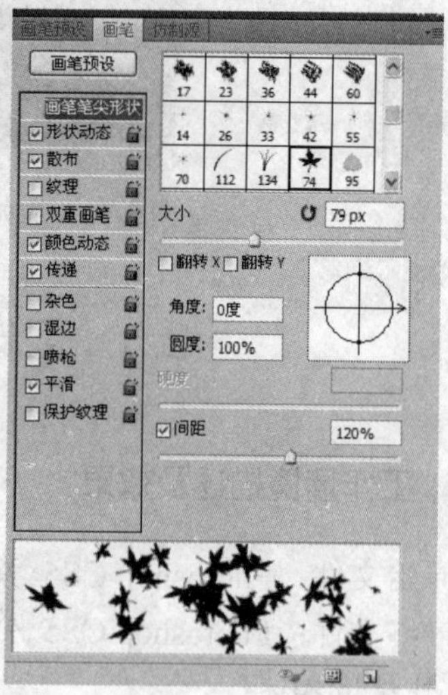

图 2-56 画笔面板

（2）在工具箱中设置“前景色”为“橙色”，在“图层”面板中单击“创建新图层”按钮，新建一个图层并将其命名为“枫叶”，单击“画笔工具”按钮，设置不同笔尖大小并在页面中涂抹。

（3）在“图层”面板中设置“枫叶”图层的“混合模式”为“正片叠底”，最终效果如图 2-54 所示。

（4）执行“文件”|“存储为”命令，将处理后的图像进行保存。

2.6 工作情境二 仿制图章工具应用

2.6.1 工作情境描述及效果

- 原始文件：Photoshop CS5\素材\模块 2\卡通动物.jpg
- 最终文件：Photoshop CS5\效果\模块 2\卡通动物.psd

1. 工作情境描述

通过制作如图 2-57 所示的效果图掌握“仿制图章工具”选项栏的设置，使用仿制图章工具来达到复制图像中图案的目的。仿制图章工具的使用非常广泛，例如可以去掉图像中的色彩和纹身等。案例要点如表 2-2 所示。

表 2-2 “仿制图章工具”要点分析

案例要点：
◆ 使用“打开”命令
◆ 设置仿制图章工具选项栏
◆ 使用仿制图章工具修改图像

2. 工作情境最终效果（如图 2-57 所示）

图 2-57　“仿制图章工具”最终效果图

2.6.2　工作情境详解

（1）打开原始文件，如图 2-58 所示。

图 2-58　“卡通动物”原始图片

（2）单击工具箱中的“仿制图章工具”按钮，设置画笔“主直径”为 21px，“硬度”为 0，“不透明度”为 100%，“流量”为 100%，勾选“对齐”复选框，如图 2-59 所示。

图 2-59　“仿制图章”工具属性设置

（3）将背景图层拖动至“图层”调板上的“新建图层”按钮处，复制背景图层。

（4）按住 Alt 键，在图像中的卡通动物上单击左键选取样本点，在图像中的空白处涂抹，上下对照将整个卡通动物覆盖在空白处，效果如图 2-60 所示。

（5）执行“文件”｜“存储为”命令，将处理后的图像保存。

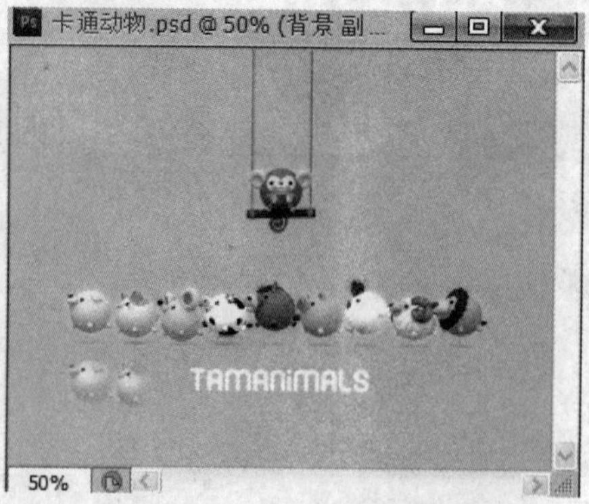

图 2-60 用“仿制图章工具”复制图像

2.7 模块小结

本模块主要讲解 Photoshop CS5 中图像创作方面的强大功能，通过介绍图像选取工具、图像绘制工具、图像修饰工具、图像擦除工具、图像填充工具的使用体会 Photoshop CS5 在图像创作方面无可比拟的优势。使大家不仅可以轻松绘制各种图形，还可以对导入的各种图片进行编辑处理，从而制作出各种图像效果。

2.8 模块训练二

1. 使用如图 2-61 所示的原始文件，使用橡皮擦工具完成如图 2-62 所示的图像效果。

图 2-61 素材图像

图 2-62 效果图像

2. 使用如图 2-63 所示的原始文件，使用仿制图章工具、修复画笔工具、放大镜工具等去除照片中多余的人物，完成如图 2-64 所示的作品效果。

图 2-63 素材图像

图 2-64 效果图像

模块 3　图像色彩调整

调整图像的色彩是Photoshop CS5的强项，它在图像色彩和色调处理方面的功能非常强大，也是设计者必须要掌握的一项功能。在 Photoshop CS5 中调整图像，不仅可以处理照片中经常出现的曝光过度或曝光不足、照片优质化、黑白照片彩色化等问题，还可以使作品更加美观，只有当图形图像里填充了适当的色彩时才能达到赏心悦目的效果。

重点提示：

- 图像颜色模式。
- 快速调整图像色彩。
- 图像色彩的高级调整。

3.1　子模块一　图像颜色模式

在使用 Photoshop CS5 工作之前，了解图形图像颜色模式的相关知识是非常必要的，尤其是初学者，了解并掌握这些知识有助于以后的学习。人们见到的各种不同颜色是物体反射的光线经空气折射而产生的。通常颜色可以分成两大类：一类是非彩色，即黑、白、灰三种；另一类是彩色，即除非彩色之外的所有颜色。根据视觉心理原理，人们又把彩色分成：暖色调、冷色调、中性色调三个色调。

在 Photoshop CS5 中，可为每个文档选取一种颜色模式。颜色模式决定了用来显示和打印所处理图像的颜色方法。通过选择某种特定的颜色模式，就选用了某种特定的颜色模型（一种描述颜色的数值方法）。Photoshop 的颜色模式基于颜色模型，而颜色模型对于印刷中使用的图像非常有用。可从以下模式中选取：RGB（红色、绿色、蓝色）颜色模式、CMYK（青色、洋红、黄色、黑色）颜色模式、灰度颜色模式、位图颜色模式、索引颜色模式，其中用于特殊色彩输出的颜色模式是索引颜色模式。颜色模式决定了图像中的颜色数量、通道数和文件大小。选取颜色模式操作还决定了可以使用哪些工具和文件格式。

3.1.1　RGB 颜色模式

RGB 模式是使用最广泛的色彩模式之一，该模式是一种加色模式，它通过将红、绿、蓝 3 种颜色相叠加而形成更多的颜色，所以也称为加色模式。Photoshop 的 RGB 模式具有 3 个独立的颜色通道，RGB 模式的图像及其通道如图 3-1 所示，每一个通道都有 256（0～225）种颜色的亮度。例如，亮红色的 R 值可能为 246，G 值为 20，而 B 值为 50。当 3 种分量相等时是灰色；当所有的分量是 255 时是纯白色；当所有的值为 0 时是黑色。图像每一个部分的颜色都由 RGB 三个颜色通道上的数值决定。在编辑图像时，RGB 模式是最佳的选择，它可以提供全屏幕的多达 24 位的色彩范围，一些计算机领域的色彩专业称之为真彩显示。

图 3-1 RGB 颜色模式的图像及其通道

3.1.2 CMYK 模式

CMYK 模式下的图像是由青、洋红、黄、黑 4 种颜色构成，要将显示器上看到的颜色输出到纸张上，需要通过打印机或其他的设备。在纸上再现图形颜色最普通的方法是把构成全彩色模式 CMYK 的 4 种基本颜色组合起来，CMYK 模式主要用于彩色印刷。在 Photoshop 中，C（青色）、M（洋红）、Y（黄色）、K（黑色）4 个通道为每个像素的每种印刷油墨指定一个百分比值。和 RGB 模式相反，CMYK 色彩模式为减色法，为最亮（高光）颜色指定的印刷油墨颜色百分比较低，而为较暗（暗调）颜色指定的百分比较高。当 4 种分量的值均为 0%时，就会产生纯白色。

在 CMYK 模式的图像中，每个像素包含 32 位（8×4）颜色信息。在准备要用印刷色打印的图像时，应使用 CMYK 模式。将 RGB 图像转换为 CMYK 即产生分色。如果由 RGB 图像开始，最好先编辑，然后再转换为 CMYK 模式。如图 3-2 所示为 CMYK 颜色模式的图像及其通道。

图 3-2 CMYK 颜色模式的图像及其通道

3.1.3 灰度模式

灰度模式下的图像是由 256 级灰度颜色来显示的，灰度图像中的每个颜色像素都有一个 0（黑色）～255（白色）之间的亮度值。当将彩色模式的图像转换为灰度模式，再将其转换为原来的彩色模式时，图像的颜色信息将丢失。将彩色模式转换为双色调模式或位图模式时，必须先将其转换为灰度模式，然后再由灰度模式转换为双色调模式或位图模式，如图 3-3 所示。

图 3-3　灰度颜色模式的图像及其通道

3.1.4　位图模式

位图模式下的图像是由黑色和白色组成的，所以它又被称为黑白图像，该模式可以较为完善地控制灰度图像的打印，通常线条稿采用这种模式。如果要将位图图像转换为其他模式，需要先将其转换为灰度模式。在位图模式中，只有少数的工具可以使用，所有和色调有关的工具都不能使用，所有的滤镜都不能使用，只有一个背景层和一个被命名的通道可以使用，如图 3-4 所示。

图 3-4　位图颜色模式的图像及其通道

3.1.5　索引颜色模式

索引颜色模式用最多的 256 种颜色生成 8 位图像文件。当转换为索引颜色时，Photoshop 将构建一个颜色查找表（CLUT），用以存放并索引图像中的颜色。如果原图像中的某种颜色没有出现在该表中，则程序将选取最接近的一种或使用偏色以现有颜色来模拟该颜色。由于调色板很有限，因此，索引颜色可以在保持多媒体演示文稿、Web 页等彩色的视觉品质的同时减少文件大小。在这种模式下只能进行有限的编辑，要进一步进行编辑应临时转换为 RGB 模式。

3.2　子模块二　快速调整图像色彩

在 Photoshop 中，对图像进行颜色填充或绘画时，除了要选择好相关命令或工具外，还需要选择好当前颜色。根据设计和绘图的需要还可以设置多种不同的颜色，下面将具体讲解颜色设置的方法。

3.2.1 在工具箱中设定前景色和背景色

工具箱中有一个色彩控制工具，用于设置前景色和背景色，切换前景色和背景色、恢复默认的颜色设置如图 3-5 所示。

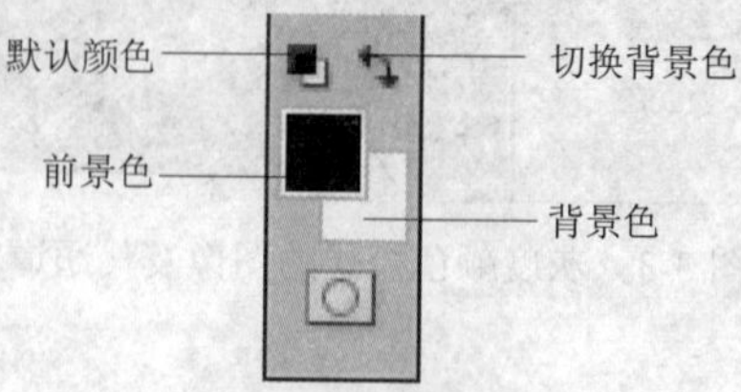

图 3-5 工具箱的颜色工具

单击工具箱的设置前景色色块或设置背景色色块，都会弹出“拾色器”对话框，可修改前景色。单击“切换前景色和背景色”按钮或按 X 键可以互换前景色和背景色。单击“默认前景色和背景色”按钮或按 D 键可以将前景色和背景色还原为默认的颜色，即前景色为黑色、背景色为白色。有关拾色器的用法将在后续章节中讲述。

3.2.2 使用拾色器设置颜色

单击“设置前景色”或“设置背景色”按钮，弹出如图 3-6 所示的“拾色器”对话框，可以在此选取颜色。在“拾色器”对话框左侧的颜色选择区中可以选择颜色的饱和度，垂直方向表示的是明度的变化，水平方向表示的是饱和度的变化。要选取颜色，首先在中间的光谱中选取基本的颜色区域，然后在左侧的颜色选择区单击选定的某种颜色，也可以在颜色数值观察和设置区输入适当的数值来设置颜色。当选择好颜色后，在对话框右侧上方的颜色框中会显示所选择的颜色，右侧下方是所选择颜色的 HSB、RGB、CMYK、Lab 值，选择好颜色后单击“确定”按钮，所选择的颜色将变为工具箱中的前景色和背景色。

Web 安全颜色是指浏览器使用的 216 种颜色，与平台无关。通过使用这些颜色，用于 Web 的图片在设置为以 256 色显示的系统上就一定不会出现仿色。若勾选拾色器左下方的“只有 Web 颜色”选项，所拾取的任何颜色都是 Web 安全颜色。

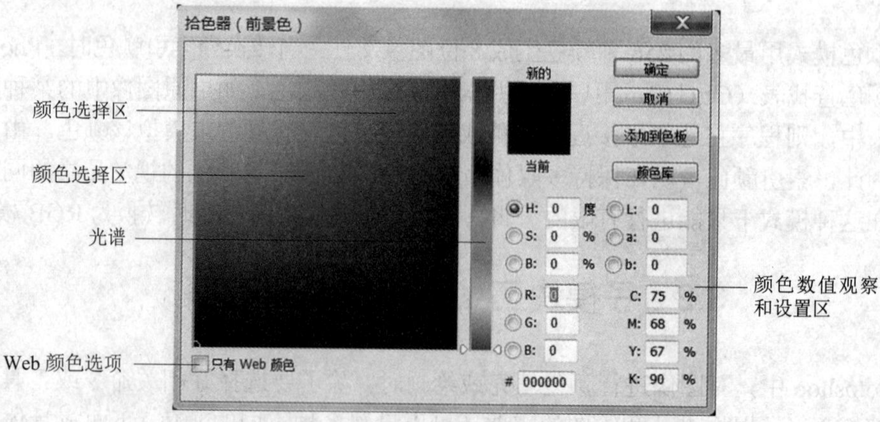

图 3-6 拾色器对话框

3.2.3　使用“颜色”调板设置颜色

“颜色”调板可以用来设置前景色和背景色。执行“窗口”|“颜色”命令，弹出“颜色”调板，如图 3-7 所示。

在控制调板中，可先单击左侧的“前景色”和“背景色”按钮以确定所调整的是前景色还是背景色；然后拖曳三角滑块在颜色栏中选择所需要的颜色，也可以直接在颜色的数值框中输入数值调整颜色。

单击调板右上角的 按钮，弹出“颜色”调板的下拉菜单，如图 3-8 所示，该菜单用于设定控制调板中显示的颜色模式，可以在不同的颜色模式中调整颜色，如要设置 CMYK 颜色，就要选择“CMYK 滑块”选项。

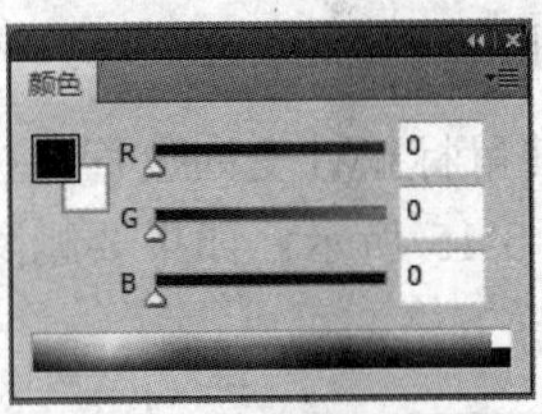

图 3-7　“颜色”调板

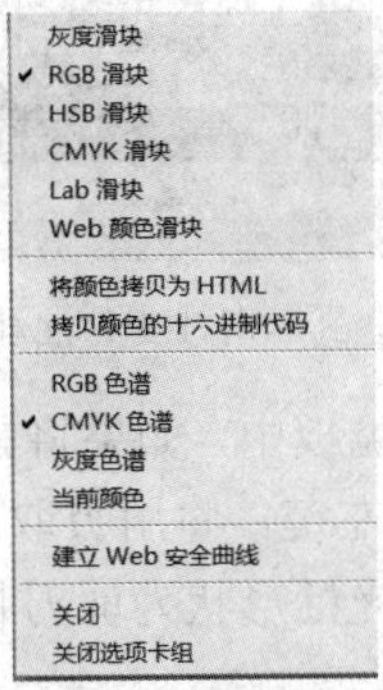

图 3-8　弹出的下拉菜单

3.2.4　使用“色板”调板设置颜色

在 Photoshop 中提供了“色板”调板，用于方便用户快速选择颜色，调板中的颜色都是预先设置好的，可直接从中选取而不用自己配制。“色板”调板可以用来选取一种颜色以改变前景色或背景色。执行“窗口”|“色板”命令，弹出“色板”调板，如图 3-9 所示。此外，单击面板右上角的 按钮，弹出“色板”调板的下拉菜单，如图 3-10 所示。

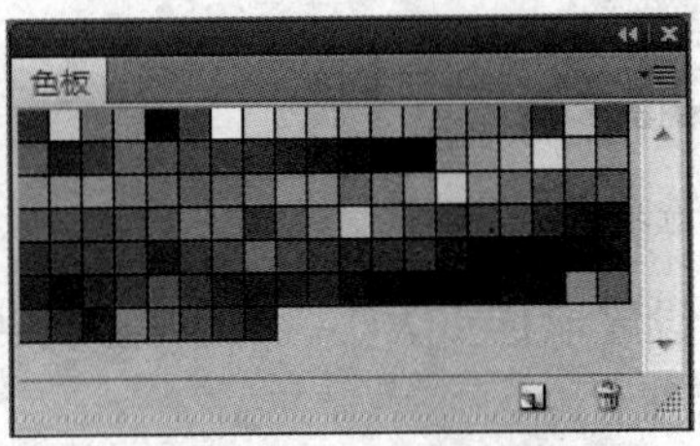

图 3-9　“色板”调板

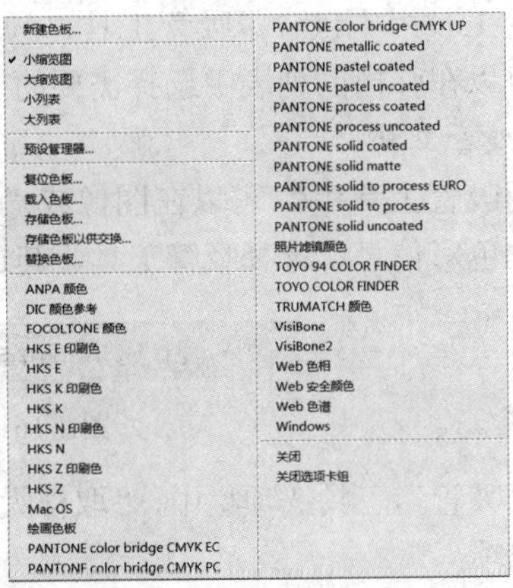

图 3-10　弹出的下拉菜单

其中各命令的含义如下：

- 新建色板：用于新建一个色块。

- 小缩览图：将面板中的色块以小图标显示。
- 小列表：将面板中的色块以小列表显示。
- 预设管理器：用于对颜色进行管理。
- 复位色板：将修改后的色板恢复为默认的状态。
- 载入色板：将硬盘中的其他色板载入。
- 存储色板：用于将当前色板中的色板文件存入硬盘。

在“色板”调板中，如果将鼠标指针移到空白颜色处，鼠标指针会变为油漆桶形状，如图 3-11 所示，此时单击左键，将弹出“色板名称”对话框，如图 3-12 所示，单击“确定”按钮即可将前景色添加到“色板”面板中，如图 3-13 所示。

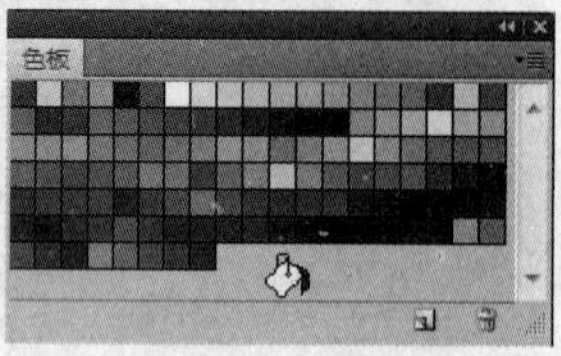

图 3-11 鼠标指针变为油漆桶图标

图 3-12 “色板名称”对话框

在“色板”调板中，如果将鼠标指针移到颜色处，将使鼠标指针变为吸管图标，如图 3-14 所示，此时单击左键，将用吸取的颜色作为前景色，如图 3-15 所示。如果要删除指定色样，可按下 Alt 键，光标形状为剪刀状，然后单击要删除的色样方格即可。

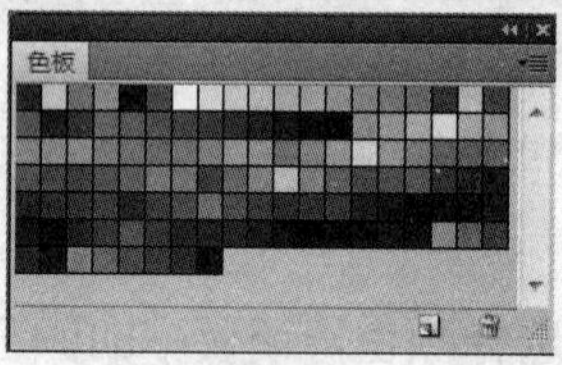

图 3-13 添加到“色板”中

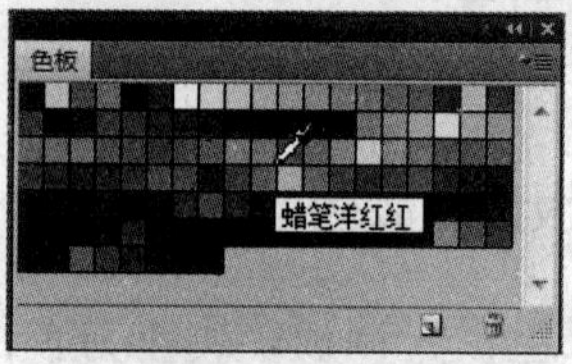

图 3-14 鼠标指针变为吸管形状

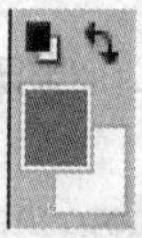
图 3-15 吸取的颜色

3.2.5 使用吸管工具组设置颜色

吸管工具组中包含了吸管工具、颜色取样器工具，单击“吸管”工具右下角的小三角形按钮，可以在弹出的列表中选择需要的工具。

1. 吸管工具

使用吸管工具 可以在图像或“颜色”调板中吸取颜色，并可在“信息”调板中观察像素点的色彩信息。选择吸管工具，其选项栏如图 3-16 所示。

图 3-16 “吸管”工具的选项栏

在“吸管”工具选项栏中，“取样大小”选项用于设置取样点大小。其下拉列表中包含以下几个选项：

- 取样点：用于定义以一个像素点为取样范围。
- 3×3 平均：用于定义以 3×3 的像素区域为取样范围，并吸取其色彩平均值。
- 5×5 平均：用于定义以 5×5 的像素区域为取样范围，并吸取其色彩平均值。

选择吸管工具，打开素材图片 02.jpg，在图像中需要吸取的颜色上单击，前景色将变为吸管吸取的颜色，在“信息”调板中将能观察到吸取颜色的色彩信息，效果如图 3-17 所示。

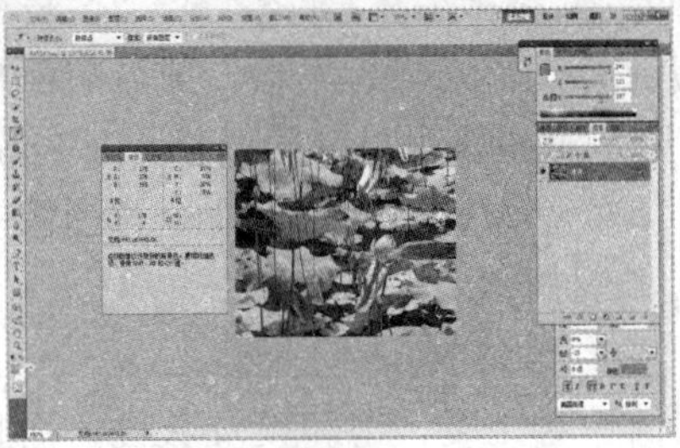

图 3-17　吸取的色彩信息

2. 颜色取样器工具

使用颜色取样器工具可以在图像中对需要的色彩进行取样，最多可以对 4 个颜色点进行取样，取样的结果将显示在“信息”调板中。选择颜色取样器工具，打开素材图片 02.jpg，在图像中需要吸取颜色的位置单击 3 次，在“信息”调板中将记录下 3 次取样的色彩信息，效果如图 3-18 所示。

图 3-18　取样并在“信息”调板中显示取样点的色彩信息

选择颜色取样器工具时，将鼠标指针移至取样点时指针会变成移动图标形状，按住鼠标左键不放并拖曳可以将取样点移动到适当的位置，移动后“信息”调板中的记录将改变，如图 3-19 所示。

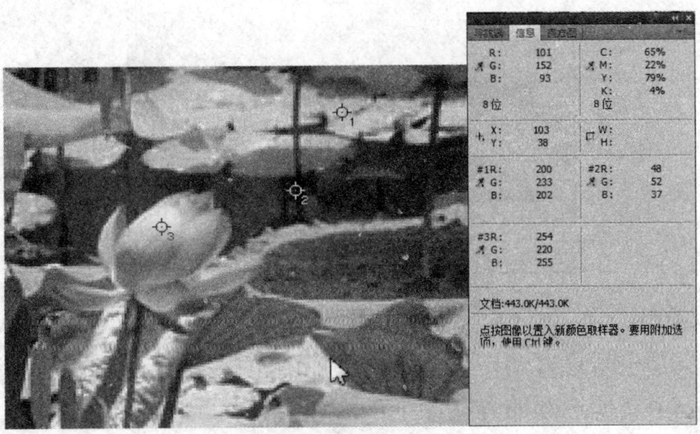

图 3-19　移动取样及其色彩信息

3.3 子模块三 图像色彩的高级调整

有时候图片中会有一些瑕疵，或者太亮、太暗，或者有颜色偏差，这时就要进行色彩调整。对图像的色调进行控制主要是对图像明暗度的调整。在 Photoshop CS5 中，可以使用“调整”菜单下的“色阶”、“曲线”、“亮度/对比度”等命令对图像的色调进行调整。

3.3.1 调整色阶

“色阶”命令用于调整图像的对比度、饱和度及灰度，而且色阶调整可以通过输入数字对明度进行精确的设定。具体步骤如下：

（1）打开素材图片文件：素材\模块 3\ 03.jpg，如图 3-20 所示。

图 3-20 素材图像

（2）执行“图像”|“调整”|“色阶”命令或按 Ctrl+L 组合键，弹出“色阶”对话框，如图 3-21 所示。

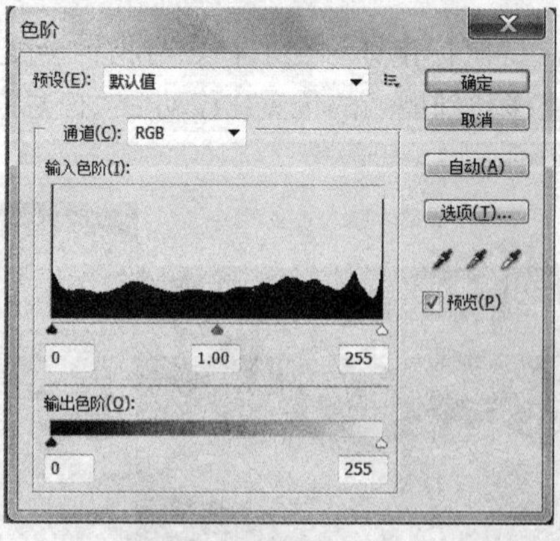

图 3-21 “色阶”对话框

在对话框的中央是一个直方图，其横坐标的取值范围为 0～255，表示亮度值，纵坐标为图像像素数。对话框中其他选项的含义如下：

- 通道：可以在该下拉列表框中选择不同的通道进行调整。

- 输入色阶：用于控制图像的最暗和最亮色彩。左侧的数值框和左侧的黑色三角滑块用于调整黑色，图像中低于该亮度值的所有像素将变为黑色。中间的数值框和中间的灰色滑块用于调整灰度，其数值范围为 0.1～9.99，1.00 为中性灰度，右侧的数值框和右侧的白色三角滑块用于调整白色，图像中高于该亮度值的所有像素将变为白色。如图 3-22 所示为调整输入色阶 3 个滑块时图像产生的不同效果。

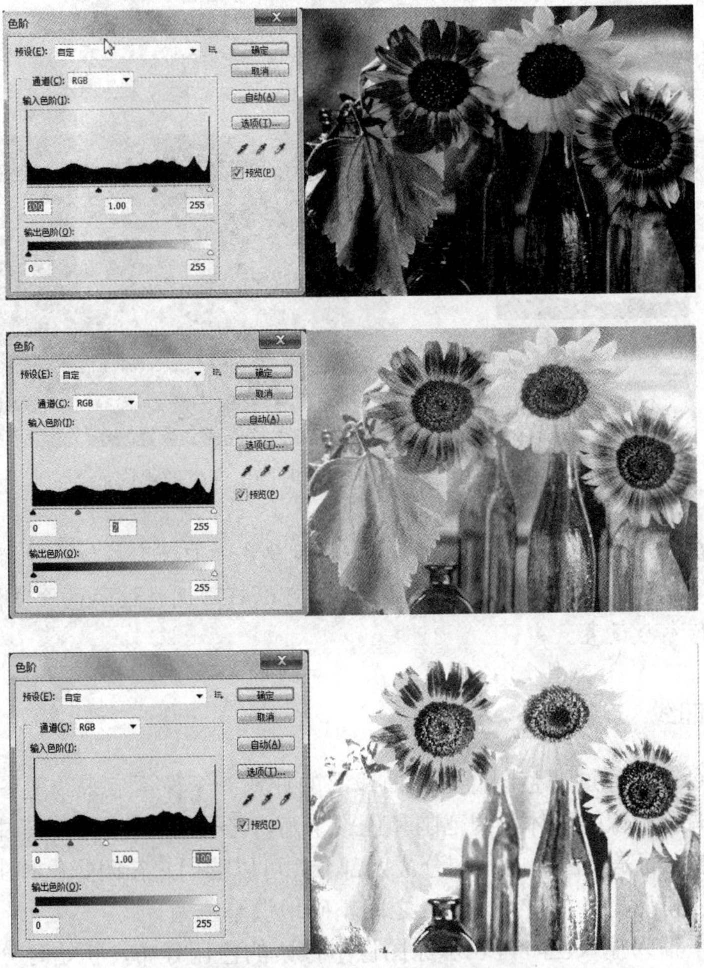

图 3-22　调整输入色阶 3 个滑块时图像产生的不同效果

- 输出色阶：用于控制图像的亮度范围（左侧数值框和左侧黑色感触滑块用于调整图像的最暗像素的亮度，右侧数值框和右侧白色三角滑块用于调整图像最亮像素的亮度），输出色阶的调整将增加图像的灰度、降低图像的对比度。如图 3-23 所示为调整输出色阶两个滑块时图像产生的不同效果。
- 吸管工具：这 3 个吸管工具分别是“设置黑场”吸管工具，“设置灰场”吸管工具和“设置白场”吸管工具。选中“设置黑场”吸管工具，在图像中单击，单击点的像素会变为黑色，图像中的其他颜色也会相应地调整。用“设置灰场”吸管工具在图像中单击，单击点的像素都会变为灰色，图像中的其他颜色也会相应地调整。用“设置白场”吸管工具在图像中单击，图像中亮度比单击点高的所有像素都会变为白色。双击任何一个吸管工具，均可在弹出的“拾色器”对话框中设置吸管颜色。

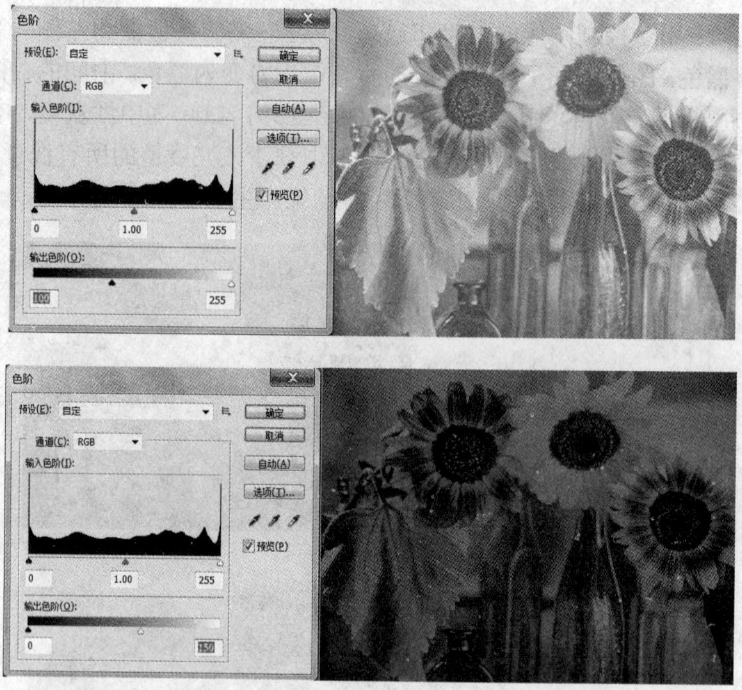

图 3-23 调整输出色阶两个滑块时图像产生的不同效果

注意 在“色阶”对话框中，按 Alt 键同时单击“取消”按钮，“取消”按钮将变成“复位”按钮，单击“复位”按钮可以将刚调整过的色阶复位还原，重新进行参数设置。

3.3.2 调整曲线

“曲线”命令可以通过调整图像色彩曲线上的任意一个像素点来改变图像的色彩范围，也可以帮助用户调整图像的整体色调范围和色彩平衡，它不只是使用高光、中间色调、阴影色三个变量进行调整，而是将图像的色调分成四部分，可以让用户在阴影色和中间色之间（四分之三）以及中间色和高亮度（四分之一）之间精确地调整色调。

曲线图的水平轴为输入色阶，表示原图像中像素的色调分布，初始时分成了四部分，从左到右依次是暗调（黑）—1/4 色调、1/4 色调—中间色调、中间色调—3/4 色调和 3/4 色调—高光（白）；纵轴为输出，代表新的颜色值，从上到下亮度值逐渐减小。刚打开的曲线是一条过原点的对角线，表示输入色阶和输出色阶值相同。用曲线调整图像色调就是通过调节曲线的形状来改变输入和输出色阶的值，从而改变图像的色调分布。具体步骤如下：

（1）打开素材图片文件：素材\模块 3\04.jpg，如图 3-24 所示。

（2）执行“图像”|“调整”|“曲线”命令或按 Ctrl+M 组合键，弹出“曲线”对话框，如图 3-25 所示。

单击要调整的曲线部位，当鼠标变成一个箭头时“输入”和“输出”值会出现鼠标所在的坐标，在曲线上按住鼠标不放并拖动曲线，放开鼠标就出现一个锁定的点，拖动该点到其他位置可以调整图像的色彩。也可以用铅笔工具在方格内绘制出一条曲线，代替调节曲线的形状。调整好曲线的形状后，单击“确定”按钮。“曲线”对话框中的其他按钮的用法与“色阶”对话框中的相同，如图 3-26 所示为用曲线调整图像的示例。

图 3-24　素材图像

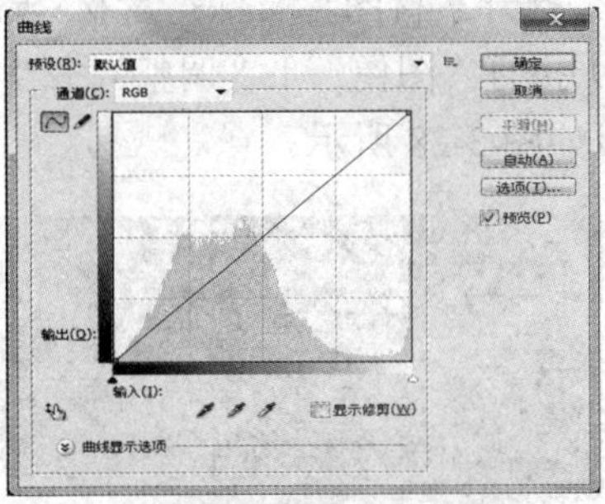

图 3-25　“曲线”对话框

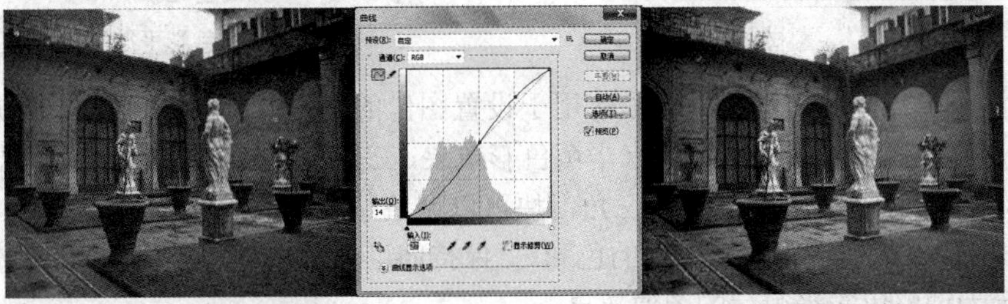

平均色调

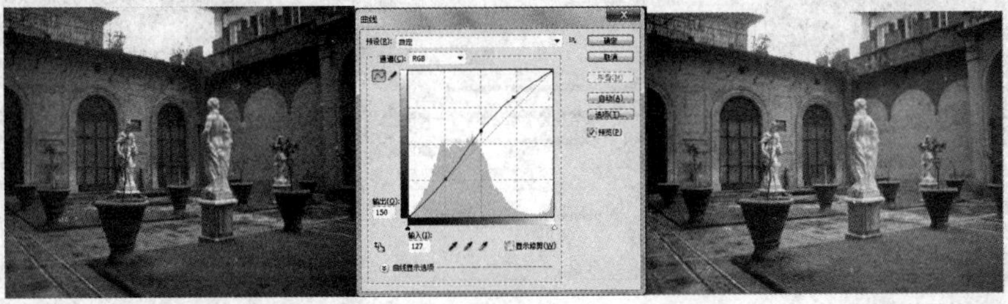

提高图像色调

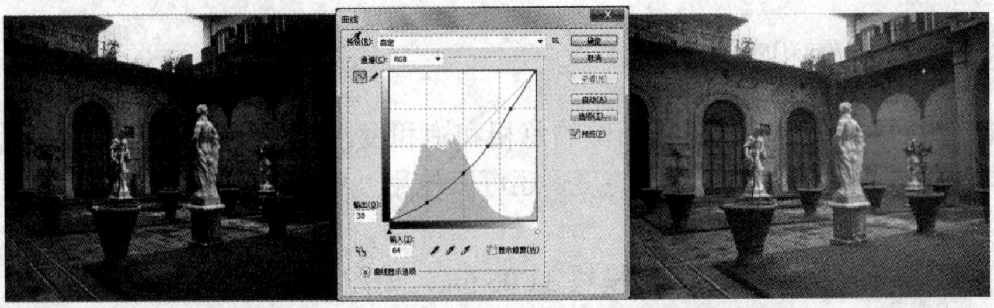

降低图像色调

图 3-26　“曲线”调节对比图

3.3.3　调整色彩平衡

“色彩平衡”命令用于调节图像的色彩平衡度，调整图像或选区中可以增加或减少处于高亮度、中间色和暗色区域中的额定颜色。而且只能应用于复合颜色通道，在彩色图像中改变颜色的混合，若图像有明显的偏色，可用此命令来调节。具体步骤如下：

（1）打开素材图片文件：素材\模块 3\ 05.jpg，如图 3-27 所示。

（2）执行“图像”｜“调整”｜“色彩平衡”命令或按 Ctrl+B 组合键，弹出“色彩平衡”对话框，如图 3-28 所示。

图 3-27　素材图像

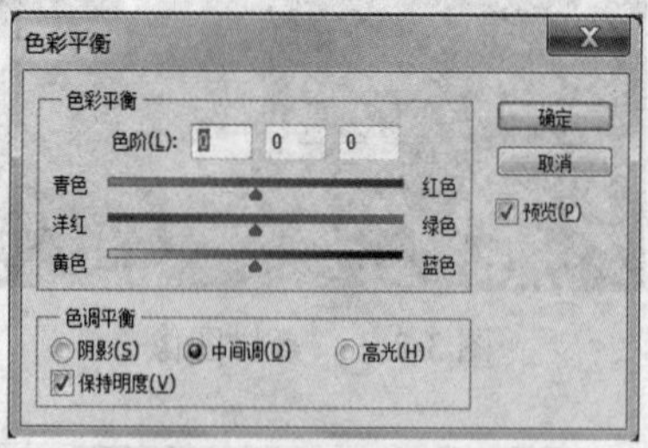

图 3-28　“色彩平衡”对话框

在该对话框中，“色调平衡”选项区用于设置图像的阴影、中间调、高光选项。“色彩平衡”选项区用于在图像中添加过渡色来平衡色彩效果，三条滑块分别用于调整，从青色到红色、从洋红到绿色和从黄色到蓝色，拖曳三角滑块可以调整整个图像的色彩，也可以在“色阶”选项的数值框中输入数值调整整个图像的色彩。“保持明度”复选项用于保持原图像的明度。如图 3-29 所示为调整色彩平衡后的图像效果。

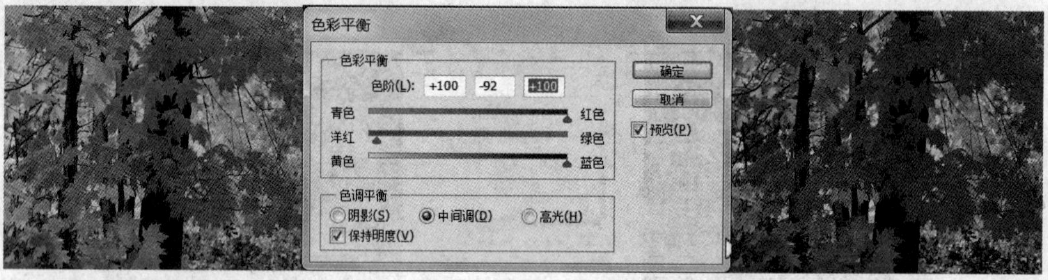

原图　　“色彩平衡”对话框　　调整后的图像

图 3-29　调节色彩平衡对比图

3.3.4　调整色相/饱和度

“色相/饱和度”命令可以调节图像的色相和饱和度，“色相/饱和度”命令不仅可以调整图像中的单个颜色的色相、饱和度和亮度，还可以使用“着色”复选项将颜色添加到已转换为 RGB 的灰度图像。具体步骤如下：

（1）打开素材图片文件：素材\模块 3\ 06.jpg，如图 3-30 所示。

（2）执行“图像”｜“调整”｜“色相/饱和度”命令或按 Ctrl+U 组合键，弹出“色相/饱和度”对话框，如图 3-31 所示。

对话框中各选项的含义如下：

- 编辑下拉列表：是允许调整的范围，可选择全图或选择图像中的某一种颜色进行调整。可选颜色为：红色、黄色、绿色、青色、蓝色和洋红。
- 在“色相/饱和度”对话框中有三个滑块：当打开对话框时，三个滑块都处在滑块的中间位置。

图 3-30　素材图像

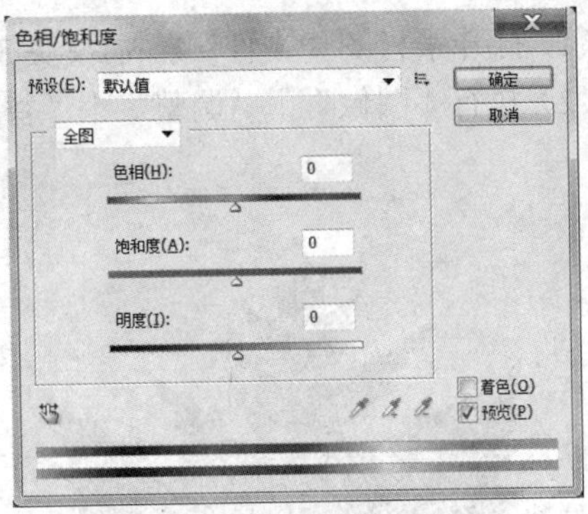

图 3-31　“色相/饱和度”对话框

➢ 色相滑块用来调整图像的色相，可以在右边的文本框中输入数值，也可以通过左右移动滑块来调整图像的色相。滑块的起始位置在中间，数值为 0。滑块的左右端点的数值分别为-180 和+180，正值代表色轮指针顺时针旋转，负值代表色轮指针逆时针旋转。如果选择了“着色”复选框，滑块则位于左端，为 0 值。

➢ 饱和度滑块用来调整图像的饱和度，可以在文本框中输入数值或拖动滑块来调整图像的饱和度。滑块位于中点 0 点，滑块左右端点分别为-100 和+100。调整饱和度是对应色轮图上沿半径向着圆心和背离圆心移动。

➢ 亮度滑块用来调整图像的亮度，可以在文本框中输入数值或拖动滑块来调整图像的亮度。滑块位于中点 0 点，滑块左右端点分别为-100 和+100。

- 颜色条：在对话框的底部有两条颜色条，它们以各自的顺序表示色轮中的颜色，上面的一条显示调整前的颜色，下面的一条显示所调整时的颜色变化。
- 吸管工具：当选择编辑单色时才可用，选择普通吸管工具是对具体的单色的范围进行编辑，选择带“+”的吸管可以增加单色范围，而选择带“-”的吸管可以减少单色范围。
- 着色：在“色相/饱和度”对话框中，“着色”选项用于在由灰度模式转化而来的色彩模式图像中添加需要的颜色。如图 3-32 所示为使用“色相/饱和度”图像效果。

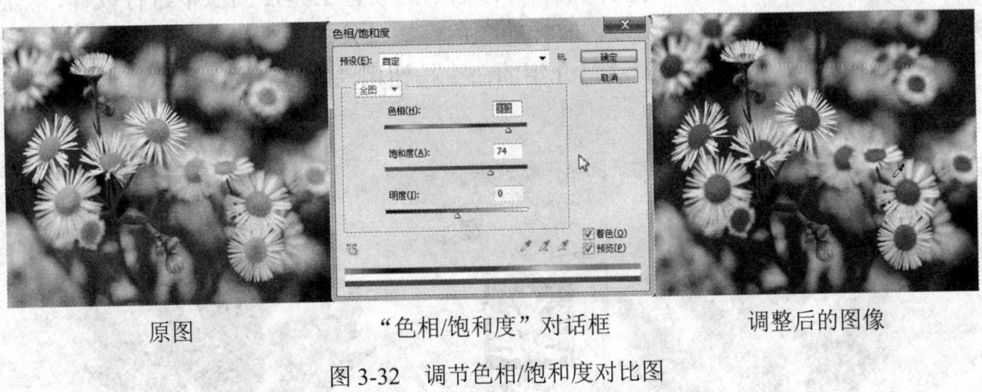

原图　　“色相/饱和度”对话框　　调整后的图像

图 3-32　调节色相/饱和度对比图

3.3.5　替换颜色

“替换颜色”命令可以将图像中的颜色进行替换。一般方法是在图像中基于特定颜色创建一个临时蒙版，用以改变选定像素的色相、饱和度和亮度，然后替换图像中的特定颜色。具体步骤如下：

（1）打开素材图片文件：素材\模块 3\ 07.jpg，选择好要调整颜色的区域，如图 3-33 所示。

（2）执行“图像”|“调整”|“替换颜色”命令，弹出“替换颜色”对话框，如图 3-34 所示。

图 3-33　素材图像

图 3-34　“替换颜色”对话框

对话框中各选项的含义如下：

- 选区：包含一个颜色容差滑块，在其右端是文本框，可以拖动滑块或输入数值来改变颜色容差的值。向右拖动是增大颜色容差，即扩大所选颜色所在选区；向左拖动是减小颜色的容差，即减小选区。在缩览图下方有“选区”和“图像”两个选项，单击“选区”选项将在缩览图上显示蒙版内容，被蒙区域为黑色，未蒙区域为白色，还有一些区域为灰色。选中“图像”选项将在缩览图中显示选区内的图像内容，在处理这么大图像或屏幕空间时，该命令十分有用。无论是选择“选区”还是“图像”，当鼠标在缩览图上或在原图像上都是一个吸管的形状，单击可以在图像上取色，取来的颜色显示在变换区域中的颜色预览框中。
- 替换：在此区域通过拖动色相、饱和度和明度滑块或在右边的文本框中输入数值来改变选取的颜色。使用“替换颜色”对话框中的吸管工具在图像中进行取样，然后调整图像的色相、饱和度和明度，取样的颜色将被替换成新的颜色。对于“替换颜色”对话框中的其他按钮，其用法与介绍的命令按钮用法相同。如图 3-35 所示为使用“替换颜色”的图像效果。

原图　　“替换颜色”对话框　　调整后的图像

图 3-35　调节替换颜色对比图

3.3.6　可选颜色

“可选颜色”命令可以将图像中的颜色替换成选择后的颜色，它的作用是选择某种颜色范围进行针对性的修改，在不影响其他原色的情况下修改图像中某种彩色的数量，可以用来校正色彩不平衡问题和调整颜色。可选颜色是应用于高档扫描仪和分色程序的一项技术，它基于组成图像某一色调的四种应用图像中的每个加色法来增加或减少颜色的数量，而不改变其他颜色。例如，用户可以减少蓝色区域中的黄色，而红色区域中的黄色保持不变。具体步骤如下：

（1）打开素材图片文件：素材\模块 3\08.jpg，如图 3-36 所示。

图 3-36　素材图像

（2）选择好要调整颜色的区域，执行“图像”|“调整”|“可选颜色”命令，弹出“可选颜色”对话框，如图 3-37 所示。

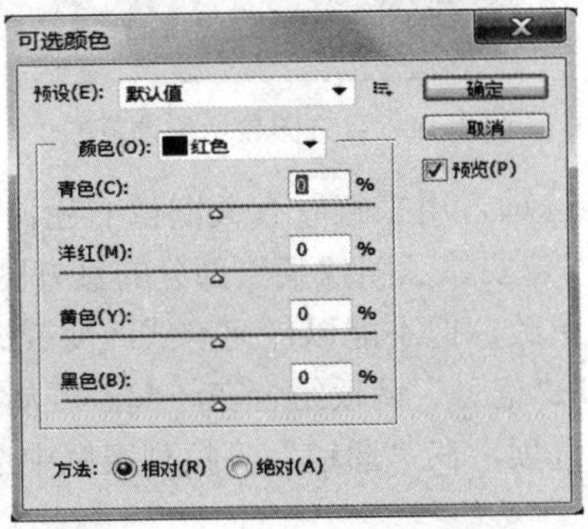

图 3-37　“可选颜色”对话框

对话框中各选项的含义如下：

- 颜色：在“颜色”下拉列表框中选择要进行调整的主色调，这组颜色由加色法原色、减色法原色、白色、中性色和黑色组成。
- CMYK 滑块：分别为青色、洋红、黄色和黑色，可以通过拖动滑块或在右端文本框中输入数值来改变各颜色的含量值，以达到调整主色调的作用。滑块向左移动是减少颜色的含量，向右是增加颜色的含量，文本框的取值范围为-100～+100。
- “相对”与“绝对”：“相对”是增加或减少每种颜色的相对改变量，如将一个起始含量为 50%洋红色的像素增加 10%，那么像素的洋红色含量变为 55%；“绝对”是增加或减少每种颜色的绝对改变量，如将一个起始含量为 50%洋红色的像素增加 10%，那么像素的洋红色含量变为 60%。如图 3-38 所示为使用“可选颜色”命令调整前后的图像效果。

原图　“可选颜色”对话框　调整后的图像

图 3-38　调节可选颜色对比图

3.3.7　直方图调板

Photoshop 会将图像上的色阶与明暗度的分布制成直方图色阶分布图，提供了色调分布的统计功能，利用此图形可以了解图像中亮部和暗部的分布情况，也可以查看图像某个区域色调的分布情况，如图 3-39 所示。当调整图像时，直方图会动态地更新。

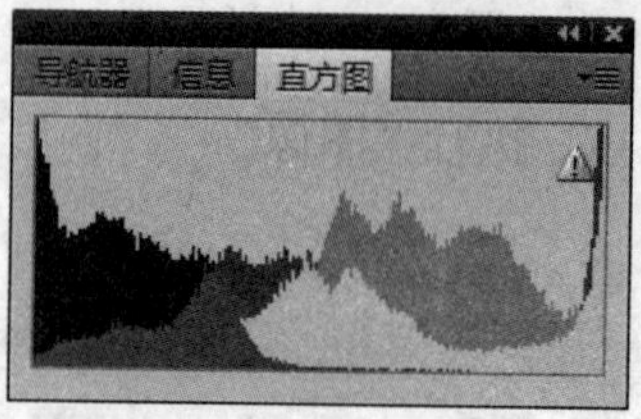

图 3-39　直方图显示色调范围

“直方图”调板提供许多选项，用来查看有关图像的色调和颜色信息。默认情况下，直方图显示整个图像的色调范围。若要显示图像某一部分的直方图数据，可先选择该部分。在“直方图”调板中可以监视图像的更改，但不能以任何方式改变或编辑图像。

默认情况下，“直方图”和“信息”调板组合在一起，可从“窗口/直方图”调出。单击圆三角按钮，选择“扩展视图”选项，在“通道”下拉列表框中选择 RGB，将会看到如图 3-40 所示的图形和数据。

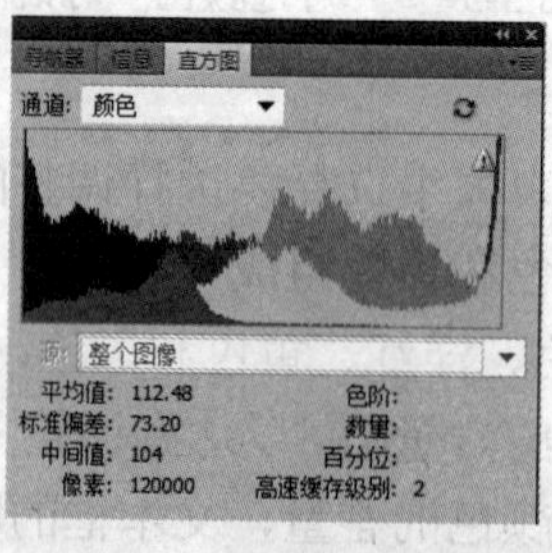

图 3-40　直方图显示像素数据

直方图中 X 轴方向代表了亮度的里程，左端代表的亮度为 0，右端代表的亮度为 255。所有的亮度都分布在这条线段上，这条线代表了绝对的亮度范围。

如图 3-41 所示，在直方图中移动，统计数据会显示目前所处的亮度色阶（图中箭头处）

以及该亮度色阶上的像素数量。如图 3-42 所示，拖动并选择一个范围，统计数据会显示所选范围的色阶范围（图中箭头处）以及统计范围中所包含的像素数量。

直方图 Y 轴所代表的像素数量可能会有超出窗口上限的情况，因此不能单凭视觉来判断像素数量，要以统计数据为准。

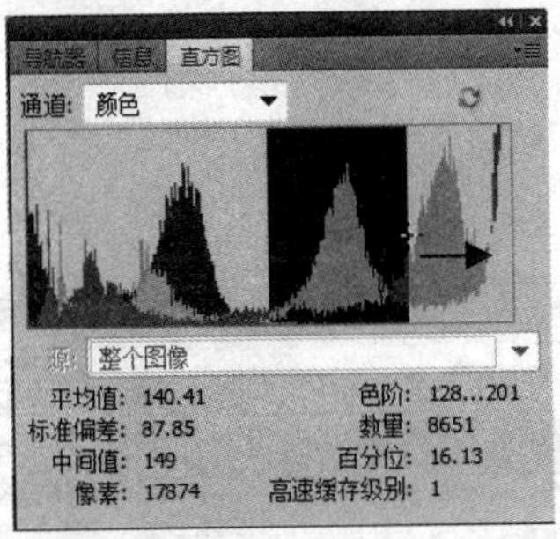

图 3-41 直方图中亮度色阶的像素数量

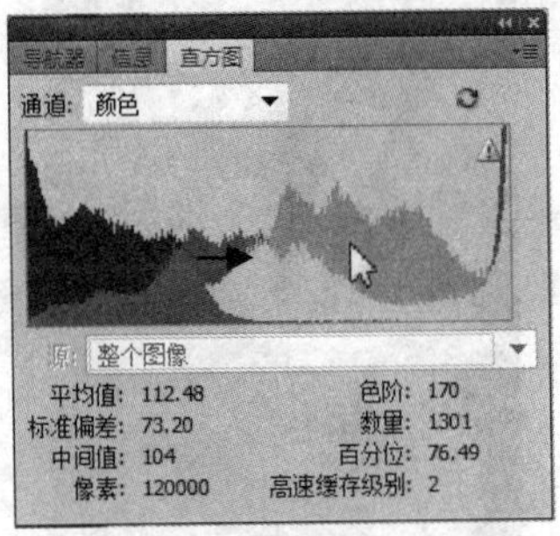

图 3-42　直方图中所选亮度色阶的像素数量

3.3.8　去色

“去色”命令可以将图像的颜色去掉，变成灰度图像，但其颜色模式保持不变，只是每个像素的颜色被去掉，只留有明暗度。如果此命令应用于多图层图像，那么该命令只对当前工作图层起作用。具体步骤如下：

（1）打开素材图片文件：素材\模块 3\ 09.jpg，如图 3-43 所示。

（2）执行“图像”｜“调整”｜“去色”命令，最终效果如图 3-44 所示。

图 3-43　素材图像

图 3-44　调整去色效果图

3.3.9　调整渐变映射

“渐变映射”命令可以将图像的最暗和最亮色调映射为一组渐变中的最暗和最亮色调。它的作用是将图像的色阶映射为一组渐变色的色阶。具体步骤如下：

（1）打开素材图片文件：素材\模块 3\ 10.jpg，如图 3-45 所示。

（2）将前景色设为 CMYK 值为(13,72,0,0)，执行“图像”｜“调整”｜“渐变映射”命令，弹出“渐变映射”对话框，对“渐变映射”对话框进行设置，如图 3-46 所示。

（3）在“渐变映射”对话框的渐变颜色条上单击，弹出“渐变编辑器”对话框，选择“从前景色到背景色渐变”选项，如图 3-47 所示。可以看出，图像中最暗的部分映射为渐变颜色条最左边的粉色，图像中最亮的部分映射为渐变颜色条最右边的白色。“渐变映像”命令根据图像的明暗一一对应所选择的渐变颜色条，图像中越暗的区域就对应渐变颜色条中越向左的颜色，反之亦然，最终效果如图 3-48 所示。

图 3-45　素材图像

图 3-46　“渐变映射”对话框

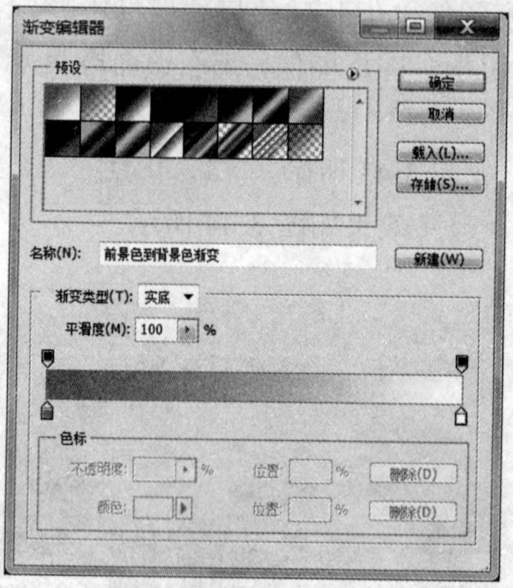

图 3-47　“渐变编辑器”对话框

图 3-48　调节渐变映射效果图

渐变选项分为“仿色”和“反向”两个复选项。仿色是通过添加随机杂色使渐变映射效果的过渡显得更为平滑。反向是颠倒渐变填充方向，形成反向映射的效果。

3.3.10　反相

“反相”命令的作用是使图像颜色的相位相反，就是将通道中每个像素的亮度值都转化为 256 级亮度值刻度上相反的值。例如，原亮度值为 50 的像素经过反相之后，其亮度值就变为 205（255-50=205）。所以，应用“反相”命令可以将一张黑白图像变成负片，或者把扫描的黑白图像转换为正片。具体步骤如下：

（1）打开素材图片文件：素材\模块 3\11.jpg，如图 3-49 所示。

（2）应用“反相”命令的效果，执行“图像”|“调整”|“反相”命令或按 Ctrl+I 组合键，都可以将图像或选区的像素反转为其补色，使其出现底片效果。如图 3-50 所示为使用“反相”命令处理前后的图像效果。

图 3-49　素材图像

图 3-50　调节反相效果图

3.3.11　阈值

“阈值”命令的作用是将图像转变为黑、白两阶调的图像，在“阈值”对话框里可以设定高反差色阶数值，比该数值明亮的图像像素都会变为 255 色阶（即白色），其余的会转变为黑色。阈值命令对确定图像的最亮和最暗区域很有作用。若要识别图像中的高光，先将滑块向右端拖到图像变成黑色，然后再将滑块缓慢地向中心移动，直到一些纯白色区域出现在图像中，这些纯白色区域就是图像的高光。要识别图像中的暗调，先将滑块向左端拖动直到图像变成纯白色，然后再将滑块慢慢向中心移动直到一些纯黑色区域出现在图像中，这些纯黑色区域就是图像的暗调。具体步骤如下：

（1）打开素材图片文件：素材\模块 3\ 12.jpg，如图 3-51 所示。

图 3-51　素材图像

（2）执行“图像”｜“调整”｜“阈值”命令，弹出“阈值”对话框，对“阈值”对话框进行设置，如图 3-52 所示，最终效果如图 3-53 所示。

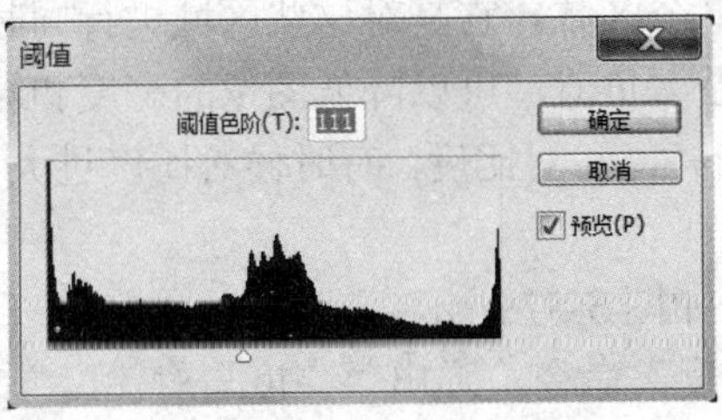

图 3-52　“阈值”对话框

图 3-53　调节阈值效果图

3.3.12 调整色调分离

"色调分离"命令可以减少图像内的色阶，使图片色调分离。在弹出的"色调分离"对话框中可以设定色阶值，所设的值越大，图像的色阶越多，色调分离越不明显。能够指定图像中每个颜色通道的色调级别（或亮度值），并将这些像素映射为最接近的一种色调。如在 RGB 图像中指定两种色调级别，就能得到 6 种颜色：两种亮度的红色、两种亮度的绿色和两种亮度的蓝色。在制作图像的特殊效果时（如要制作大的单色调区域），此命令就很重要，在减少灰度图像中的灰度色阶时，此命令的效果最为明显。具体步骤如下：

（1）打开素材图片文件：素材\模块 3\ 13.jpg，如图 3-54 所示。

图 3-54 素材图像

（2）执行"图像" | "调整" | "色调分离"命令，弹出"色调分离"对话框，对"色调分离"对话框进行设置，如图 3-55 所示，最终效果如图 3-56 所示。

图 3-55 "色调分离"对话框

图 3-56 调节色调分离效果图

3.3.13 调整亮度与对比度

"亮度与对比度"命令可以对图像的色调进行简单的调整，它对图像的整体进行全局的调整而不仅仅是对高光区、中间色区或暗色区中的单个区域。它是对这些区域进行同时调整，对单通道不起作用。两个滑块向左调整，输入框内显示负值，可以降低图像的亮度和对比度；滑块向右调整，输入框内显示正值，可以提高图像的亮度和对比度。有时候对比度过大会使图片失真，但有很强的视觉冲击力。

（1）打开素材图片文件：素材\模块 3\ 14.jpg，如图 3-57 所示。

（2）执行"图像" | "调整" | "亮度与对比度"命令，弹出"亮度与对比度"对话框并进行设置，如图 3-58 所示，最终效果如图 3-59 所示。

图 3-57 素材图像

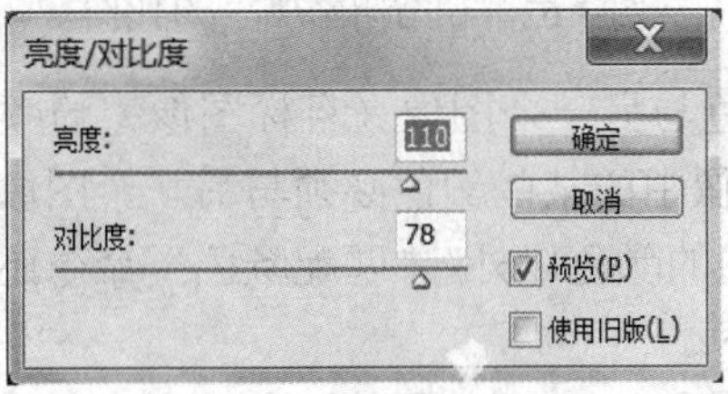

图 3-58 “亮度与对比度”对话框

图 3-59 调节亮度与对比度效果图

3.3.14 调整阴影/高光

“阴影/高光”命令可以快速改善图像中曝光过度或曝光不足区域的对比度，同时保持照片的整体平衡。此命令不是简单地使图像变亮或变暗，而是用于阴影或高光的周围像素（局部相邻像素）变亮或变暗。正因如此，阴影和高光都有各自的控制选项。默认值设置为修复具有逆光问题的图像。具体步骤如下：

（1）打开素材图片文件：素材\模块 3\15.jpg，如图 3-60 所示。

图 3-60 素材图像

（2）执行“图像”|“调整”|“阴影/高光”命令，弹出“阴影/高光”对话框，并进行设置，如图 3-61 所示，最终效果如图 3-62 所示。

3.3.15 调整匹配颜色

“匹配颜色”命令用于调整图像之间、多个图层之间或多个颜色选区之间的颜色。它还允许通过更改亮度和色彩范围以及中和色痕来调整图像中的颜色。“匹配颜色”命令仅适用于 RGB 模式图像。

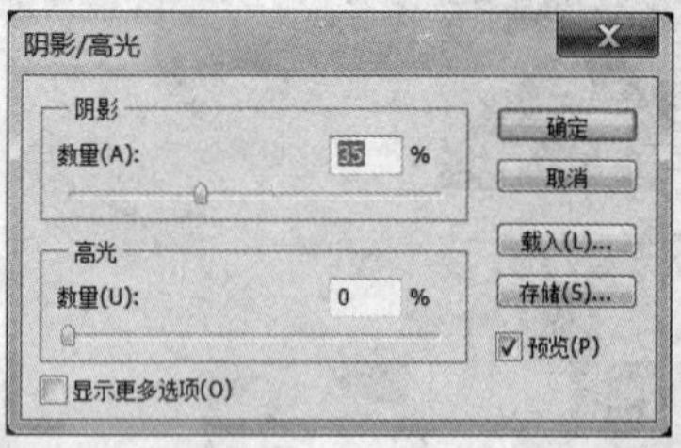

图 3-61　“阴影/高光”对话框

图 3-62　调节阴影/高光对比图

“匹配颜色”命令将一个图像（源图像）的颜色与另一个图像（目标图像）的颜色相匹配。当尝试使不同照片中的颜色保持一致或者一个图像中的某些颜色必须与另一个图像中的颜色匹配时，此命令非常有用。除了匹配两个图像之间的颜色以外，“匹配颜色”命令还可以匹配同一个图像中不同图层之间的颜色。具体步骤如下：

（1）打开素材图片文件：素材\模块 3\16.jpg 与 17.jpg，两张图片的色调完全不同，如图 3-63 所示。

图 3-63　素材图像

（2）选择 16.jpg 图片，执行“图像”｜“调整”｜“匹配颜色”命令，弹出“匹配颜色”对话框，如图 3-64 所示，在“源”下拉列表框中选择 17.jpg 图像，然后设置其他各选项，如图 3-65 所示，单击“确定”按钮，如图 3-66 所示。

3.3.16　调整变化

“变化”命令以可视化的窗口对图像或选区进行色彩平衡、饱和度和对比度等调整。该命令主要应用于不需要精确色彩调整的平均色调图像，但它不能应用于索引颜色图像。

对话框顶部有两个缩览图：左边为原图，右边为调整的对比图。当刚开始打开对话框时，两个图像一样，随着不断的调整产生对比效果。

在右上方有四个选项：暗调、中间色调、高光、饱和度。暗调、中间色调和高光三个选项用来指明要调整的暗调、中间调或亮区域，饱和度用来更改图像的饱和度。

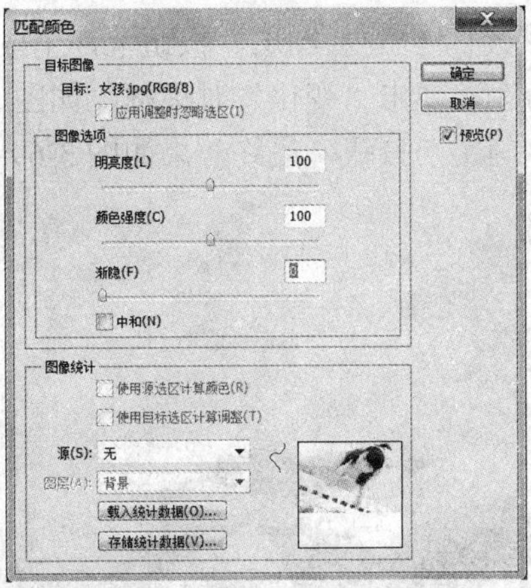

图 3-64　“匹配颜色”对话框

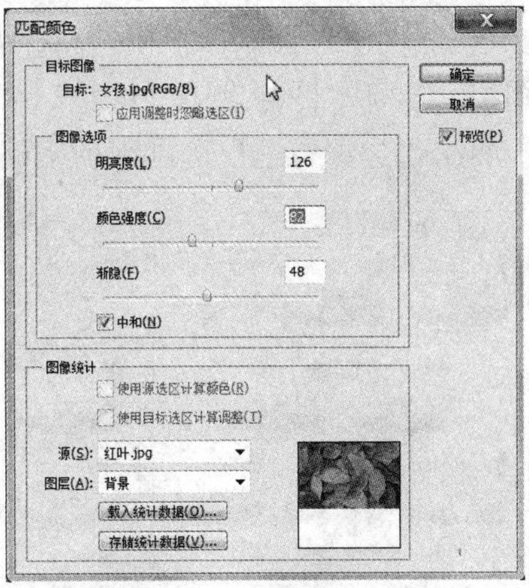

图 3-65　设置各选项

图 3-66　调节匹配颜色效果图

如果选择了“显示修剪”选项，图像可以显示调整后的剪切区域。这表示已超出了最大的颜色饱和度。

“精细/粗糙”滑块已确定每次调整的数量，即每次单击相应的效果图移动一格将使调整的数量加倍。

在该对话框的下端有 7 个增加颜色的预览图，分别为当前挑选、加深绿色、加深黄色、加深青色、加深红色、加深蓝色和加深洋红。每单击一下某种颜色上的图像，在对话框顶部的对比图的颜色就会增加该颜色，与原图形成对比。具体步骤如下：

（1）打开素材图片文件：素材\模块 3\18.jpg，如图 3-67 所示。

图 3-67　素材图像

（2）在“图层”控制调板中，将“背景”图层拖到“创建新图层”按钮上，生成“背景副本”图层。执行“图像”|“调整”|“变化”命令，弹出“变化”对话框，如图 3-68 所示，单击两次“加深青色”选项上的缩略图，单击“确定”按钮，最终效果如图 3-69 所示。

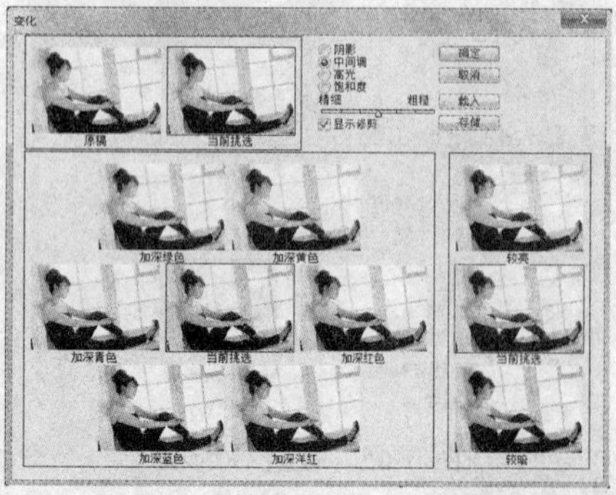

图 3-68 “变化”对话框

图 3-69 调节变化效果图

3.3.17 调整照片滤镜

“照片滤镜”命令模仿在相机镜头前面加彩色滤镜，以便调整通过镜头传输的光的色彩平衡和色温，可以用来修正由于扫描、胶片冲洗、平衡设置不正确造成的一些色彩偏差。也可以用来还原照片的真实色彩，强调效果，渲染气氛。“照片滤镜”命令还允许选择预设的颜色，以便向图像应用色相调整。如果希望应用自定颜色调整，则“照片滤镜”命令允许使用 Adobe 拾色器来指定颜色。具体步骤如下：

（1）打开素材图片文件：素材\模块 3\19.jpg，如图 3-70 所示。

图 3-70 素材图像

（2）执行“图像”|“调整”|“照片滤镜”命令，弹出“照片滤镜”对话框，对“照片滤镜”对话框进行设置，如图 3-71 所示，最终效果如图 3-72 所示。

对话框中各选项的含义如下：

- 滤镜：加温滤镜（85 和 LBA）和冷却滤镜（80 和 LBB），是用于调整图像中的白平衡的颜色转换滤镜。如果图像是使用色温较低的光（微黄色）拍摄的，则冷却滤镜（80）使图像的颜色更蓝，以便补偿色温较低的环境光；相反，如果照片是用色温较高的光（微蓝色）拍摄的，则加温滤镜（85）会使图像的颜色更暖，以便补偿色温较高的环境光。加温滤镜（81）和冷却滤镜（82）是使用光平衡滤镜来对图像的颜色品质进行细微调整。加温滤镜（81）使图像变暖（变黄）。冷却滤镜（82）使图像变冷（变蓝）。个别颜色是根据所选颜色预设给图像应用色相调整。所选颜色取决于如何使用“照片滤镜”命令。如果照片有多色痕，则可以选取一种补色来中和色痕，还可以针对特殊颜色效果增强应用颜色。

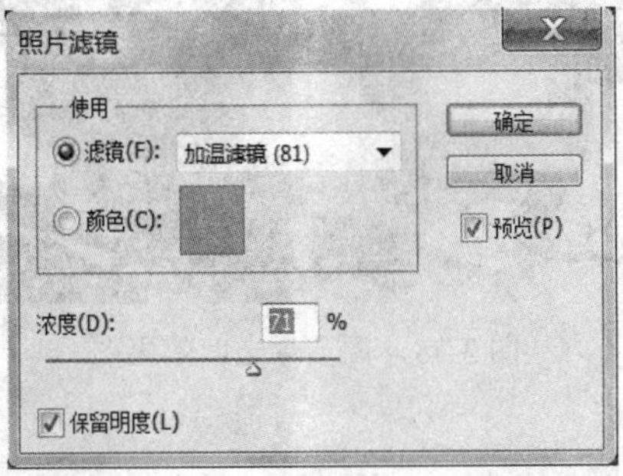

图 3-71　“照片滤镜”对话框

图 3-72　调节照片滤镜效果图

- 颜色：对于自定滤镜，选择“颜色”单选项，单击右边的色块，并使用 Adobe 拾色器为自定颜色滤镜指定颜色。
- 保留明度：如果不希望通过添加颜色滤镜来使图像变暗，则选中此复选项。
- 浓度：调整应用于图像的颜色数量，可使用“浓度”滑块或者在“浓度”文本框中输入一个百分比。浓度越高，颜色调整幅度就越大。

注意　使用暖色调滤镜纠正蓝色偏差时，因为亮度信号有一定损失，所以应将亮度和对比度相应提高一些。

3.3.18　调整曝光度

设计“曝光度”对话框的目的是为了调整 HDR 图像的色调，但它也可用于 8 位和 16 位图像。曝光度是通过在线性颜色空间（灰度系数 1.0）而不是图像的当前颜色空间执行计算而得出的。具体步骤如下：

（1）打开素材图片文件：素材\模块 3\ 20.jpg，如图 3-73 所示。

图 3-73　素材图像

（2）执行“图像”｜“调整”｜“曝光度”命令，弹出“曝光度”对话框，如图 3-74 所示，对“曝光度”对话框进行设置，最终效果如图 3-75 所示。

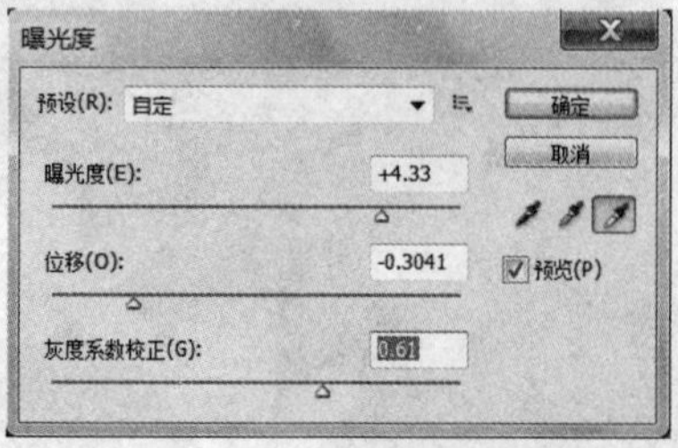

图 3-74 “曝光度”对话框

图 3-75 调节曝光度效果图

对话框中各选项的含义如下：

- 曝光度：调整色调范围的高光端，对阴影的影响很轻微。
- 位移：使阴影和中间调变暗，对高光的影响很轻微。
- 灰度系数校正：使用简单的乘方函数调整图像的灰度系数。负值会被视为它们的相应正值（也就是说，这些值仍然保持为负，但仍然会被调整，就像它们是正值一样）。
- 吸管工具：调整图像的亮度值。设置黑场：吸管工具将设置位移量，同时将点按的像素改变为 0；设置白场：吸管工具将设置曝光度，同时将点按的值变为中度灰色。

3.3.19 调整通道混合器

“通道混合器”命令可以创造性地调整颜色，也可以利用颜色通道创建高质量的灰度图像。在输出通道中可以选择当前图像文件颜色模式下的任意一个通道，然后对其进行调整，通道混合器可以直观地对某个通道进行调整，并且可以预览到调整效果。我们可以得到从每一种颜色通道选择一定比例创造高质量的灰度图像；也可以创造出高品质的棕色调或其他色调的图像；也可以将图像转换为替代色相空间或从该色彩空间转换图像；还可以交换或复制通道。具体步骤如下：

（1）打开素材图片文件：素材\模块 3\ 21.jpg，如图 3-76 所示。

图 3-76 素材图像

（2）选择好要调整颜色的区域，执行“图像”｜“调整”｜“通道混合器”命令，弹出“通道混合器”对话框，如图 3-77 所示，对“通道混合器”对话框进行设置，最终效果如图 3-78 所示。

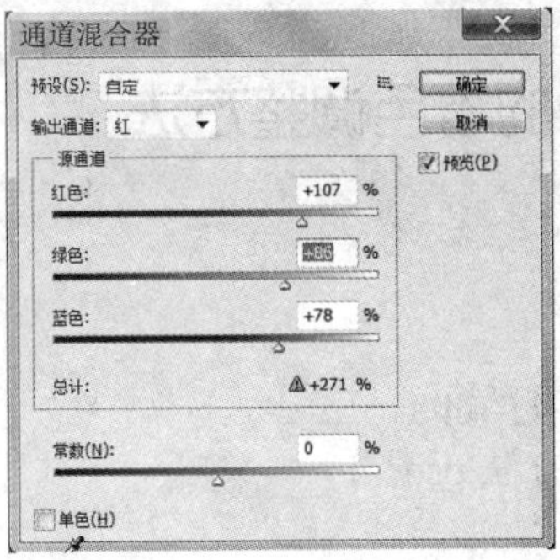

图 3-77　调节“通道混合器”对话框

图 3-78　调节通道混合器效果图

对话框中各选项的含义如下：

- 输出通道：“输出通道”下拉列表框用来选择要进行调整作为最后输出的颜色通道，该选项的颜色通道随图像的颜色模式而改变。
- 源通道：含有图像原始的几种颜色通道，如 RGB 模式就含有 R 、G、B 三个通道。在每个通道滑块的右边都有一个文本框，输入值的范围是-200～+200，通过拖动滑块或输入数值来改变该通道颜色对输出通道的影响。如果输入一个负值，则是先将原通道反相，再混合到输出通道上。
- 常数：在文本框中输入数值或拖动滑块都可以将一个不透明的通道添加到输出通道，负值为黑色通道，正值为白色通道。
- 单色：该选项可以将相同的设置应用于所有输出通道，创建只包含灰色值的彩色图像。如果先勾选了“单色”复选框，然后再取消选择，那么可以单独修改每一个通道的混合，从而建立一种灰色调的效果。

3.3.20　调整色调均化

“色调均化”命令可以调整图像或选区像素的过黑部分，使图像变得明亮，并将图像中其他的像素平均分配在亮度色谱中。“色调均化”命令重新分布图像中像素的亮度值，以便均匀呈现所有范围的亮度级。色调均化重新映射复合图像中的像素值，使最亮的值呈现为白色，最暗的值呈现为黑色，而中间的值则均匀地分布在整个灰度中。“色调均匀”命令可以对整个图像或针对选区进行，如有选区时，会弹出对话框询问是只对选区还是对全图进行色调均化命令。具体步骤如下：

（1）打开素材图片文件：素材\模块 3\ 22.jpg，如图 3-79 所示。

（2）执行“图像”｜“调整”｜“色调均化”命令，最终效果如图 3-80 所示。

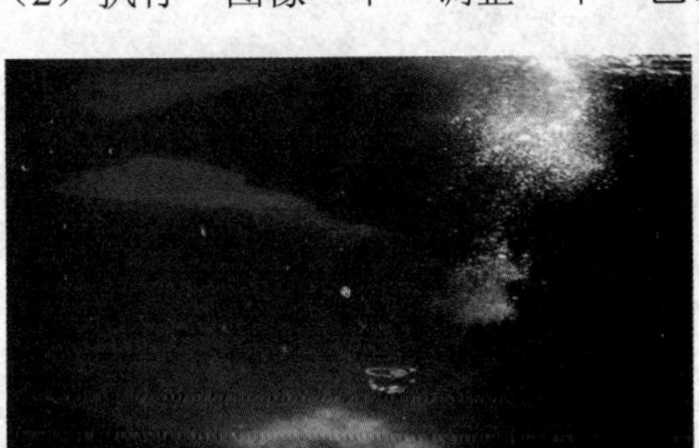

图 3-79　素材图像

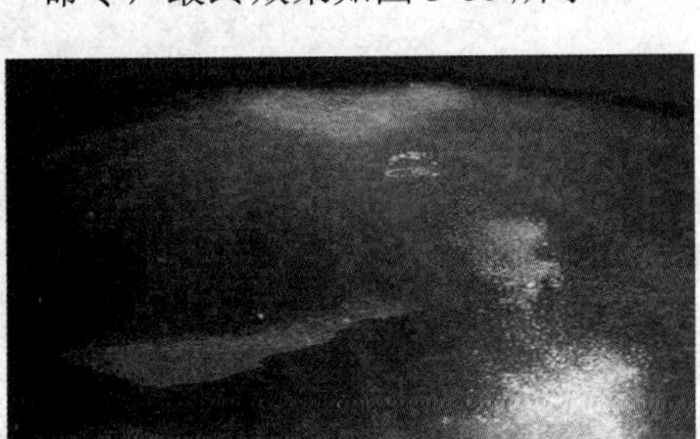

图 3-80　调节色调均化效果图

3.4 工作情境一 黑白图像的着色调整方法

3.4.1 工作情境描述及效果

- 原始文件：素材\模块 3 \黑白图像的着色调整方法.jpg
- 最终文件：效果\模块 3 \黑白图像的着色调整方法.psd

1. 工作情境描述

通过制作如图 3-81 所示的效果图，巩固“色相/饱和度”等命令的使用方法，为黑白照片上色，熟练掌握图像色彩与色调的调整方法，并学会灵活运用。案例要点如表 3-1 所示。

表 3-1 “黑白图像的着色调整方法”要点分析

案例要点：
- ◆ “色相/饱和度”命令的使用
- ◆ “色相/饱和度”命令中“着色”复选框的使用
- ◆ 磁性套索工具的使用

2. 工作情境最终效果（如图 3-81 所示）

图 3-81 黑白图像着色的调整方法最终效果

3.4.2 工作情境详解

（1）执行“文件”|“打开”命令或按 Ctrl+O 组合键，打开素材图像“黑白图像的着色调整方法.jpg”，如图 3-82 所示。

（2）在“图层”控制面板中，将“背景”图层拖曳到“创建新图层”按钮上，生成“背景副本”图层。

（3）选择磁性套索工具，并将图像素材中的花朵部分完全选中，如图 3-83 所示。

图 3-82　素材图像

图 3-83　创建选区

（4）执行“图像”｜“调整”｜“色相/饱和度”命令，弹出“色相/饱和度”对话框，勾选“着色”复选框，将“色相”选项设为 50，将“饱和度”选项设为 89，将“明度”选项设为 4，其他选项设为默认，如图 3-84 所示，单击“确定”按钮，效果如图 3-85 所示。

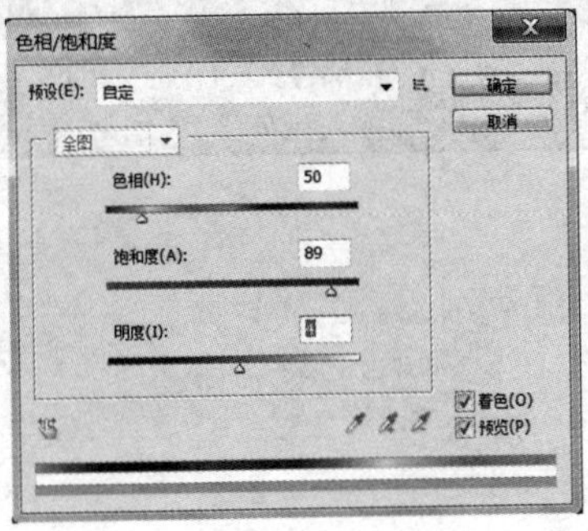

图 3-84　“色相/饱和度”对话框

图 3-85　为花朵上色

（5）按 Ctrl+D 组合键取消选区，并再次选择磁性套索工具，将图像素材中的叶子部分完全选中，如图 3-86 所示。

（6）单击“图像”｜“调整”｜“色相/饱和度”命令，弹出“色相/饱和度”对话框，勾选“着色”复选框，将“色相”选项设为 119，将“饱和度”选项设为 70，“明度”选项设为-29，其他选项设为默认，单击“确定”按钮，如图 3-87 所示。按 Ctrl+D 组合键取消选区，完成效果图，如图 3-88 所示。

图 3-86　创建选区

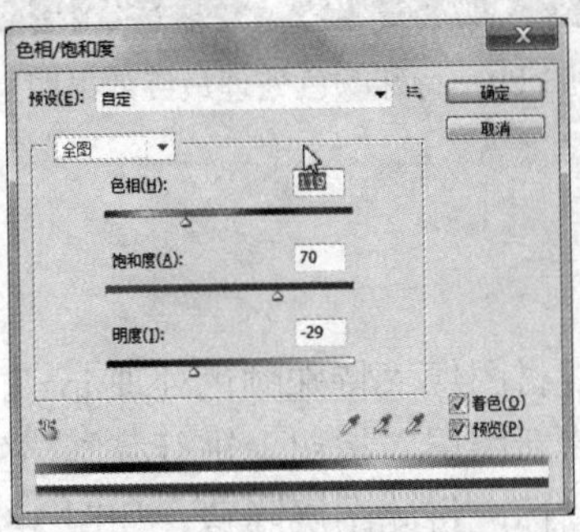

图 3-87　“色相/饱和度”对话框

图 3-88　为叶子上色

3.5 工作情境二 特殊颜色处理

3.5.1 工作情境描述及效果

- 原始文件：素材\模块 3\特殊颜色处理.jpg
- 最终文件：效果\模块 3\特殊颜色处理.psd

1. 工作情境描述

通过制作如图 3-89 所示的效果图，使用不同的调色命令调整风景图片的颜色，使用特殊颜色处理命令及滤镜制作特殊效果。案例要点如表 3-2 所示。

表 3-2 “特殊颜色处理”要点分析

案例要点：

- 使用色调分离命令、曲线命令和混合模式命令调整图像颜色
- 使用高斯模糊滤镜制作图像模糊效果
- 使用阈值、通道混合器命令和图层蒙版改变图像的颜色

2. 工作情境最终效果（如图 3-89 所示）

图 3-89 特殊颜色处理最终效果图

3.5.2 工作情境详解

1. 调整图片颜色

（1）按 Ctrl+O 组合键打开素材图像“特殊颜色处理.jpg”，如图 3-90 所示。将“背景”图层拖曳到控制调板下方的“创建新图层”按钮上进行复制，生成新的图层“背景副本”。单击“背景副本”图层左侧的眼睛图标，将此图层隐藏，如图 3-91 所示。

（2）选择“背景”图层。单击“图层”控制调板下方的“创建新的填充或调整图层”按钮，在弹出的菜单中选择“色调分离”命令，在“图层”控制调板中生成“色调分离 1”图层，

同时弹出“色调分离”对话框并进行设置，如图 3-92 所示。单击“确定”按钮，最终效果如图 3-93 所示。

图 3-90 素材图像

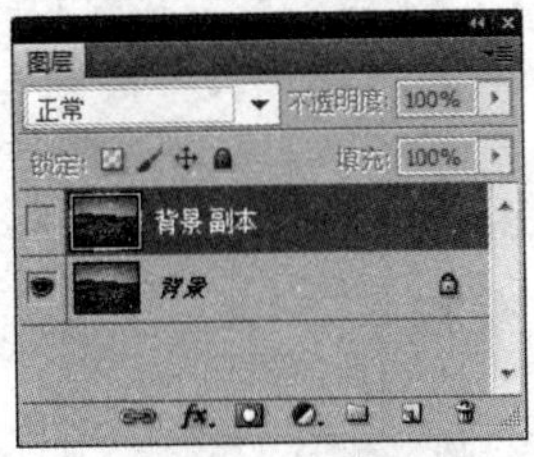

图 3-91 创建图层

图 3-92 “色调分离”对话框

图 3-93 图像色调分离

（3）在“图层”控制调板上方将“色调分离 1”图层的混合模式选项设为“柔光”，效果如图 3-94 所示。单击“图层”控制调板下方的“创建新的填充或调整图层”按钮，在弹出的菜单中选择“曲线”命令，“图层”控制调板中生成“曲线 1”图层，同时弹出相应的对话框，单击“自动”按钮，在设置框中将光泽点设为 68、90，如图 3-95 所示。

（4）单击“通道”选项右侧的按钮，在弹出的菜单中选择“红”选项，弹出相应的对话框，在设置框中将光泽点设为 254、214，如图 3-96 所示。

图 3-94 图层柔光模式

（5）单击“通道”选项右侧的按钮，在弹出的菜单中选择“绿”选项，弹出相应的对话框，在设置框中分别设置两个光泽点，将第一个光泽点设为 0、82，将第二个光泽点设为 255、222，如图 3-97 所示。

（6）再次单击“通道”选项右侧的按钮，在弹出的菜单中选择“蓝”选项，弹出相应的对话框，在设置框中分别设置两个光泽点，将第一个光泽点设为 0、66，将第二个光泽点设为 255、227，如图 3-98 所示。单击“确定”按钮，效果如图 3-99 所示。

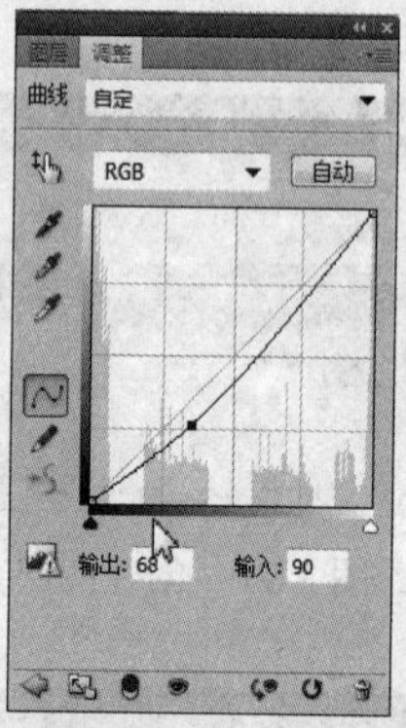

图 3-95 “曲线”命令调整

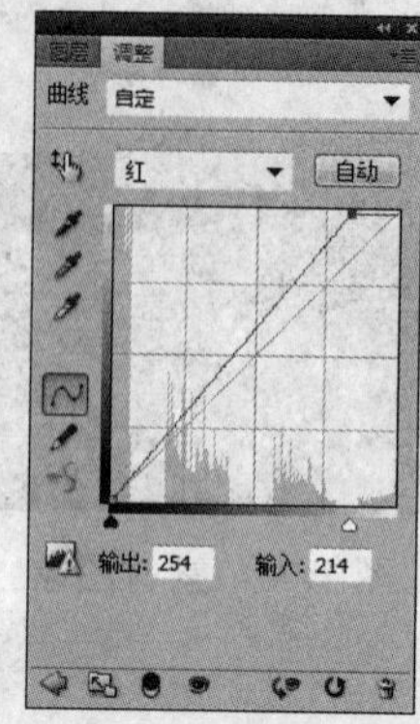

图 3-96 红通道调整

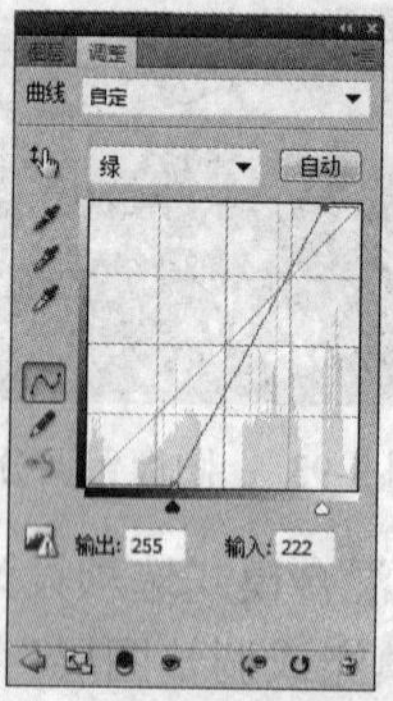

图 3-97 绿通道调整

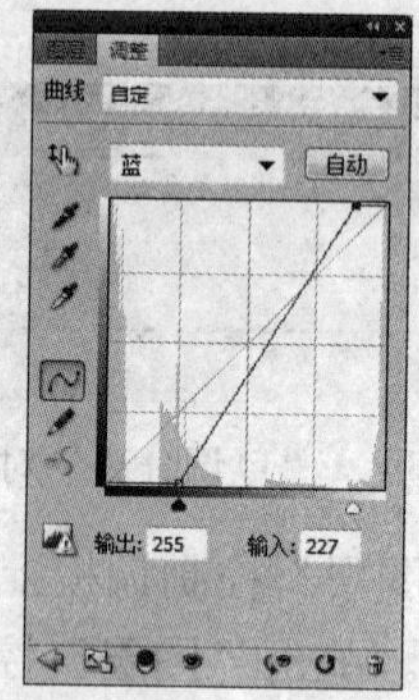

图 3-98 蓝通道调整

图 3-99 “曲线”命令调整效果

（7）在“图层”控制调板上方将“曲线 1”图层的混合模式选项设为“颜色”，如图 3-100 所示。选择并显示“背景副本”图层，在控制调板上方将“背景副本”图层混合模式选项设为“线性光”，效果如图 3-101 所示。

2. 调整图像整体颜色

（1）按 Ctrl+O 组合键打开图像“调整图片颜色完成图”，将“背景”图层拖曳到控制调板下方的“创建新图层”按钮上进行复制，生成新的图层“背景副本”。将“背景副本”图层命名为“模糊图形”，如图 3-102 所示。执行“图像”｜“调整”｜“黑白”命令，将图像转换为黑白照片，效果如图 3-103 所示。

图 3-100　图层颜色模式

图 3-101　图层线性光模式

图 3-102　图层命名

图 3-103　调整黑白图像

（2）执行“滤镜”｜“模糊”｜“高斯模糊”命令，在弹出的对话框中进行设置，如图 3-104 所示。在“图层”控制调板上方将“模糊图形”图层的混合模式选项设为“线性减淡”，效果如图 3-105 所示。

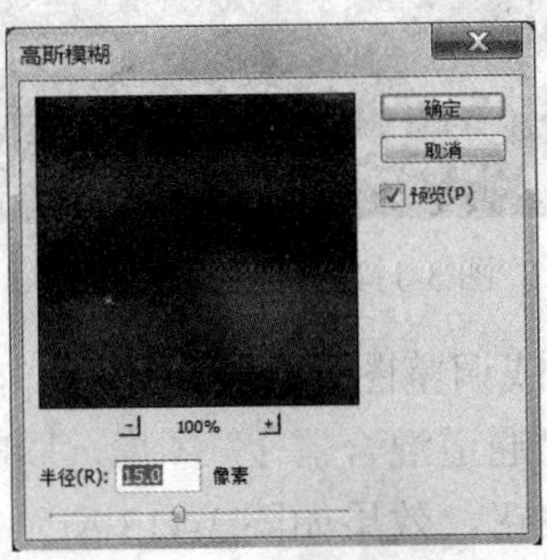

图 3-104　“高斯模糊”对话框

图 3-105　图层线性减淡模式

（3）单击“图层”控制调板下方的“创建新的填充或调整图层”按钮，在弹出的菜单中选择“阈值”命令，在“图层”控制调板中生成“阈值 1”图层，同时弹出“阈值”对话框进行设置，如图 3-106 所示。单击“确定”按钮，图像效果如图 3-107 所示。在“图层”控制调板中单击“阈值 1”图层的蒙版缩览图，如图 3-108 所示，使其处于编辑状态。

（4）选择渐变工具，单击属性栏中的“编辑渐变”按钮，弹出“渐变编辑器”对话框，将“渐变色”设为“从黑色到白色”，如图 3-109 所示，单击“确定”按钮。单击属性栏中的“线性渐变”按钮，按住 Shift 键的同时从图像窗口的中心向下方拖曳渐变色，效果如图 3-110 所示。在控制面板上方将“阈值 1”图层的混合模式选项设为“柔光”，效果如图 3-111 所示。

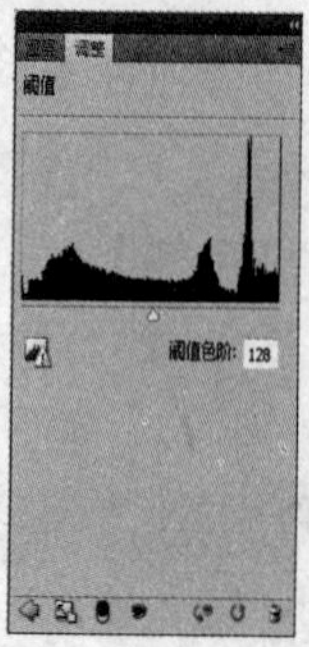

图 3-106 “阈值”对话框

图 3-107 阈值效果图

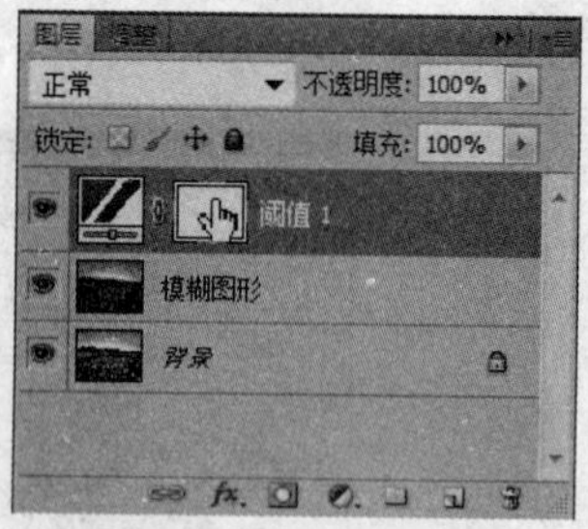

图 3-108 阈值编辑状态

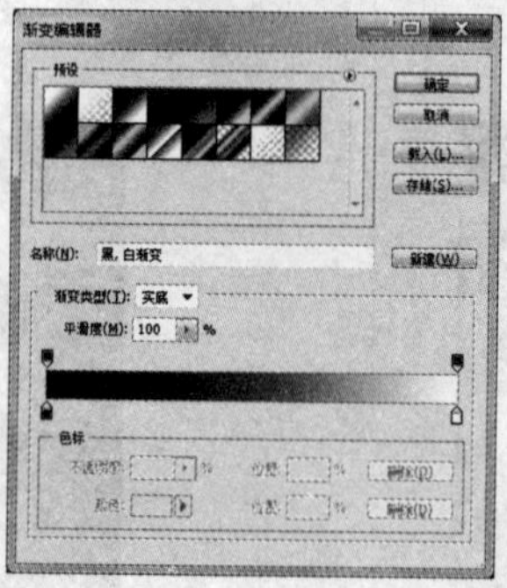

图 3-109 “渐变编辑器”对话框

图 3-110 拖曳渐变

图 3-111 图层柔光模式

（5）单击“图层”控制调板下方的“创建新的填充或调整图层”按钮，在弹出的菜单中选择“通道混合器”命令，在“图层”控制调板中生成“通道混合器 1”图层，同时弹出相应的对话框并进行设置，如图 3-112 所示。单击“确定”按钮，效果如图 3-113 所示。

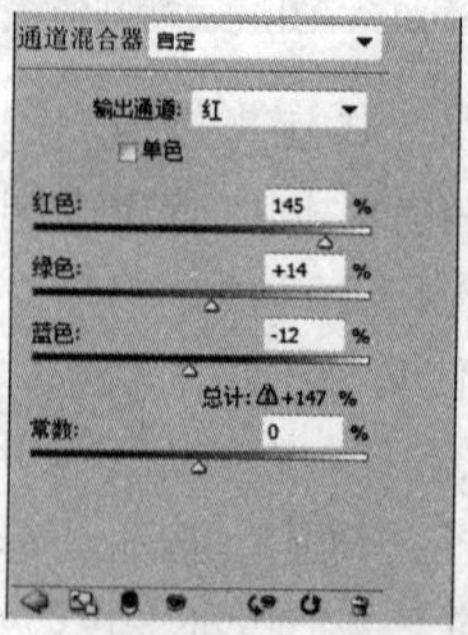

图 3-112 “通道混合器”对话框

图 3-113 效果图

（6）按 Ctrl+O 组合键打开素材图像“文字.psd”，选择移动工具将文字拖曳到图像窗口的左上方，在“图层”控制调板中生成新图层并将其命名为“文字说明”。特殊色彩的风景画效果制作完成，最终完成“调整图像整体颜色完成图”。

3.6　模块小结

本模块主要讲解图像颜色模式、快速调整图像色彩、图像色彩的高级调整，并讲解了 Photoshop CS5 中“调整”菜单下的主要命令的含义及作用。通过本模块的学习可以了解在 Photoshop CS5 中图形图像色彩的调整方法，并掌握其中的一两种方法，以便在工作中使用。另外，还需要了解“调整”菜单中各命令的作用及产生效果，并能够分清特定情况下应该使用哪种命令进行图像处理。

3.7　模块训练三

1. 运用本章所学知识，打开素材图片“石雕.jpg”与“花.jpg”，使用色阶等命令对所给图像进行色彩调整，素材如图 3-114 所示。

图 3-114　素材图像

2. 运用本章所学知识，打开素材图片“瀑布.jpg”，将图 3-115 调整成如图 3-116 所示的效果。

图 3-115　素材图像

图 3-116　最终效果图

模块 4　文字的应用

在文字处理方面，Photoshop CS5 展示出超乎想象的效果。在实际工作中，我们经常使用 Photoshop CS5 来制作各种各样的特效字，使 Photoshop CS5 的功能得到充分发挥。用户可以在图像中创建各种横排或直排文字，可以设置文字的字体、大小、颜色、段落等属性；此外，Photoshop CS5 还可以利用路径和变形工具将文字制作出各种形状；可以结合滤镜和图层样式等工具制作出各种特效文字。

重点提示：

- 文字的基本操作。
- 文字工具选项栏。
- 输入与选择文字。
- 转换文字。
- 栅格化文字。
- 创建变形文字。
- 创建路径文字。

4.1　子模块一　文字的基本操作

文字的基本操作主要指文字的创建，创建文字是通过工具箱中的文字工具来实现的。单击工具箱中的“文字工具”按钮T或按快捷键 T 选择文字工具，在图像编辑窗口中单击鼠标左键或者拖动出一个矩形区域即可输入文字。本节将介绍文字工具组中的各项工具以及工具的基本使用方法。

4.1.1　文字工具组

将鼠标放在工具箱的“文字工具”按钮T上，按住左键不放，会弹出文字工具选择菜单，如图 4-1 所示。Photoshop CS5 共有 4 种文字输入工具：横排文字工具、直排文字工具、横排文字蒙版工具、直排文字蒙版工具。

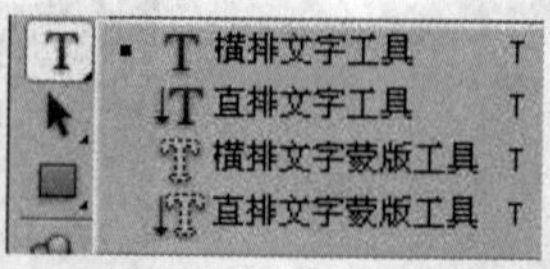

图 4-1　文字工具组

1. 横排文字工具

横排文字工具可以在图像中输入从左向右排列的文字，如图 4-2 所示。

2. 直排文字工具

直排文字工具可以在图像中输入从上到下竖直排列的文字，如图 4-3 所示。

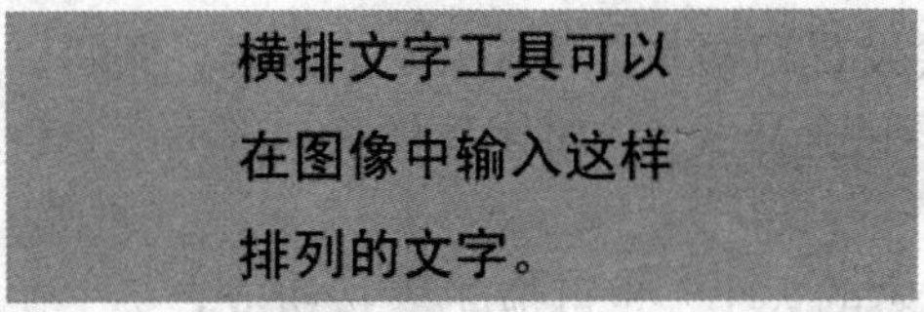

图 4-2　横排文字工具效果

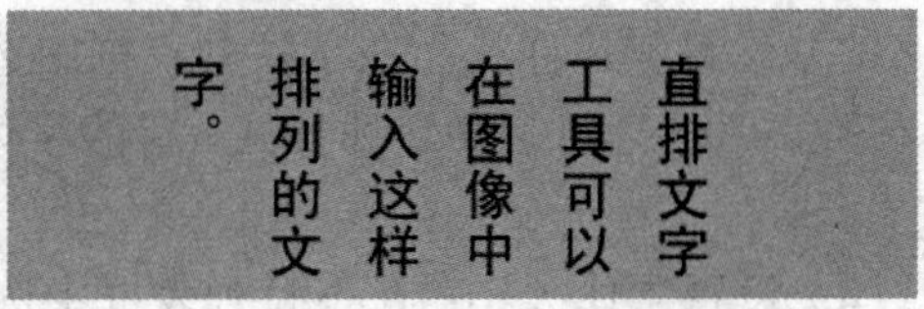

图 4-3　直排文字工具效果

3. 横排文字蒙版工具

横排文字蒙版工具可以在图像中建立横排文字的选区，如图 4-4 所示。

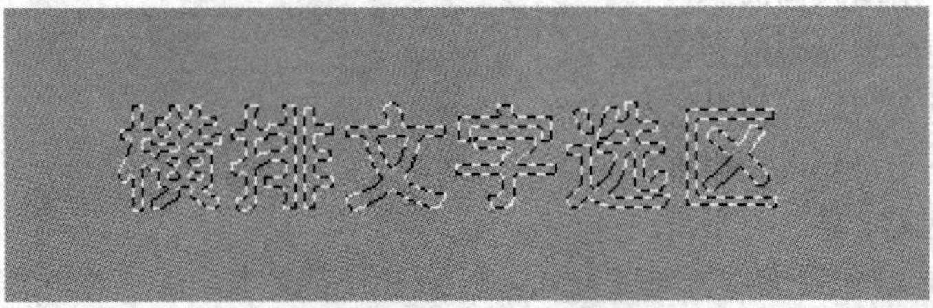

图 4-4　横排文字蒙版工具效果

4. 直排文字蒙版工具

直排文字蒙版工具可以在图像中建立直排文字的选区，如图 4-5 所示。

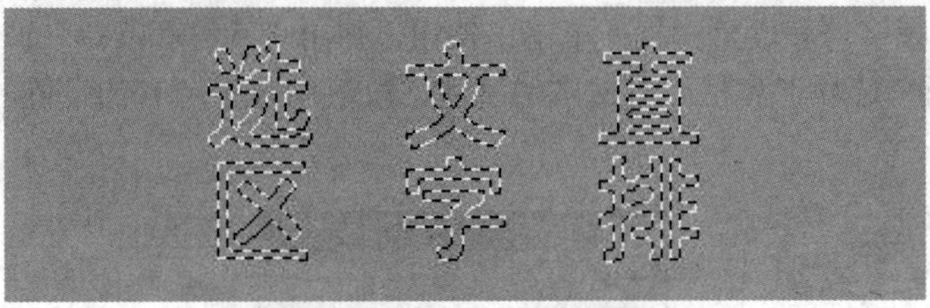

图 4-5　直排文字蒙版工具效果

4.2　子模块二　文字工具选项栏

在工具箱中选择文字工具，在选项栏中就会相应地显示出文字工具选项，如图 4-6 所示。

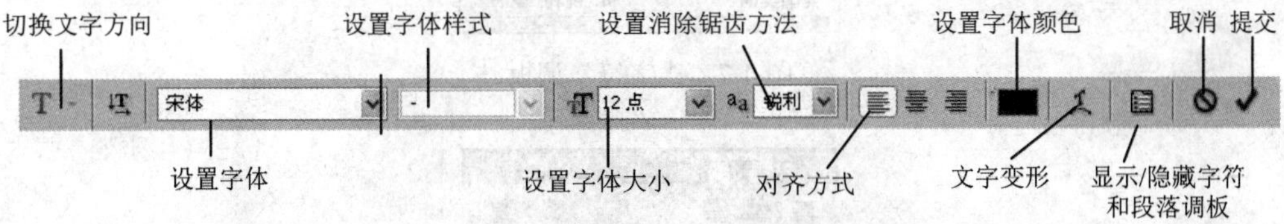

图 4-6　文字工具选项

文字工具选项栏中各项的作用如下：

（1）切换文字方向：单击该按钮可以更改文字的方向，完成横排文字和直排文字间的切换。该按钮只能在编辑文字状态时使用，编辑文字前可以选择工具箱中的横排文字工具或直排文字工具。

（2）设置字体：在下拉列表框中选择要设置的文本字体，如宋体、黑体、隶书等。

（3）设置字体样式：在下拉列表框中选择要设置的文本字体样式，如规则、倾斜、加粗等。有的字体包含了多种字体样式，有的字体则不包含样式，这时字体样式列表框呈灰色不可选状态。

（4）设置字体大小：在下拉列表框中选择文本的大小，也可拖动 **T** 按钮或者手工在列表框中输入字体大小。

（5）消除锯齿：消除锯齿可以通过部分地填充边缘像素来产生边缘平滑的文字，使文字边缘混合到背景中。选项栏中提供了 5 种消除锯齿的方法：

- 无：不应用消除锯齿。
- 锐利：使文字显得最为锐利。
- 犀利：使文字显得稍微锐利。
- 浑厚：使文字显得更粗重。
- 平滑：使文字显得更平滑。

（6）对齐方式：设置文本的对齐方式，包括左对齐文本、居中对齐文本、右对齐文本。

（7）设置字体颜色：单击该按钮，弹出“选择文本颜色”的拾色器对话框，用于选取文本颜色。默认状态下，系统会根据前景色的颜色设置文本的颜色。

（8）文字变形：单击该按钮，弹出“变形文字”对话框，可以创建各种文字变形效果。值得说明的是，在使用文字蒙版工具创建选区时，也可以使用该按钮来完成对文字选区的变形操作。

（9）显示/隐藏字符和段落调板：单击该按钮，弹出“字符和段落”调板。该调板中“字体”和“段落”两个选项卡囊括了对文本的字体、段落的几乎所有的设置，如图 4-7 和图 4-8 所示。

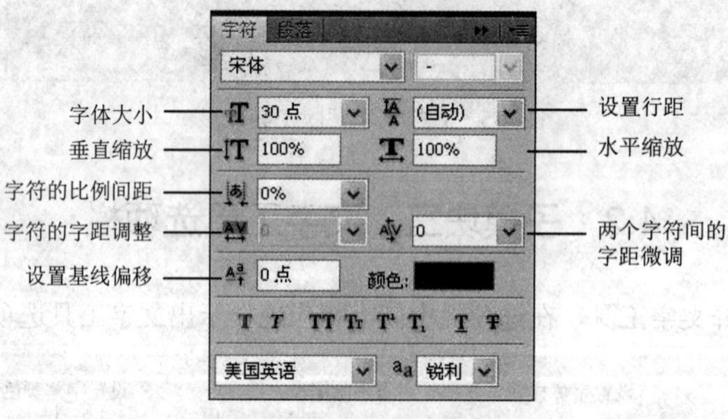

图 4-7 “字符”调板

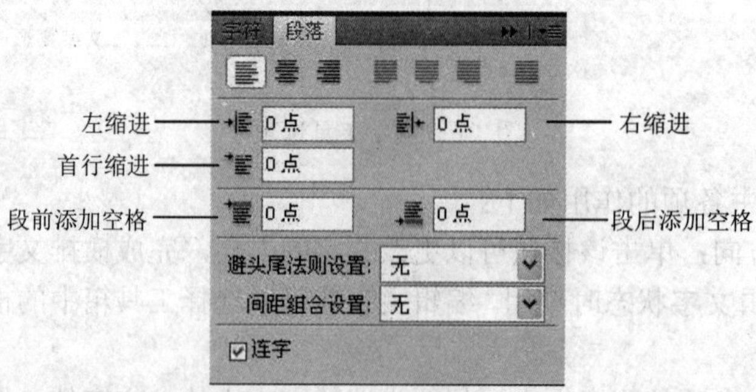

图 4-8 “段落”调板

（10）取消和提交：在文本编辑状态下，单击“取消”按钮或按 Esc 键即取消所有当前的编辑；单击“提交”按钮或按 Ctrl+Enter 组合键即提交所有当前的编辑。

4.3　子模块三　输入与选择文字

4.3.1　输入点文本

输入点文本的方法是：

（1）选择横排文字工具 T 或直排文字工具 ↓T。

（2）在图像中单击，设置文本的插入点。

（3）在文字工具选项栏、字符调板或段落调板中设置文本的选项。

（4）输入文本，可以按 Enter 键换新的一行。

（5）输入或编辑完文字后，可以通过以下方法提交：

- 单击“提交”按钮✓。
- 按组合键 Ctrl+Enter 或数字键盘上的 Enter 键。
- 执行其他操作则自动提交。

注意　输入点文本时，每行文本都是独立的，行的长度随着编辑增加或缩短，不会自动换行。输入的文本即出现在新的文字图层中，如图 4-9 所示。提交后仍可对文本进行编辑。

图 4-9　输入点文本

4.3.2　输入段落文本

输入段落文本的具体操作步骤如下：

（1）选择横排文字工具 T 或直排文字工具 ↓T。

（2）在图像中拖动出一个矩形区域，这个区域就是段落的外框；也可以按 Alt 键单击或拖动，会出现“段落文字大小”对话框，如图 4-10 所示，在对话框中输入宽度和高度来定义外框。

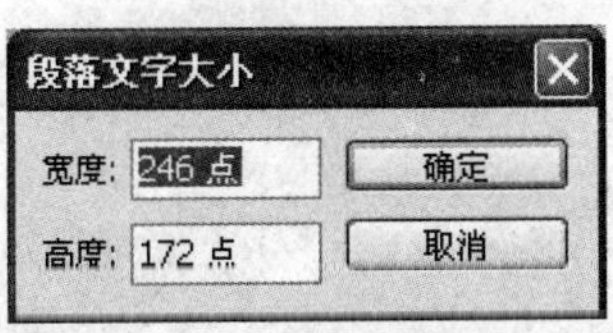

图 4-10　“段落文字大小”对话框

（3）在文字工具选项栏、字符调板或段落调板中设置文本的选项。

（4）输入文本，可以按 Enter 键换新的段落。如果输入的文字超出外框所能容纳的大小，外框上将出现溢出图标⊞，如图 4-11 所示。

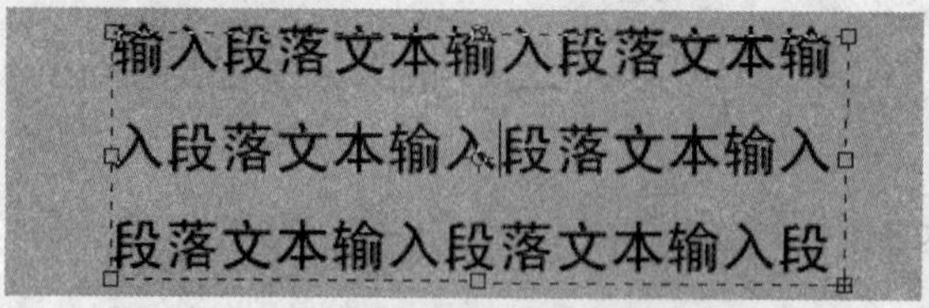

图 4-11　输入段落文本

（5）输入或编辑完文字后，可以通过以下方法提交：

- 单击"提交"按钮✔。
- 按组合键 Ctrl+Enter 或数字键盘上的 Enter 键。
- 执行其他操作则自动提交。

注意　在编辑状态下，可根据需要调整外框的大小、旋转或斜切外框，如图 4-12 所示。在输入点文本时，也可以通过按 Ctrl 键（会在文本周围出现外框）实现对文本的缩放、旋转和斜切。

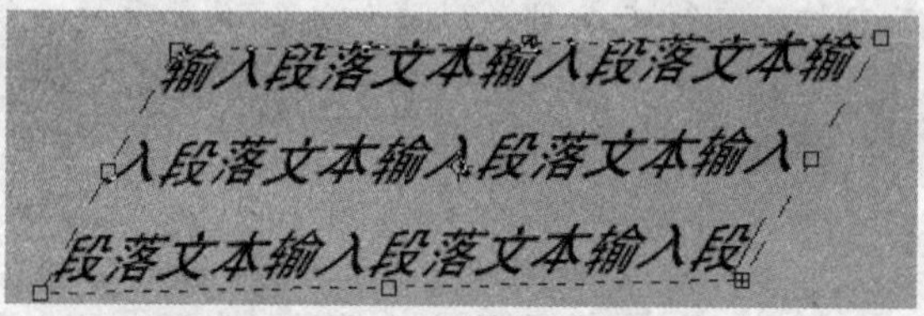

图 4-12　调整段落文本外框

4.3.3　创建文字选区

使用横排文字蒙版工具 或直排文字蒙版工具 时，将创建一个文字形状的选区。文字选区出现在现用图层中，并可像任何其他选区一样被移动、拷贝、填充或描边。

创建文字选区的具体操作步骤如下：

（1）选择要创建文字选区的图层。要选择正常图像图层而不选择文字图层。

（2）选择横排文字蒙版工具 或直排文字蒙版工具 。

（3）在图像中输入点文本或段落文本。

（4）在文字工具选项栏、字符调板或段落调板中设置文本的选项。

（5）输入或编辑完文字后单击"提交"按钮，如图 4-13 所示。

图 4-13　创建文字选区

注意　在编辑状态下，输入文字时现用图层上会出现一个红色的蒙版，文字提交后，现用图层上的图像中才会出现文字选区。

对文字选区主要有以下几方面的应用：

（1）执行“编辑”|“填充”命令，弹出“填充”对话框，单击“确定”按钮，按 Ctrl+D 组合键取消选区，得到如图 4-14 所示的填充效果。

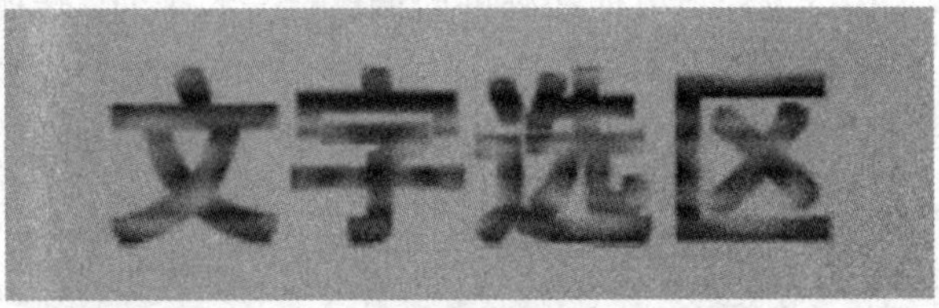

图 4-14　填充效果

（2）在工具箱中选择渐变工具，选择一种渐变样式，在选区中拖动鼠标，按 Ctrl+D 组合键取消选区，得到如图 4-15 所示的渐变效果。

图 4-15　渐变效果

（3）执行“编辑”|“描边”命令，弹出“描边”对话框，设置“宽度”为 2px，“颜色”为红色，单击“确定”按钮，按 Ctrl+D 组合键取消选区，得到如图 4-16 所示的描边效果。

图 4-16　描边效果

（4）也可以将文字选区转换成路径，方法是单击“路径”调板底部的“从选区生成工作路径”按钮，建立路径，如图 4-17 所示。

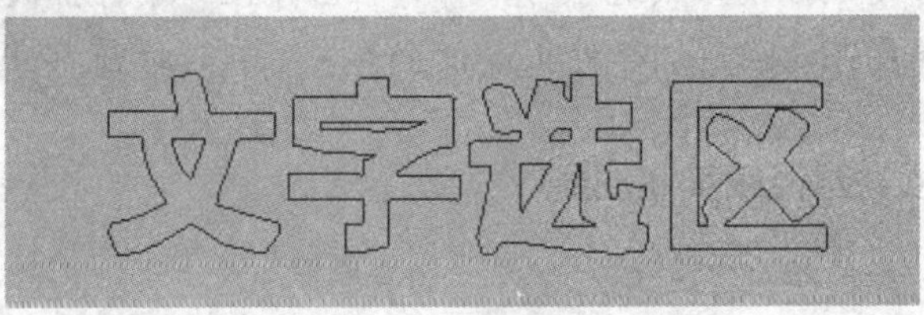

图 4-17　工作路径效果

4.4 子模块四 转换文字

4.4.1 点文字与段落文本的转换

1. 点文字转换为段落文字

可以将点文字转换为段落文字，以便在外框内调整字符的排列。转换的具体操作步骤如下：

（1）选择要转换的文字图层。

（2）执行“图层”|“文字”|“转换为段落文本”命令，如图 4-18 所示。

2. 段落文字转换为点文字

可以将段落文字转换为点文字，以便使各文本行彼此独立地排列。将段落文字转换为点文字时，每个文字行的末尾（最后一行除外）都会添加一个回车符。

转换的具体操作步骤如下：

（1）选择要转换的文字图层。

（2）执行“图层”|“文字”|“转换为点文本”命令，如图 4-19 所示。

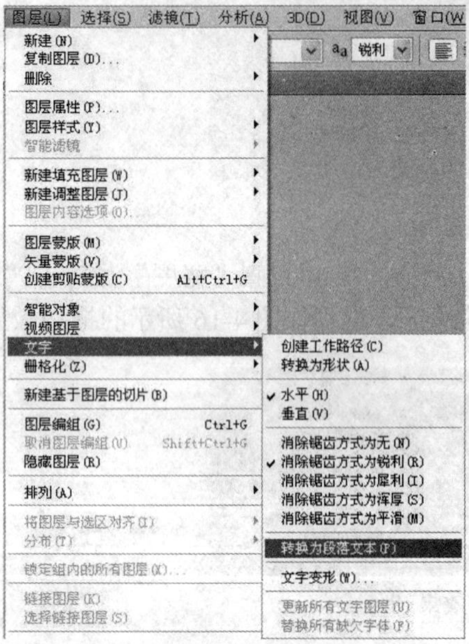

图 4-18 “转换为段落文本”命令

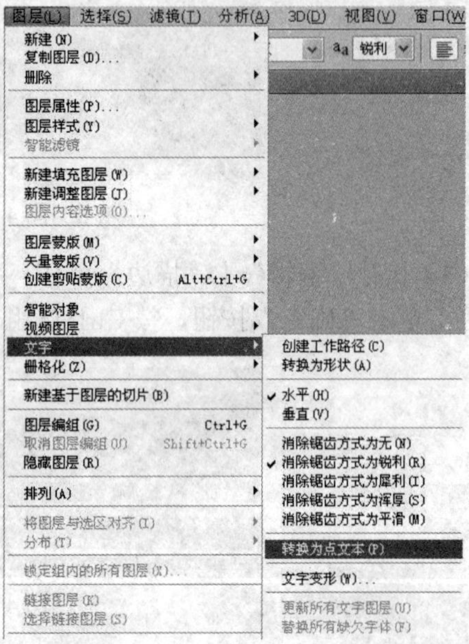

图 4-19 “转换为点文本”命令

注意 将段落文字转换为点文字时，所有溢出外框的字符都被删除。要避免丢失文本，需要在转换前调整外框，使全部文字在转换前都可见。

4.4.2 将文字转换为路径或其他图层

1. 文字转换为工作路径

有时，Photoshop CS5 中的字体不能完全满足用户的需要，用户往往需要在某个字体的基础上对文字进行修改和编辑，以制作出符合自己要求的字体。将文字转换为工作路径可以将这些文字用作矢量形状。工作路径是出现在“路径”面板中的临时路径，用于定义形状的轮廓。

转换的具体操作步骤如下：

（1）选择要转换的文字图层。

（2）执行“图层”|“文字”|“创建工作路径”命令，系统会自动在文字的边缘创建路径，同时在“路径”调板中自动创建工作路径，如图 4-20 所示。创建工作路径之后，文字图层仍保持不变并且可以编辑。

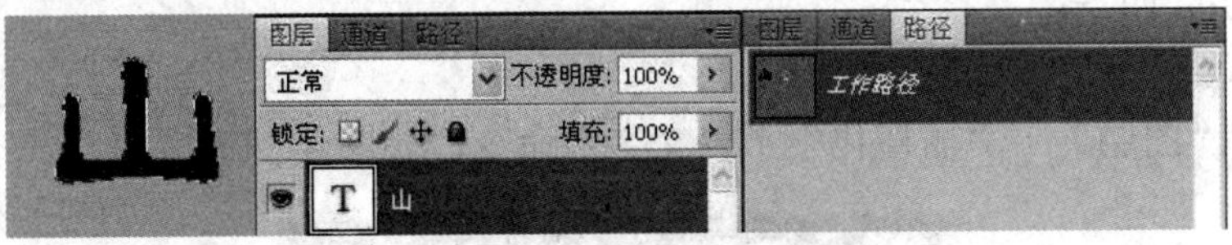

图 4-20　创建工作路径

（3）对路径进行修改，得到需要的字体，如图 4-21 所示。

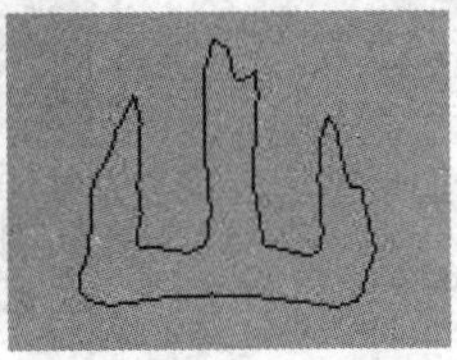

图 4-21　工作路径

2. 文字转换为形状

用户通过该功能可以制作出形状比较特殊的文字。文字转换为形状的具体操作步骤如下：

（1）选择要转换的文字图层。

（2）执行“图层”|“文字”|“转换为形状”命令，原有的文字图层就会被改变为具有矢量蒙版的形状图层。可以通过编辑矢量蒙版来改变文字形状，不过该图层中的字符就无法作为文本进行编辑了，如图 4-22 所示。

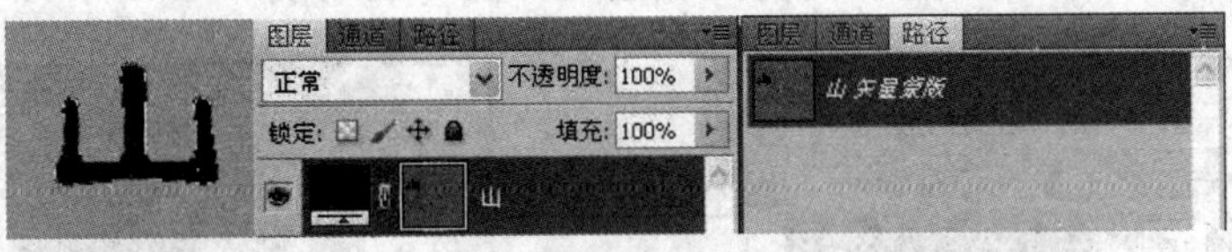

图 4-22　转换为形状

（3）在蒙版中修改形状，得到如图 4-23 所示的文字形状。

图 4-23　形状

注意　可以看到，修改工作路径对原有的文本没有影响，而修改矢量蒙版的同时文本的形状也随之变化。更多关于路径与形状的知识将在以后的章节中进行详细介绍。

4.5 子模块五 栅格化文字

在 Photoshop CS5 中，有些命令不能应用于文字图层，比如“描边”命令或使用各种滤镜。只有将文字图层转换为普通图层才可以使用，也就是要对文字图层执行“栅格化”命令。

具体操作步骤如下：

（1）选择要转换的文字图层。

（2）执行“图层”｜“栅格化”｜“文字”命令，如图 4-24 所示。

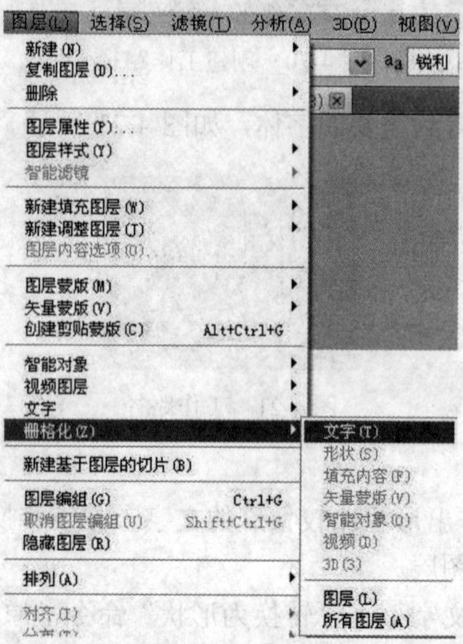

图 4-24 栅格化命令

（3）栅格化后文字图层即转换为普通图层，如图 4-25 所示。

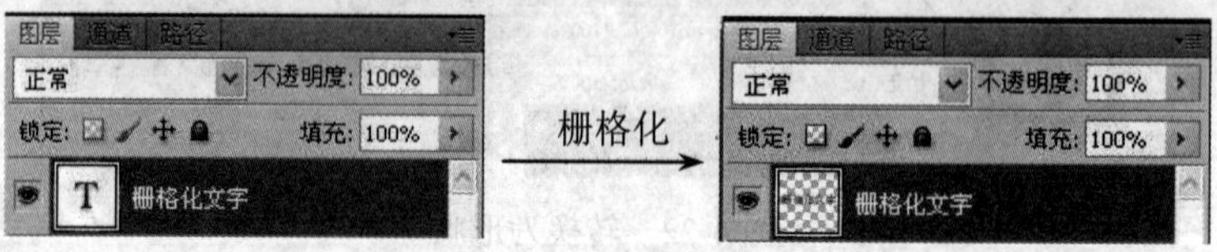

图 4-25 文字图层转换为普通图层

（4）可以对栅格化的文字进行“描边”操作，执行“编辑”｜“描边”命令，设置好后得到的效果如图 4-26 所示。

图 4-26 效果图

当然，也有些命令只能对文字图层操作，比如上一节介绍的将文字转化为路径或形状，对于已经栅格化文字的普通图层则不能进行转换，即根据用户需要选择是否栅格化文字。

4.6　子模块六　创建变形文字

Photoshop CS5 文字变形功能可以轻松地创建出文字的扭曲形状，提供更为广阔的文字设计空间。要设置文字变形效果，具体操作步骤如下：

（1）选择要编辑的文字图层（或者在文字编辑过程中），执行“图层”｜“文字”｜“文字变形”命令或者单击“文字工具”选项栏中的“变形文字”按扭，弹出“变形文字”对话框，如图 4-27 所示。

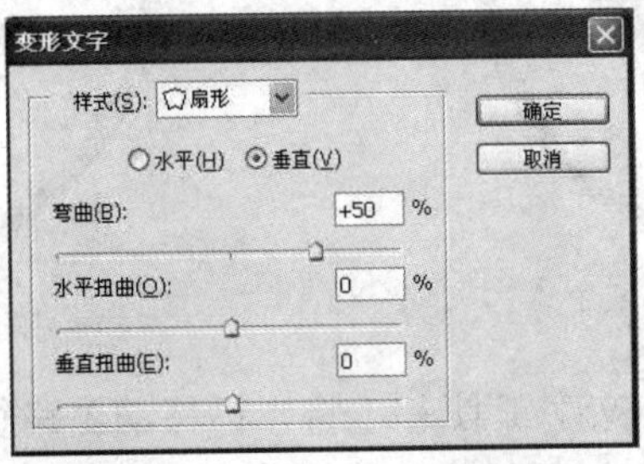

图 4-27　“变形文字”对话框

（2）在“变形文字”对话框中，在“样式”下拉列表框中选择一种样式，如图 4-28 所示。

（3）调节“弯曲”、“水平扭曲”、“垂直扭曲”的数值，得到满意的效果，部分样式的预览效果如图 4-29 所示。

图 4-28　变形文字样式

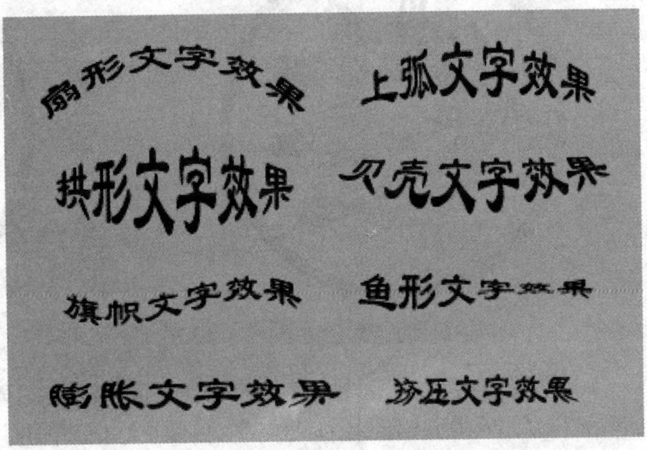

图 4-29　变形文字预览效果

4.7　子模块七　创建路径文字

在 Photoshop CS5 中还可以创建路径文字，用户可以将文字沿路径放置，还可以在封闭路径内部创建文字，并通过对路径的修改达到调整文字组成图形的效果，从而创建出更为多变的文字编排效果。

1. 沿路径创建文字

沿路径创建文字的具体操作步骤如下：

（1）打开素材文件：素材\模块 4\logo.jpg，如图 4-30 所示。

（2）选择工具箱中的椭圆工具，并且在工具选项栏中单击“路径”按钮，在编辑窗口中拖动鼠标创建一个正圆形的路径，如图 4-31 所示。

图 4-30 素材图像

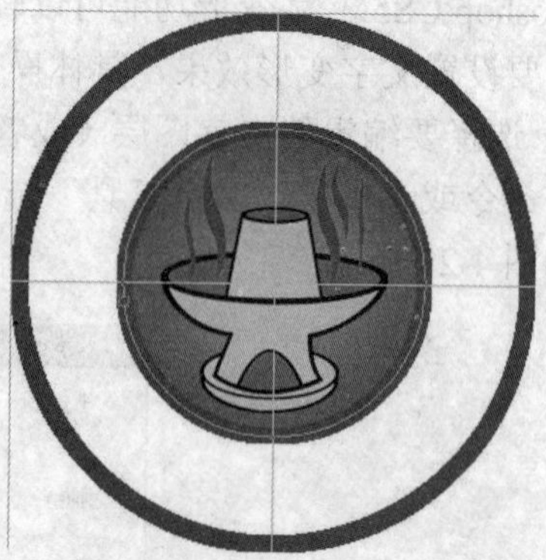

图 4-31 创建路径

（3）选择工具箱中的横排文字工具，将光标移动至路径上，光标显示为时单击鼠标，创建文字插入点并输入文字，横排文字将沿路径显示，如图 4-32 所示。

（4）在“字符”调板中调整“设置基线偏移”选项参数，将调整路径与文字的距离，如图 4-33 所示。

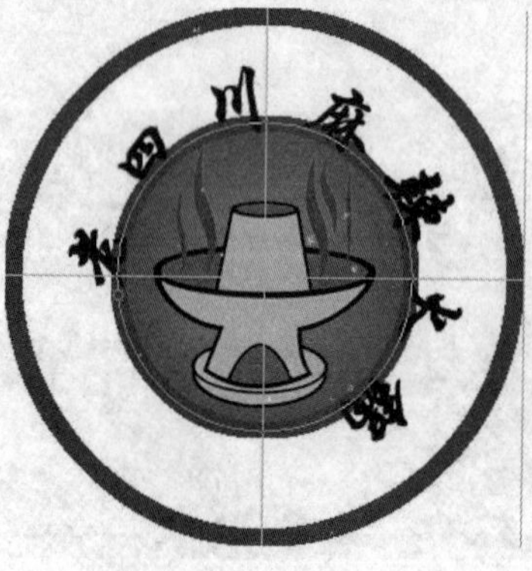

图 4-32 创建路径文字

图 4-33 调整路径文字

（5）选择直接选择工具或路径选择工具，并将其定位到文字上，指针会变为带箭头的 I 型光标，单击并沿路径拖动文字可移动文本，单击并横跨路径拖动文字可将文本翻转到路径的另一边，最终效果如图 4-34 所示。

图 4-34 最终效果图

注意 沿路径移动文本时，有时很难精确移动到所需要的位置，这时也可以通过旋转或缩放“路径”调板的文字路径来达到改变文本位置的目的。

2. 在路径内部创建文字

在路径内部创建文字的具体操作步骤如下：

（1）打开素材文件：素材\模块 4\花.jpg，如图 4-35 所示。

图 4-35　素材图像

（2）选择工具箱中的自定形状工具，并且在工具选项栏中单击“路径”按钮，在编辑窗口中拖动鼠标创建一个树叶形状的路径，如图 4-36 所示。

图 4-36　创建路径

（3）选择工具箱中的横排文字工具，将指针放置在路径内，当文字工具周围出现虚线括号时单击即可插入文本，得到如图 4-37 所示的效果。

图 4-37　输入文字

（4）选择路径选择工具 或移动工具 ，然后单击并拖动文字路径，可以将文字和路径移动到新的位置，如图 4-38 所示。

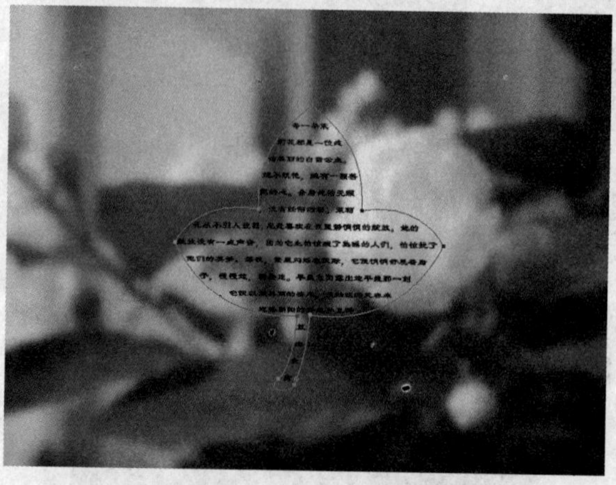

图 4-38　移动路径

（5）选择直接选择工具 ，单击路径上的锚点，然后使用手柄改变文字路径的形状，文字的排列也随之改变，如图 4-39 所示。

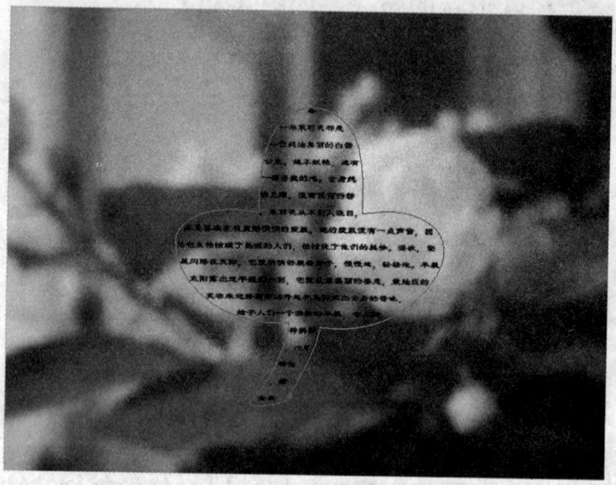

图 4-39　修改路径

4.8　工作情境一　饭店促销广告

4.8.1　工作情境描述及效果

- 原始文件：素材\模块 4\饭店促销广告.jpg
- 最终文件：效果\模块 4\饭店促销广告.psd

1. 工作情境描述

通过制作如图 4-40 所示的效果图学会如何在图像中输入点文本和段落文本，通过该案例的制作学会对文本的编辑和设计。案例要点如表 4-1 所示。

表 4-1　“饭店促销广告”要点分析

案例要点：

- 输入点文本和段落文本
- 创建变形文字
- 栅格化文字

2. 工作情境最终效果（如图 4-40 所示）

图 4-40　饭店促销广告的最终效果

4.8.2　工作情境详解

（1）打开素材文件：素材\模块 4\饭店促销广告.jpg，如图 4-41 所示。在工具箱中选择横排文字工具，在图像中输入文本“老四川麻辣火锅”，设置“字体”为“华文行楷”，“大小”为 90 点，“颜色”为“黄色”，单击“创建变形文字”按钮，设置“样式”为“拱形”，“弯曲”为 30%，效果如图 4-42 所示。

图 4-41　“饭店促销广告”原始文件

图 4-42　输入文字

（2）对“老四川麻辣火锅”进行描边操作。选择该文本图层，执行“图层”|“栅格化”|“文字”命令对文本图层栅格化，执行“编辑”|“描边”命令，在弹出的“描边”对话框中设置“宽度”值为5px，“颜色”为“深棕色”，“位置”为“居外”，如图4-43所示。

（3）选择工具箱中的横排蒙版工具，在图像中创建“周年店庆 感恩回馈”的文字选区，新建一个图层，选择工具箱中的渐变工具，在选区内拖动鼠标得到渐变字效果，按Ctrl+D组合键取消选区，如图4-44所示。

图4-43 描边文字

图4-44 制作渐变字

（4）对“周年店庆 感恩回馈”进行描边操作。执行“编辑”|“描边”命令，在弹出的“描边”对话框中设置“宽度”值为3px，“颜色”为“白色”，“位置”为“居外”，如图4-45所示。

（5）在图像中输入文本“8月22日—9月22日”和“全场6.8折”，编辑完成后栅格化文字，然后对其进行描边，得到效果如图4-46所示。

图4-45 描边文字

图4-46 输入文字

（6）在图像中输入段落文本。在工具箱中选择横排文字工具，在图像中拖动出一个矩形区域，输入并编辑，得到最终效果图。

（7）完成图像效果制作，执行“文件” | “存储”命令，将处理完成的图像保存。

4.9 工作情境二 制作特效字

4.9.1 工作情境描述及效果

- 最终文件：效果\模块 4\特效字.psd

1. 工作情境描述

通过制作如图 4-47 所示的效果图掌握图层蒙版的应用，并且能够灵活运用图层蒙版创建多种神奇效果。案例要点如表 4-2 所示。

表 4-2 “制作特效字”要点分析

案例要点：

- 渐变工具的使用
- 文字转换为形状
- 创建路径文字

2. 工作情境最终效果（如图 4-47 所示）

图 4-47 特效字的最终效果图

4.9.2 工作情境详解

（1）新建一个宽度为 500 像素、高度为 400 像素的 RBG 文件，如图 4-48 所示。

（2）选择工具箱中的渐变工具，“渐变编辑器”如图 4-49 所示。选择渐变样式为“角度渐变”，在图像中拖动鼠标，得到如图 4-50 所示的效果。

（3）在工具箱中选择横排文字工具，在图像中输入文本“快乐六一”，设置“字体”为“宋体”，“大小”为 80 点，“颜色”为“黄色”，效果如图 4-51 所示。

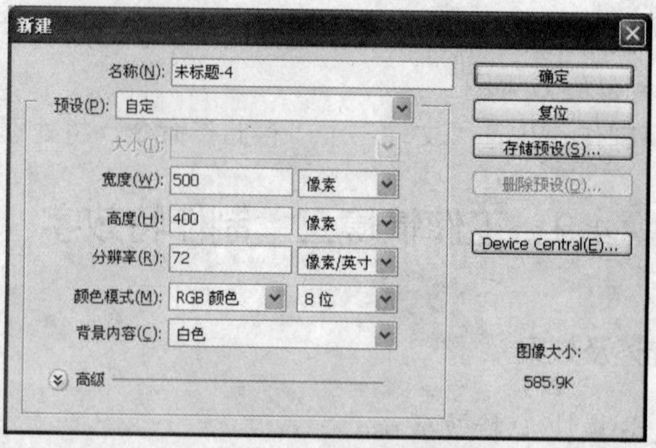

图 4-48 “新建文件”对话框

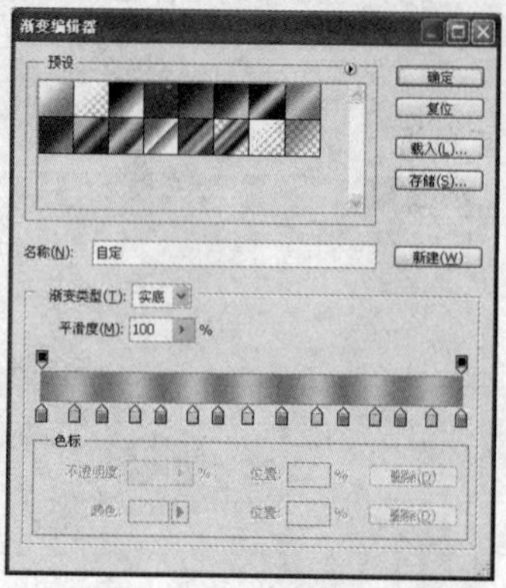

图 4-49 “渐变编辑器”面板

图 4-50 渐变背景

（4）将文字转换为形状。选择文字图层，执行“图层”｜“文字”｜“转换为形状”命令，使文字图层转换为形状图层。使用直接选择工具编辑矢量蒙版中文字的形状，得到如图 4-52 所示的效果。

图 4-51 输入文字

图 4-52 修改路径

（5）执行“编辑”｜“变换路径”命令对文字进行变换，得到想要的效果。

（6）执行“图层”｜“图层样式”｜“斜面和浮雕”命令，设置“大小”为 2，其他设置为默认，得到如图 4-53 所示的效果。

（7）选择工具箱中的移动工具，重复按“Alt+方向键”组合键得到立体字效果，如图

4-54 所示。

图 4-53　斜面和浮雕

图 4-54　立体字效果

（8）按住 Ctrl 键不放，单击最上面形状图层的矢量蒙版，载入文字选区。

（9）新建一个图层，选择渐变工具对文字选区进行渐变操作。

（10）执行“编辑”｜“描边”命令，对新建图层进行描边，按 Ctrl+D 组合键取消选区，效果如图 4-55 所示。

（11）使用钢笔工具绘制出一个波浪线的路径，如图 4-56 所示。

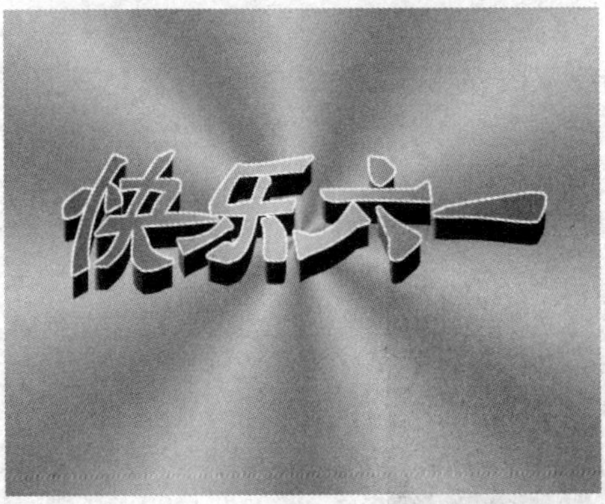

图 4-55　描边效果

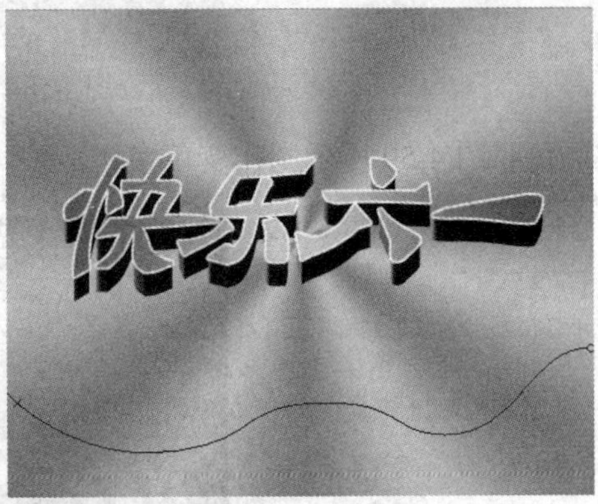

图 4-56　绘制路径

（12）选择横排文字工具创建路径文字“百艺幼儿园庆六一儿童节文艺汇演”。

（13）使用“字符”调板对文字进行设置，如图 4-57 所示，完成图像效果制作。

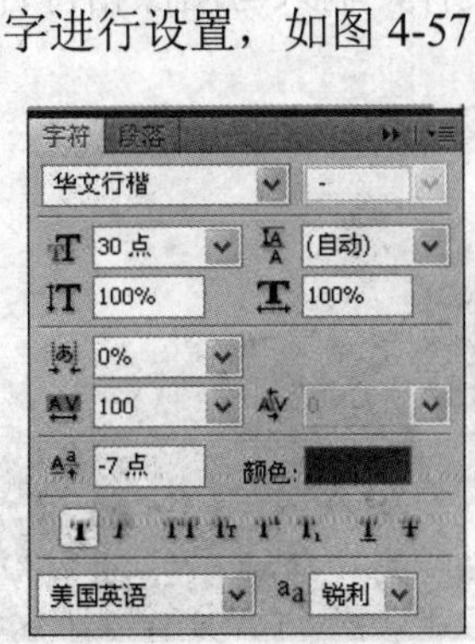

图 4-57　“字符”调板的设置

（14）完成图像效果制作，执行“文件”|“存储”命令，将处理完成的图像保存。

4.10　模块小结

本模块主要讲解 Photoshop CS5 中文本的输入、编辑、使用以及变形字和特效字的制作方法。文本编辑是 Photoshop CS5 中不可缺少的重要工具，在很多图像中文本都必不可少，起着说明与点缀的作用，利用 Photoshop CS5 可以更好地完成对文本的排版操作。而且将文本栅格化后，可以像处理图像一样处理文本，使文本设计更加丰富多彩。所以，掌握本模块内容是学习 Photoshop CS5 的一个重要部分。

4.11　模块训练四

1. 仿照图 4-58 所示制作艺术字。

图 4-58　艺术字效果图

2. 仿照图 4-59 所示制作变色字。

图 4-59　变色字效果图

3. 使用如图 4-60 所示的原始文件，输入与图像相符合的文本并编辑设计。

图 4-60　素材图像

4. 使用如图 4-61 所示的原始文件，输入文本并进行编辑，设计一个月饼的广告。

图 4-61　素材图像

模块 5　图层的应用

图层是非常重要的概念，它是构成 Photoshop CS5 中图像处理的重要组成单位，可以说是 Photoshop 的核心，几乎所有的应用都是基于图层的，很多强劲的图像处理功能也是图层提供的，可以通过对图层的直接操作而得到很多特效，方便快捷。学会使用图层是学习 Photoshop CS5 的关键一步，只有掌握了图层的使用技巧才可以说掌握了 Photoshop CS5。所以在这一章中，我们将介绍相关的图层技巧。

重点提示：

- 图层特性。
- 图层调板。
- 图层的分类。
- 图层的基本操作。
- 图层的高级应用。

5.1　子模块一　图层特性

图层就是一层一层叠放的图片。实际上，图层就像是含有文本或图像等元素的一张透明的玻璃纸，将这样一张张透明的纸张按顺序叠放在一起就是图层的堆叠关系。图层上没有图像的区域会透出它下面一层的内容，每个图层都是相对独立并可以编辑的，通过对每个图层中的元素进行编辑、精确定位，堆叠起来最终就可以合成一幅完整的图画。

图层具有透明性、独立性和遮盖性三个特点。

1. 透明性

默认情况下，最底层为不透明的“背景”图层，居于其上面的图层在新建时都是没有颜色的透明图层。用户可以在新图层中加入文本、图片、表格、插件，也可以在里面再嵌套图层，只要这个图层还有透明区域，我们就可以透过图层的透明区域看到其下面的图层。

2. 独立性

每个图层都可以独立编辑，用户可以对每个图层里的文本和图像进行移动、修改、删除、添加特效，对其他的图层内容没有影响。

3. 遮盖性

当某个图层被加入内容后，有颜色的区域就会遮盖其下面的图层内容。可以通过调整图层的堆叠顺序来选择我们要显示的图像部分，如图 5-1 所示。

图 5-1 图层的堆叠顺序

5.2 子模块二 “图层”调板

编辑图层的大部分工具都集中在“图层”调板和“图层”菜单中，通过调板和菜单中的命令可以实现对图层的创建、移动、复制、合并、链接、删除等操作。相对而言，使用“图层”调板方便、快捷，更易操作。

默认情况下，“图层”调板位于工作界面的右下方，我们可以使用“窗口”菜单或快捷键 F7 显示和隐藏“图层”调板，下面来了解一下“图层”调板的组成，如图 5-2 所示。

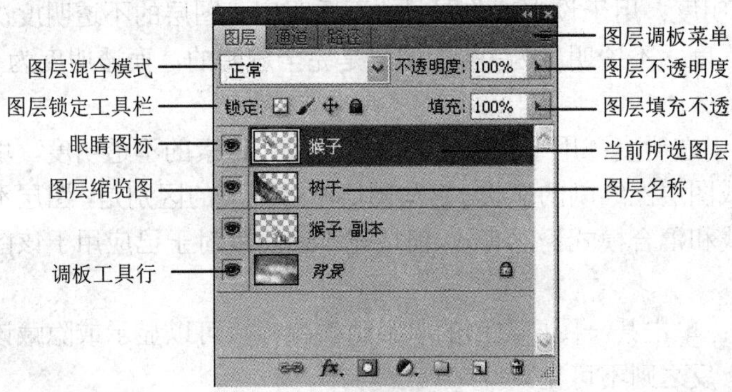

图 5-2 “图层”调板

“图层”调板中各部分的功能如下：

（1）图层混合模式：用于设置当前图层与下一个图层颜色合成的方式，不同的合成方式会得到不同的效果。

（2）图层锁定工具栏：可以将图层编辑的某些功能锁住，避免损坏图层中的图像。各按钮功能如下：

- 锁定透明像素：对某一图层锁定该项，可以将编辑操作限制在该图层的不透明部分，相当于保留透明区域。
- 锁定图像像素：对某一图层锁定该项，可以防止使用绘画工具修改该图层的像素。
- 锁定位置：对某一图层锁定该项，可以防止移动该图层的像素。不能进行移动、自由变换等编辑操作，但可以进行填充、描边、渐变等绘图操作。
- 锁定全部：单击该按钮则完全锁定图层的任何绘图操作和编辑操作，比如删除图层、图层混合模式、不透明度和滤镜等。

（3）图层调板菜单：单击该按钮将弹出一个下拉菜单，显示对图层编辑的一些主要操作，如图 5-3 所示。

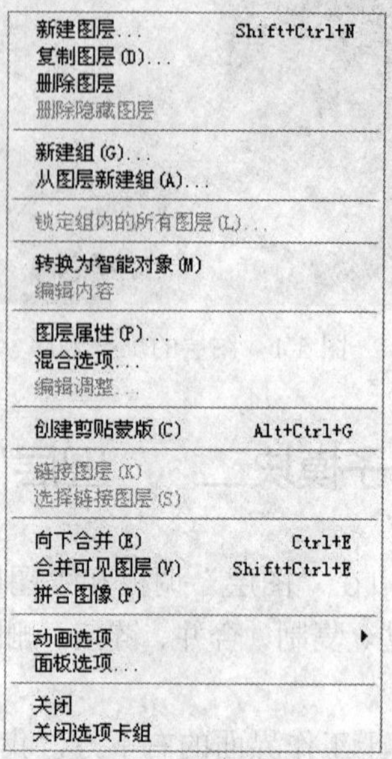

图 5-3 图层调板菜单

（4）图层不透明度：用于设定当前图层的不透明度。图层的不透明度决定了它遮蔽或者显示其下面图层的程度。不透明度为 0%的图层是完全透明的，而透明度为 100%的图层则完全不透明。

（5）图层填充不透明度：用于设定当前图层内填充像素的不透明度。填充不透明度影响图层中绘制的像素或图层上绘制的形状。它与图层不透明度的区别是，图层不透明度对于应用于该图层的图层样式和混合模式仍然有效，但填充不透明度对于已应用于该图层上的图层效果没有影响。

（6）眼睛图标：单击某一图层左侧的"眼睛"图标，可以显示或隐藏该图层，图标出现代表图层是可见的，反之则不可见。

可以按住 Alt 键，单击某一图层的"眼睛"图标，在图像编辑窗口中则只显示该图层，再次按住 Alt 键，单击"眼睛"图标，即可重新显示所有的图层。

（7）图层缩览图：以缩小的方式显示图层中的内容。可以按住 Ctrl 键，单击某一图层的图层缩览图，即可载入该图层的像素作为选区。

（8）当前所选图层：以蓝色显示的图层就是当前所选图层。

（9）图层名称：默认情况下，新建的图层以"图层 1"、"图层 2"命名，用户为了方便操作，可以对图层进行重命名，双击原有的图层名即可进行图层名称的编辑。

（10）调板工具行：用于显示与图层有关的主要工具按钮，各按钮功能如下：

- 链接图层：可以将两个或更多个图层链接在一起，对这些图层里的内容统一操作，如移动操作。
- 添加图层样式 fx：可以对某一图层中的内容添加特效，如添加投影、发光、阴影等效果。

- 添加图层蒙版：可以对某一图层添加图层蒙版，以便更好地编辑图层。
- 创建新的填充或调整图层：可以创建填充图层或调整图层。填充图层可以创建用纯色、渐变或图案填充的图层，不会影响它下面的图层。调整图层可以创建调整颜色和色调的图层，用来影响它下面的图层的颜色和色调效果。
- 创建新组：可以把多个相关的图层分成一组，方便管理、简化操作。
- 创建新图层：可以新建和复制图层。单击该按钮可以创建一个空的图层。也可以按住 Ctrl 键，拖动鼠标所选的图层到按钮，完成图层的复制操作。
- 删除图层：可以将所选择的一个或多个图层删除。

5.3　子模块二　图层的分类

打开一个分层的图像文件会看到图层有多种不同的形式，如图 5-4 所示。不同形式的图层有各自的特点。

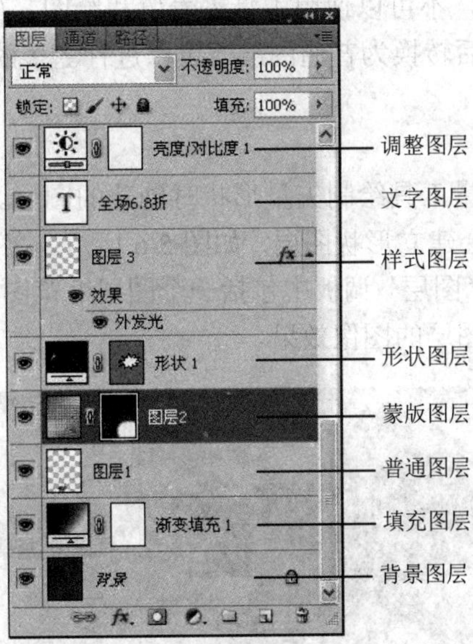

图 5-4　“图层”调板

5.3.1　普通图层

普通图层是指最基本的图层类型，是最常用的图层，几乎所有的 Photoshop 功能都可以在这种图层上得到应用。

普通图层是创建新图层时默认的图层类型，而且新建的图层都是位于当前层的上面，同时成为新的当前层。

5.3.2　背景图层

背景图层始终位于“图层”调板的最底层，作为图像的背景。背景图层是一个特殊的不透明图层，用户不能对其应用混合模式、不透明度、填充不透明度的调整。该图层是被锁定的，无法更改图层顺序、移动图层位置和解除锁定。

图像中可以没有背景图层，但是不可以有两个或两个以上的背景图层，如果想对背景图层的内容进行修改，可以将其转换为普通图层进行编辑，方法是双击背景图层，弹出“新建图层”对话框，如图 5-5 所示。

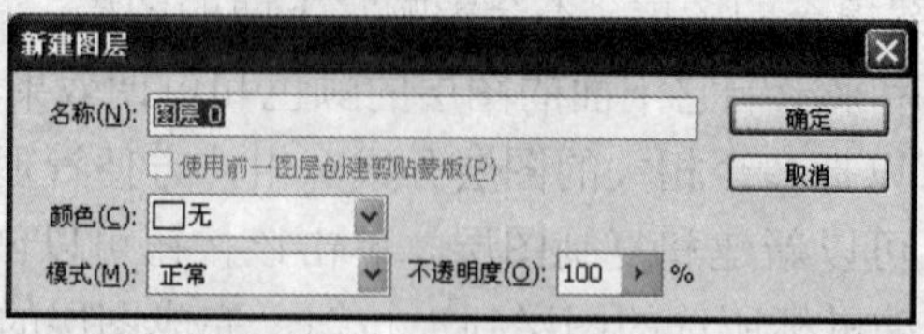

图 5-5 “新建图层”对话框

也可以将普通图层转换为背景图层，方法是执行“图层”｜“新建”｜“背景图层”命令。

5.3.3 文字图层

在工具箱中选择文字工具输入文字后，就会自动新建一个文字图层。默认情况下，以当前输入的文本内容为图层的名称。文字图层含有文字内容和文字格式，可以反复修改和编辑。

文字图层比较特殊，不可以使用工具来着色和绘图，如画笔工具、橡皮擦工具等，需要将文字图层进行栅格化后转换为普通图层才可以进行更多的编辑。

5.3.4 形状图层

形状图层是使用矢量工具绘制矢量形状时创建的图层。比如在工具箱中选择形状工具或者路径工具绘图后，就会建立形状图层，如图 5-6 所示。在形状图层中，形状会自动填充当前的前景色，形状图层在“图层”调板中包括一个图层缩览图和矢量蒙版缩览图，默认是链接在一起的，以共同形成该图层的图像效果。

图 5-6 形状图层

形状图层与文字图层类似，需要把形状图层转换为普通图层后才可以使用更多的命令进行编辑，方法是执行“图层”｜“栅格化”｜“形状”命令。

5.3.5 蒙版图层

蒙版是用于保护或隔离图层图像的，可以利用蒙版屏蔽图像中不想要的部分或者制作朦胧图像效果等。蒙版是必须附加在图层之上的，也就构成了蒙版图层。添加了蒙版图层的效果如图 5-7 所示。

5.3.6 调整图层

调整图层是用来进行图像调整的图层，单击“图层”调板下方的工具按钮 即可创建调整图层，如图 5-8 所示。

图 5-7　添加蒙版效果及“图层”调板

Photoshop CS5 提供了很多调整命令，可以通过执行“图像”|“调整”命令来完成，但是仅应用于所选择的某一个图层，并且会永久改变图层中的图像。调整图层是在单独的图层上设置调整命令，然后作用于其下面的所有图层。例如，可以创建“色阶”调整图层，而不是直接在图像上调整色阶。该图层下面的所有图层都应用了色阶调整效果。同时，不同的调整命令可以建立各自的调整图层，使修改更有弹性，确保图像的品质。

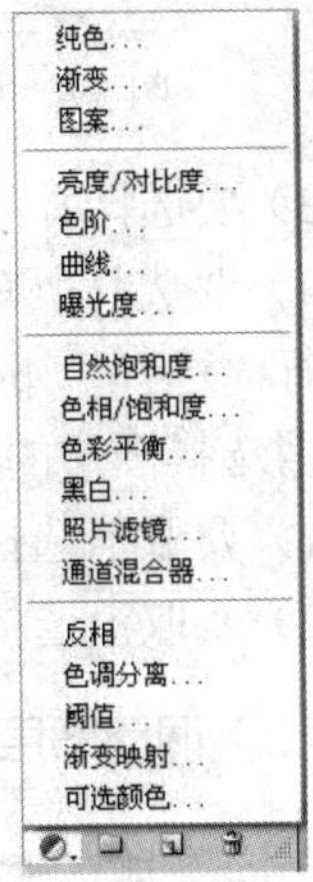

图 5-8　创建调整图层菜单

调整图层有以下优点：

（1）编辑不会造成破坏。可以尝试不同的设置并随时重新编辑调整图层，也可以通过降低该图层的不透明度来减轻调整的效果。

（2）编辑具有选择性。使用调整图层的蒙版可将调整仅应用于图像的一部分。

（3）能够将调整应用于多个图像。在图像之间复制调整图层，以便应用相同的颜色和色调调整。

调整图层具有许多与其他图层相同的特性。可以改变调整图层的不透明度和混合模式，也可以将调整图层编组，以便应用于某些特定的图层。

5.4　子模块四　图层的基本操作

5.4.1　选择图层

选择图层主要有以下几种方式：

（1）单击右侧的“图层”调板中的图层名称。

（2）选择工具箱中的移动工具，在画面上右击，会弹出鼠标所在处的图层名称并选择。

（3）使用工具箱中的移动工具，在工具选项栏中勾选“自动选择”复选框，在下拉菜单中选择“图层”选项，在画面上单击即可选取画面所在的图层。

也可以同时选择多个图层，对它们进行统一修改和调整，方法如下：

（1）按住 Shift 键，单击所要选择的第一个和最后一个图层可以选择连续多个图层，如图 5-9 所示。

（2）按住 Ctrl 键，单击所要选择的任意图层，可以选择不连续的多个图层，如图 5-10 所示。

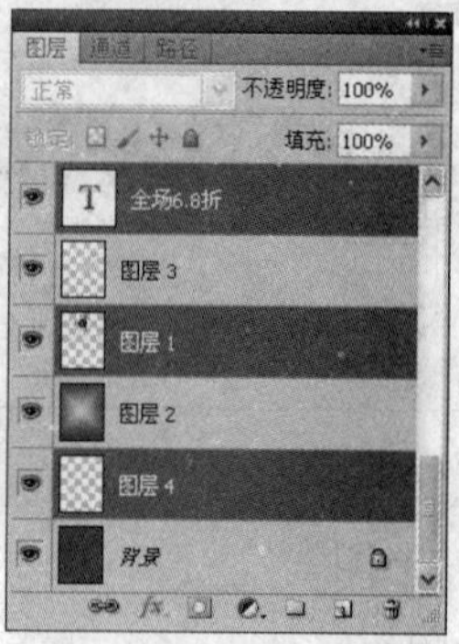

图 5-9　选择连续多个图层

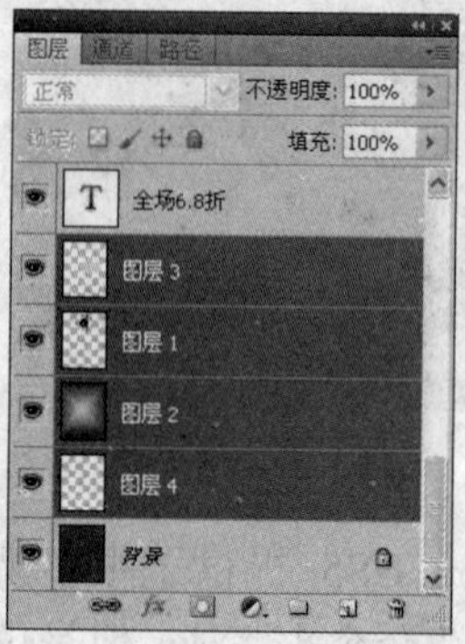

图 5-10　选择不连续多个图层

（3）要选择所有图层，可以执行“选择”|“全部选择”命令，或者按 Alt+Ctrl+A 组合键。

（4）要选择所有相似类型的图层（如要选择所有文字图层），可以先选择其中一个图层，然后执行“选择”|“相似图层”命令。

取消选择图层的方法是：

（1）要取消选择某一个图层，按住 Ctrl 键并单击所要取消的图层。

（2）要取消选择所有图层，可以执行“选择”|“取消选择图层”命令。

5.4.2　调整图层叠加次序

由于图层具有遮盖性的特点，我们经常需要调整图层次序来显示和遮盖部分图像。调整图层的叠加次序的方法如下：

- 选择要移动的图层，拖动鼠标左键移动到所要调整的位置，如图 5-11 所示，将图层 4 移动到图层 1 的上面。
- 可以执行“图层”|“排列”命令，将所选图层调整顺序，如图 5-12 所示。
- 要反转选定的图层顺序，可以先选定至少两个图层，然后执行“图层”|“排列”|“反向”命令。

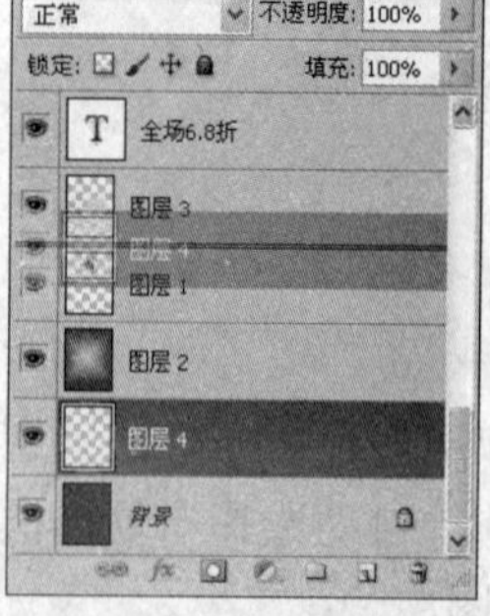

图 5-11　调整图层顺序

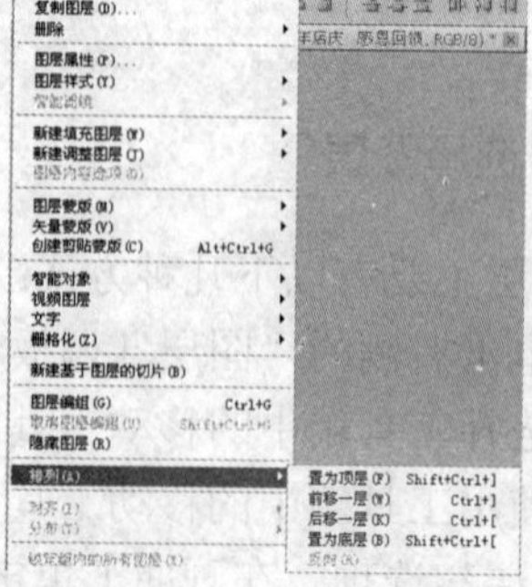

图 5-12　“排列”子菜单

5.4.3　合并与拼合图层

合并图层是指将所有选择的图层合并成一个图层。可以通过合并图层来简化对图层的管理，并且可以缩小图像文件的大小。图层的合并是永久行为，在存储后不能恢复到未合并时的状态。

合并图层有以下几种方式：

- 选择要合并的多个图层，执行“图层”|“合并图层”命令或者按 Ctrl+E 组合键。
- 要合并相邻的两个图层，选择上一个图层，执行“图层”|“向下合并”命令或者按 Ctrl+E 组合键，该图层会与它下面一个相邻的图层合并。
- 要把所有可见的图层合并，可以执行或者按组合键 Shift+Ctrl+E。

拼合图层可以缩小文件的大小，是将所有可见图层合并到背景中并扔掉隐藏的图层。方法是执行“图层”|“拼合图像”命令或“图层”调板菜单下的“拼合图像”命令。

5.4.4　图层编组

当图像文件中的图层过多难以管理时，图层组可以帮助用户管理和组织图层，也可以通过调整图层组的位置来改变图像的效果。对图层编组的好处是可以对同一组的所有图层进行统一的操作。

创建新组的方法有：

- 执行“图层”|“新建”|“组”命令。
- 选择“图层”调板菜单下的“新建组”命令。
- 单击“图层”调板下方的“创建新组”按钮。

将图层添加到组的方法有：

- 在“图层”调板选择已有的组，单击“图层”调板下方的“创建新图层”按钮，即可在该组中新建图层。
- 选择图层，按住左键将图层拖动到组文件夹中。
- 将组文件夹拖动到另一个组文件夹中，该组和组中所有的图层也相应地移动过去。
- 选择图层或者组，执行“图层”|“图层编组”命令或按 Ctrl+G 组合键，可以自动创建新组，并将所选图层或者组添加到新组中。

5.4.5　图层的对齐与分布

在图像绘制过程中，有时需要将图层中的内容按照一定的方式对齐或分布，使画面更加整齐，Photoshop CS5 中对齐与分布图层主要有“顶边”、“垂直居中”、“底边”、“左边”、“水平居中”、“右边” 6 种方式。

1. 图层的对齐操作

可以将多个图层中的图像对齐，具体操作步骤如下：

（1）打开素材文件：素材\模块 5\对齐图层.psd，选择要对齐图像的多个图层，如图 5-13 所示。

（2）执行“图层”|“对齐”命令，在子菜单中选择一种对齐方式，如图 5-14 所示。

（3）选择顶边对齐，效果如图 5-15 所示。

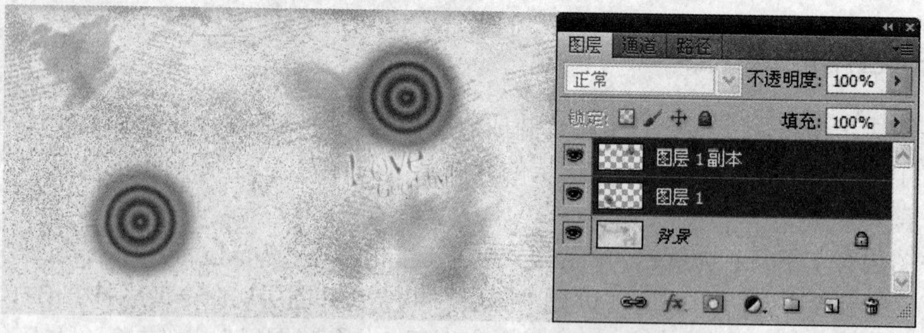

图 5-13　原图像文件及“图层”调板

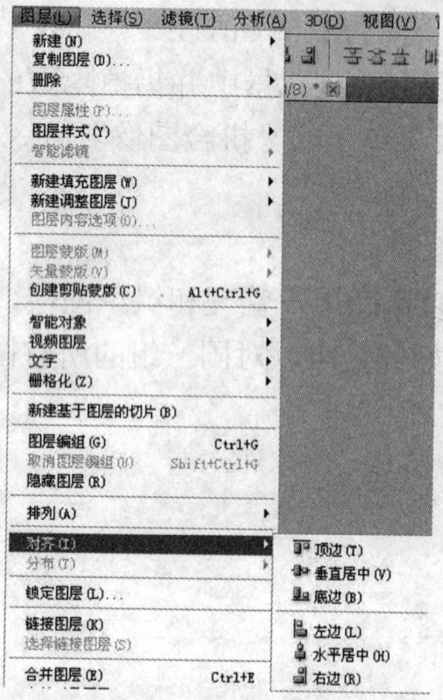

图 5-14　“对齐”子菜单

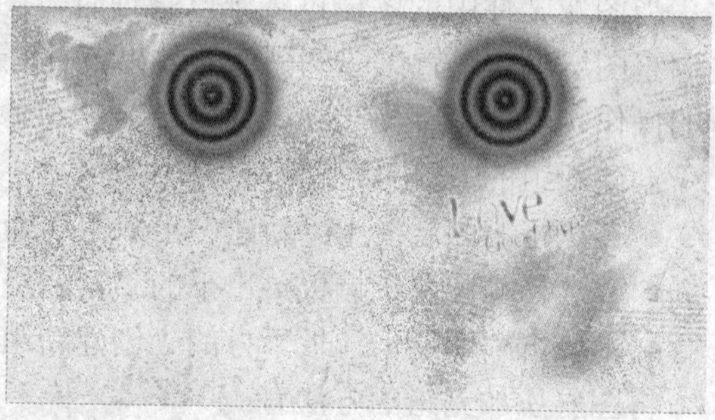

图 5-15　顶边对齐效果

也可以将多个图层中的内容与选区对齐，具体操作步骤如下：

（1）创建一个选区，如图 5-16 所示。

（2）选择一个或多个要对齐的图层。

（3）执行“图层”｜“将图层与选区对齐”命令，在子菜单中选择一种对齐方式，选择顶边对齐方式效果如图 5-17 所示。

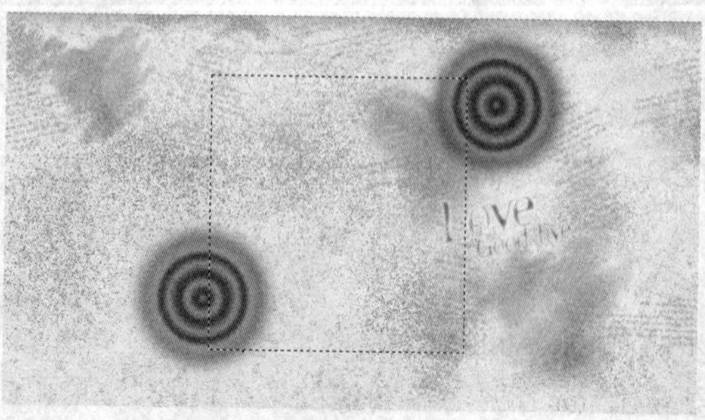

图 5-16　创建选区

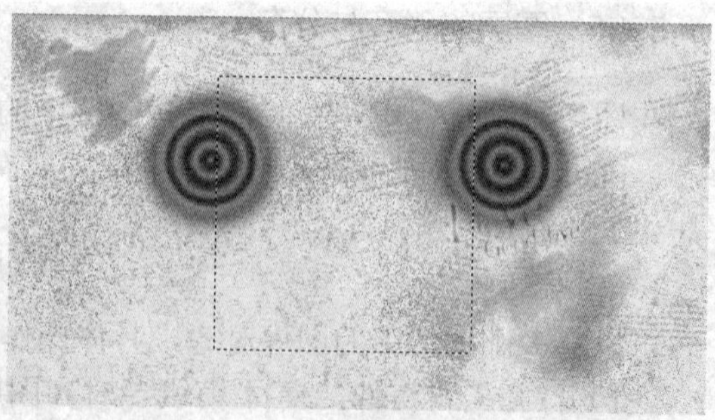

图 5-17　图层与选区顶边对齐效果

2. 图层的分布操作

图层的分布是指各图层中的内容按照一个起点和终点的位置平均分布。至少三个或三个以上的图层才能进行分布操作。

具体操作步骤如下：

（1）打开素材文件：素材\模块 5\分布图层.psd，选择三个或三个以上的图层，如图 5-18 所示。

（2）执行“图层”|“分布”命令，在子菜单中选择一种分布方式，选择顶边分布方式的效果如图 5-19 所示。

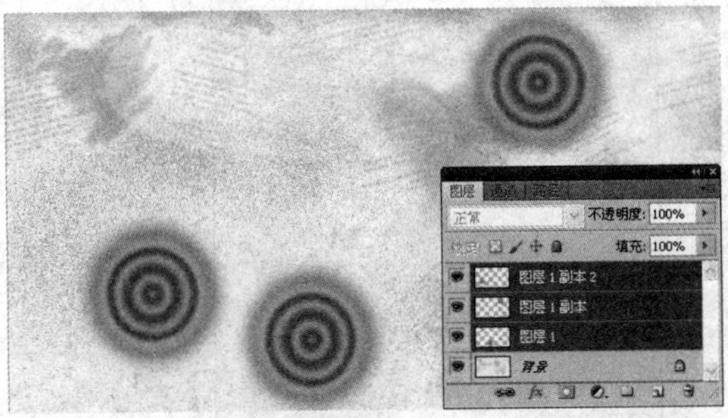

图 5-18　原图像文件及“图层”调板

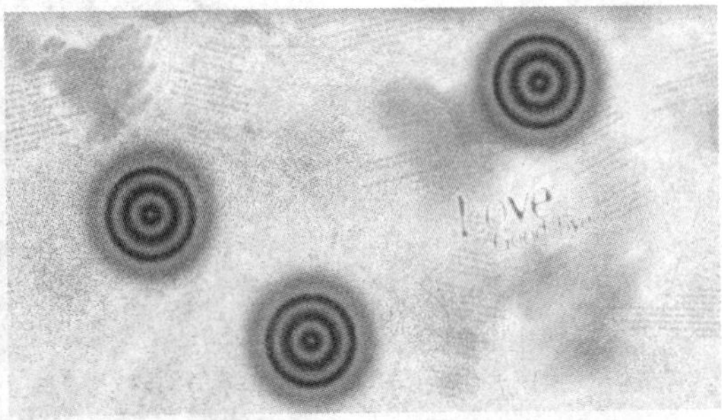

图 5-19　顶边分布效果

5.4.6　图层样式

图层样式可以对图层中的内容快速应用特殊效果，通过添加投影、发光、浮雕等效果可以得到玻璃、金属等样式。Photoshop CS5 内置了预设样式可供选择，也可以自定义图层样式。

应用了图层样式的图层就是样式图层，“图层”调板中图层名称右边会出现 fx 图标，可以展开样式用于查看和编辑。

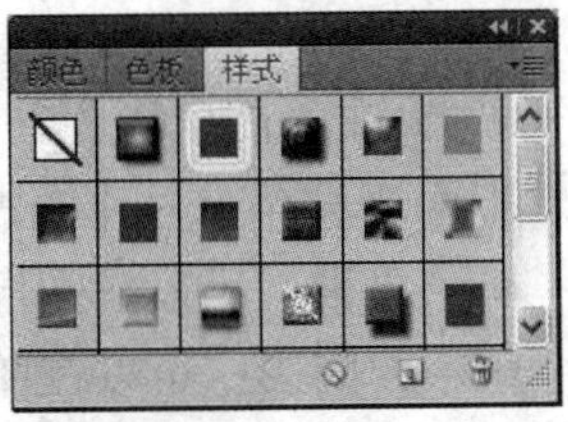

图 5-20　“样式”调板

1. 应用预设样式

应用预设样式的方法如下：

- 执行“窗口”|“样式”命令，显示“样式”调板，在调板中进行选择，如图 5-20 所示。
- 执行“图层”|“图层样式”|“混合选项”命令，弹出“图层样式”对话框，然后单击对话框中的“样式”选项（对话框左侧列表中最上面），如图 5-21 所示。
- 双击“图层”调板中图层名称右侧的空白区域，即可打开“图层样式”对话框。

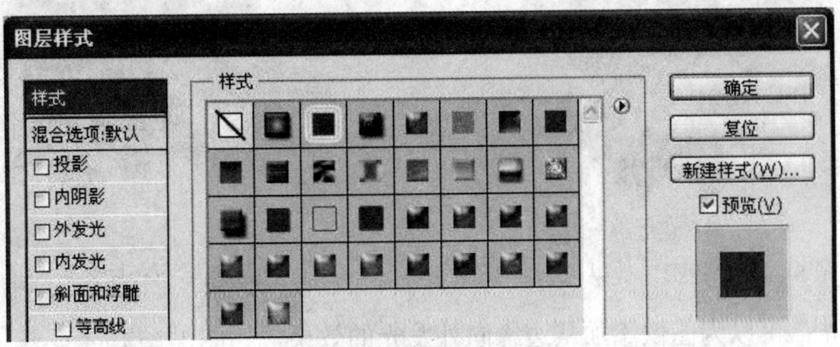

图 5-21　“图层样式”对话框

2. 创建图层样式

可以根据用户需要自定义图层样式，创建图层样式的具体操作步骤如下：

（1）打开素材文件：素材\模块 5\图层样式.psd，选择要添加图层样式的图层，如图 5-22 所示。

图 5-22　原图像文件

（2）打开“图层样式”对话框，方法主要有：

- 执行“图层”｜“图层样式”命令，在子菜单中选择一种样式。
- 单击“图层”调板下方的“添加图层样式”按钮，选择一种样式。
- 双击“图层”调板中图层名称右侧的空白区域，打开“图层样式”对话框。

（3）在“图层样式”对话框中选择效果并设置各项参数，单击“确定”按钮完成设置。下面逐一介绍各种样式的效果。

- 投影：可以在图像后面添加阴影效果，如图 5-23 所示。
- 内阴影：可以在图像内侧添加阴影效果，如图 5-24 所示。

图 5-23　“投影”效果

图 5-24　“内阴影”效果

- 外发光：可以为图像添加从边缘向外发光的效果，如图 5-25 所示。
- 内发光：可以为图像添加从边缘向内发光的效果，如图 5-26 所示。

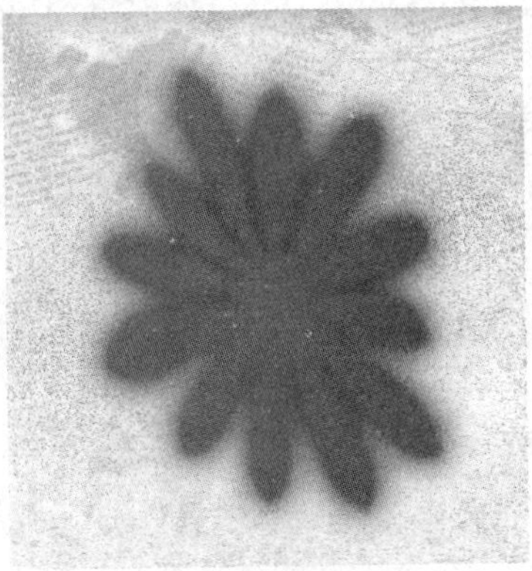

图 5-25　“外发光”效果

图 5-26　“内发光”效果

- 斜面和浮雕：可以根据图像形状为图像创建出立体感和浮雕的效果，如图 5-27 所示。
- 光泽：会为图像创建光滑光泽的内部阴影，如图 5-28 所示。

图 5-27　“斜面和浮雕”效果

图 5-28　“光泽”效果

- 颜色叠加：可以为图像填充颜色，如图 5-29 所示。
- 渐变叠加：可以为图像填充渐变效果，如图 5-30 所示。

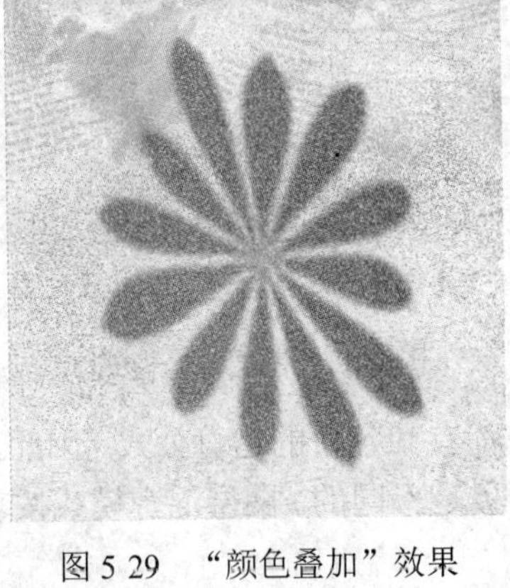

图 5 29　“颜色叠加”效果

图 5-30　“渐变叠加”效果

- 图案叠加：可以为图像填充图案，如图 5-31 所示。
- 描边：可以为图像描边，如图 5-32 所示。

图 5-31 “图案叠加”效果

图 5-32 “描边”效果

5.4.7 图层混合模式

图层混合模式是指将当前图层中的像素与其下面图层中的像素以一种模式进行混合，简称图层模式。图层混合模式是 Photoshop CS5 中最核心的功能之一，也是在图像处理中最为常用的一种技术手段，使用图层混合模式可以创建各种图层特效。

具体操作步骤如下：

（1）打开素材文件：素材\模块 5\图层混合模式.psd，选择要使用图层混合模式的图层，如图 5-33 所示。

（2）在“图层”调板中单击“正常”下拉菜单，选择一种图层混合模式，如图 5-34 所示。

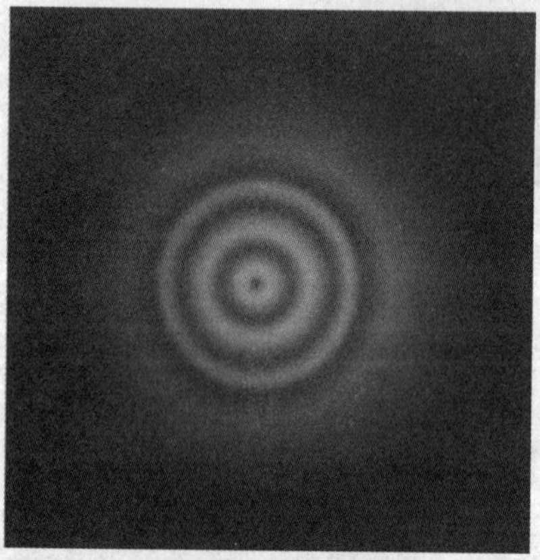

图 5-33 素材图像

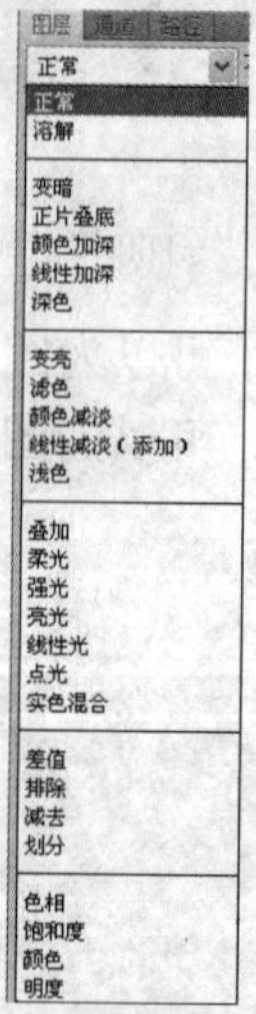

图 5-34 图层混合模式

Photoshop CS5 中有 27 种图层混合模式，每种模式都有其各自的运算公式。因此，对同样的两幅图像设置不同的图层混合模式，得到的图像效果也是不同的。图层混合模式按功能大致分为以下 6 种：

- 基础类：利用图层的不透明度和图层填充值来控制下层的图像，达到与底色溶解在一起的效果，“溶解”效果如图 5-35 所示。
- 降暗类：通过滤除图像中的亮调部分达到将图像变暗的目的，“正片叠底”效果如图

5-36 所示。

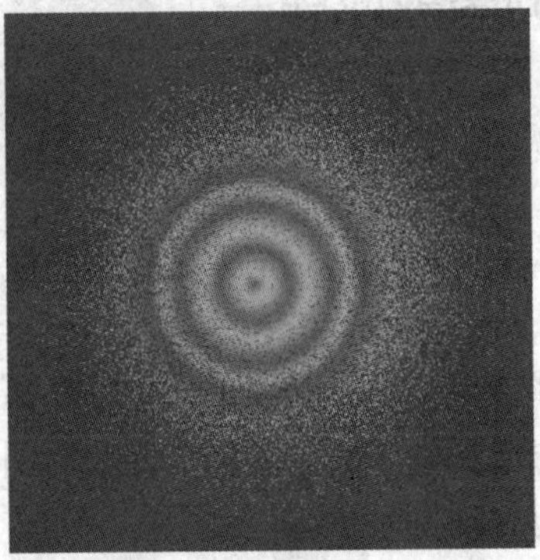

图 5-35 “溶解”效果

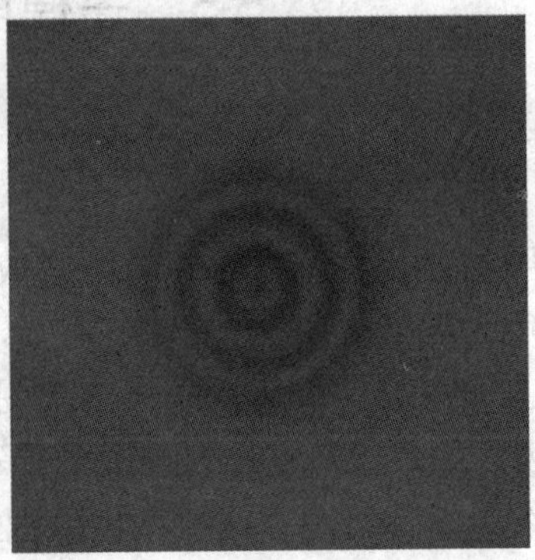

图 5-36 “正片叠底”效果

- 提亮类：通过滤除图像中的暗调部分达到将图像变亮的目的，“变亮”效果如图 5-37 所示。
- 融合类：可以将图像进行不同程度的融合，“叠加”效果如图 5-38 所示。

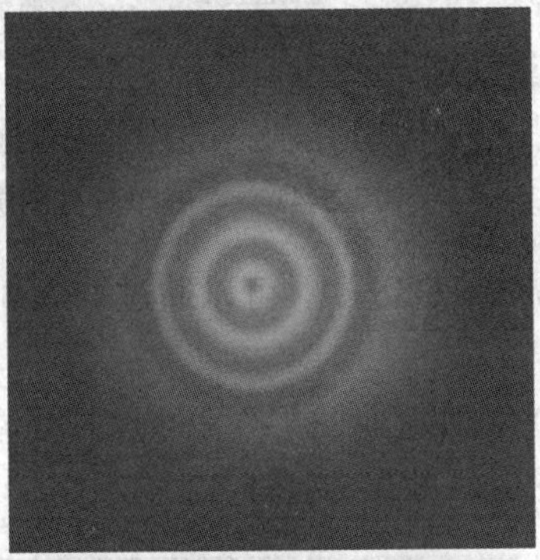

图 5-37 “变亮”效果

图 5-38 “叠加”效果

- 色异类：可以为图像制作另类、反色的效果，“差值”效果如图 5-39 所示。
- 蒙色类：可以根据上层图层的颜色信息不同程度地映衬下面图层上的图像，“明度”效果如图 5-40 所示。

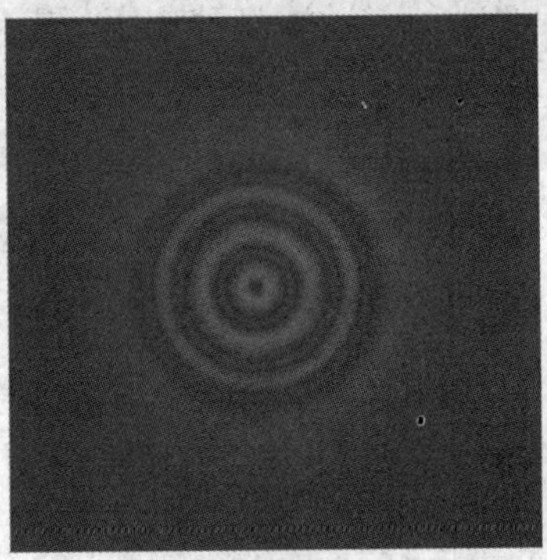

图 5-39 “差值”效果

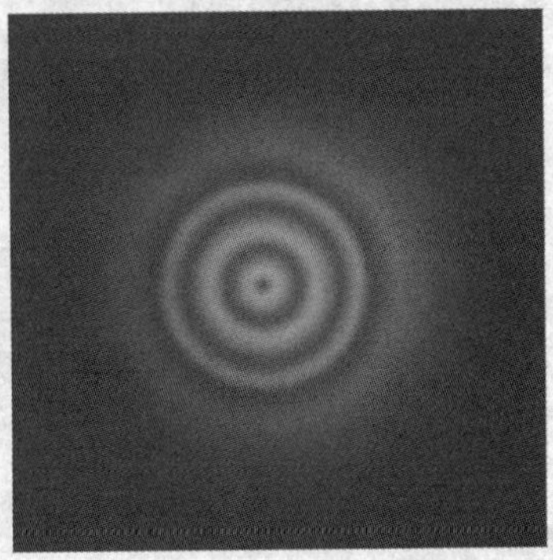

图 5-40 “明度”效果

5.5 子模块五 图层的高级应用

5.5.1 盖印图层

盖印图层就是将图像处理的所得效果盖印在一个新的图层上，新图层上的图像实际上是图层合并后的效果。

由于盖印图层是重新生成一个新图层，而不会影响到原有图层，所以它与合并图层相比更好用，因为如果用户觉得处理的效果不太满意，可以删除盖印图层，之前所做的图层依然还在，可以继续编辑修改。这样就极大程度上方便了我们处理图片。

具体操作方法是：

- 要盖印所选择的多个图层，可以按 Ctrl+Alt+E 组合键完成盖印图层。
- 要盖印所有可见图层，可以按 Shift+Ctrl+Alt+E 组合键完成盖印可见图层，盖印效果如图 5-41 所示。

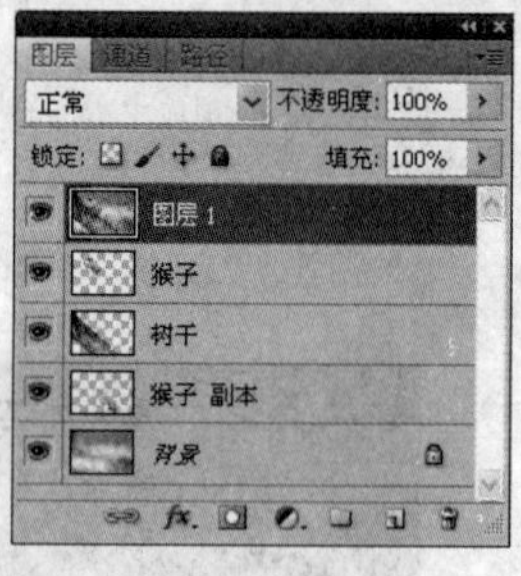

图 5-41 “盖印可见图层”效果

5.5.2 3D 图层

3D 图层（三维图层）是建立在 2D 图层（二维图层）基础上的，增加了深度方向上的一个变化。在 3D 图层中，可以对 3D 对象进行渲染得到较真实的 3D 场景。在 Photoshop CS5 中，可以通过导入 3D 文件建立 3D 图层，也可以直接创建 3D 对象。

导入 3D 文件的具体方法是：执行“3D”|“从 3D 文件新建图层”命令，打开素材文件：素材\模块 5\家庭.3DS，即建立了名为“家庭”的 3D 图层，效果如图 5-42 所示。

图 5-42 导入 3D 文件效果

5.5.3　视频图层

在 Photoshop CS5 中，可以直接打开视频文件，或者在打开的文件中添加视频图层。方法是执行“图层”|“视频图层”|“从文件新建视频图层”命令，弹出“添加视频图层”对话框，选择视频文件：素材\模块 5\窗外.MPG，即建立视频图层，按空格键可以播放该视频，如图 5-43 所示。

图 5-43　创建视频图层效果

5.5.4　智能对象

智能对象是包含栅格或矢量图像中的图像数据的图层。智能对象将保留图像的源内容及其所有原始特性，从而能够对图层执行非破坏性编辑。

正常情况下，对一个图层的图像变换大小时，先把图像缩小，确定以后再把图像放大到最初的大小，这时会发现图像不能恢复到以前的效果，变得发虚甚至出现马赛克，如图 5-44 所示。而将图层转换为智能对象就能解决这一问题，可以把智能对象任意地放大与缩小 N 次，图像也不会有损失。

图 5-44　未转换智能对象前缩小再放大的效果

具体操作步骤如下：

（1）打开素材文件：素材\模块 5\智能对象 1.psd，选择要转换为智能对象的图层，执行“图层”|“智能对象”|“转换为智能对象”命令。普通的图层转换为智能图层后，“图层”调板中图层的缩览图会发生变化，如图 5-45 所示。

（2）将智能对象缩小后再放大，得到如图 5-46 所示的效果，与原始图像相同。

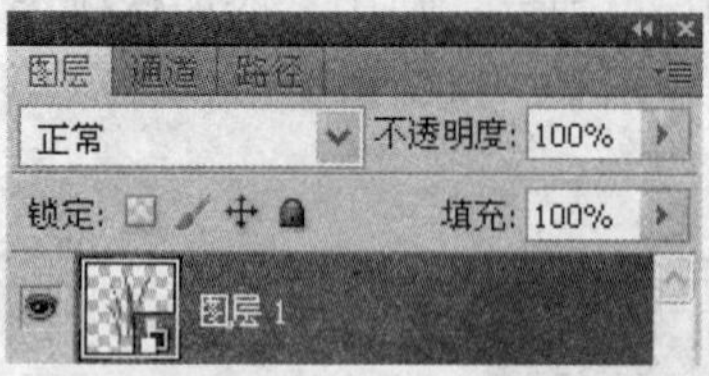

图 5-45　智能对象标识

图 5-46　转换为智能对象后缩小再放大的效果

智能对象除具有非破坏性编辑的优点外，也可以实现一些智能添加的效果。比如，将一个智能对象图层复制几个，然后对其中一个智能对象进行处理，其他的都会发生相同的变化，具体操作步骤如下：

（1）打开素材文件：素材\模块 5\智能对象 1.psd，选择要转换为智能对象的图层，执行“图层”｜“智能对象”｜“转换为智能对象”命令。按 Ctrl+J 组合键对智能图层进行多次复制，编辑后得到如图 5-47 所示的效果，可以看到图层副本都是智能图层。

图 5-47　复制智能图层后的效果及“图层”调板

（2）双击其中任意一个智能对象图层的缩览图，会打开一个.psb 的新文档窗口，智能对象图层包含的内容都在里面，如图 5-48 所示。

（3）对该文档进行处理，如图 5-49 所示，处理完后保存该文档。

图 5-48　新文档窗口

图 5-49　新文档处理效果

（4）查看源图像文件，发现所有智能对象都发生了这样的变化，如图 5-50 所示。

图 5-50　最终效果

智能对象还可以作为图片处理的模板使用，具体操作步骤如下：

（1）打开素材文件：素材\模块 5\智能对象 2.psd，将“图层 1”转换为智能图层，如图 5-51 所示。

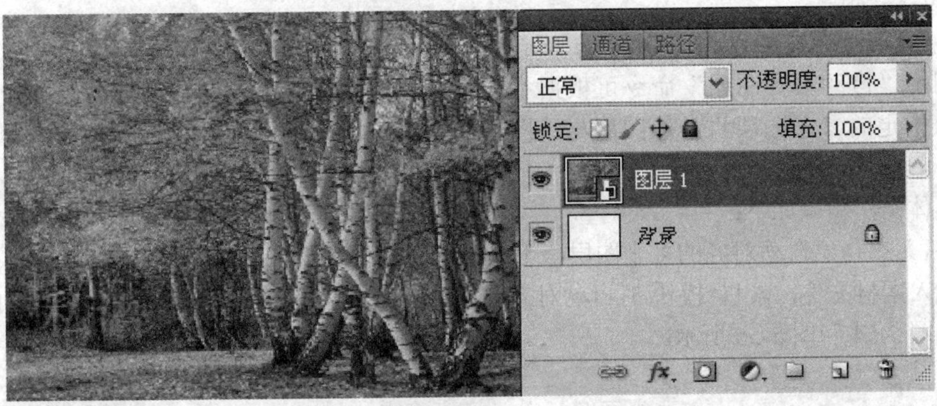

图 5-51　素材图像及“图层”调板

（2）对该智能对象添加调整图层，将色彩从秋天的树调整为夏天的树，如图 5-52 所示。

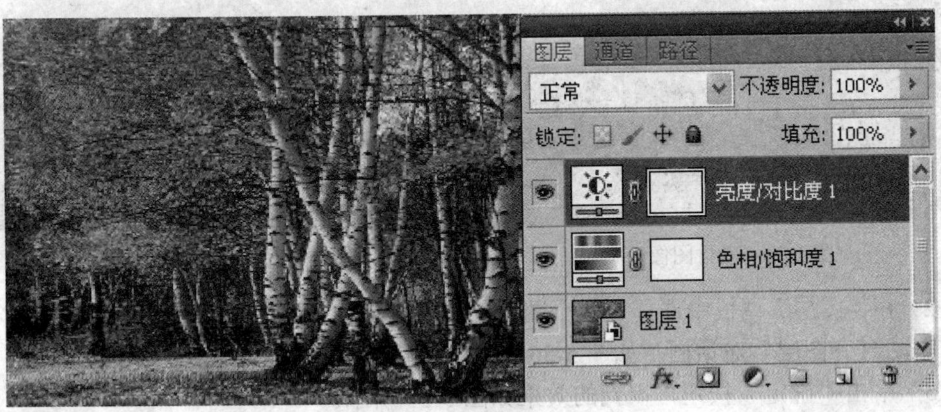

图 5-52　添加调整图层的效果及“图层”调板

（3）选择智能对象图层，执行“图层”｜“智能对象”｜“替换内容”命令，在弹出的

“置入”对话框中选择要替换的文件：素材\模块 5\替换内容.jpg，可以看到，置入的图像应用了之前的调整效果，如图 5-53 所示。

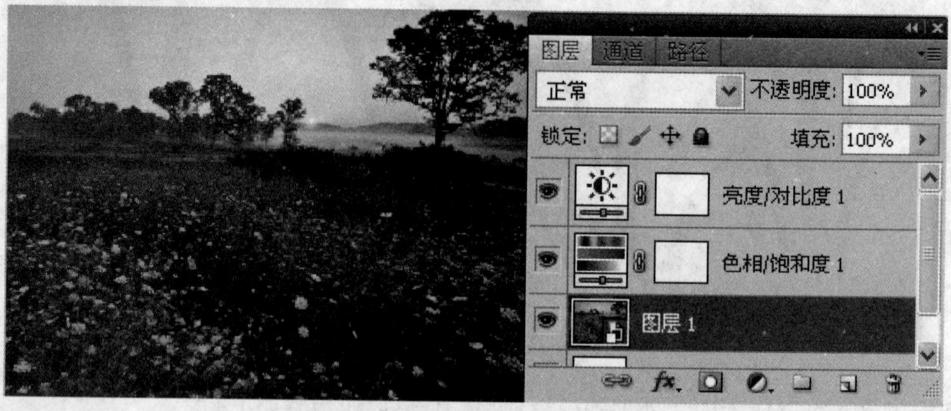

图 5-53 替换内容的效果及“图层”调板

5.5.5 自动对齐图层和自动混合图层

1. 自动对齐图层

利用“自动对齐图层”命令可根据不同图层中的相似内容对图层作自动对齐处理，通过一个指定的参考图层将其他图层与该图层的内容进行自动匹配，以达到自动叠加的自然效果。

具体操作步骤如下：

（1）选择要自动对齐的多个图层，可以执行“文件”|“脚本”|“将文件转入堆栈”命令载入素材文件：素材\模块 5\自动对齐图层 1.jpg 和自动对齐图层 2.jpg，要对齐的源图像文件如图 5-54 和图 5-55 所示。

图 5-54 素材图像 1

图 5-55 素材图像 2

（2）在“图层”调板中选择这两个图像的图层，执行“编辑”|“自动对齐图层”命令，弹出“自动对齐图层”对话框，如图 5-56 所示。

（3）单击“确定”按钮，得到的效果如图 5-57 所示。

（4）可以看到，两张照片之间有不明显的接缝，需要处理。可以通过“曲线”命令或其他命令调整图像，最终效果如图 5-58 所示。

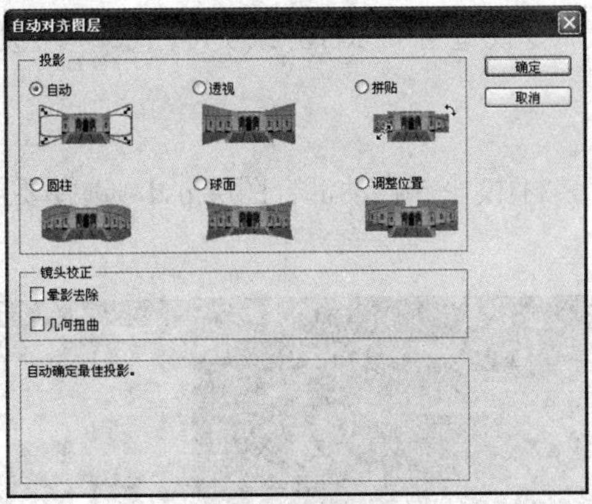

图 5-56　“自动对齐图层”对话框

图 5-57　“自动对齐图层”效果图

图 5-58　最终效果图

2. 自动混合图层

使用“自动混合图层”命令可以缝合或组合图像，从而在最终的复合图像中获得平滑的过渡效果。自动混合图层将会对每个图层应用图层蒙版，以遮盖图像内容的差异部分。需要注意的是，“自动混合图层”命令仅适用于 RGB 或灰度图像，不适用于智能对象、视频图层、3D 图层或背景图层。

具体操作步骤如下：

（1）打开素材文件：素材\模块 5\自动混合图层.psd，选择要自动混合的两个图层，如图 5-59 所示。

图 5-59 素材图像及“图层”调板

（2）执行“编辑” | “自动混合图层”命令，在弹出的“自动混合图层”对话框中勾选“全景图”复选框，如图 5-60 所示。

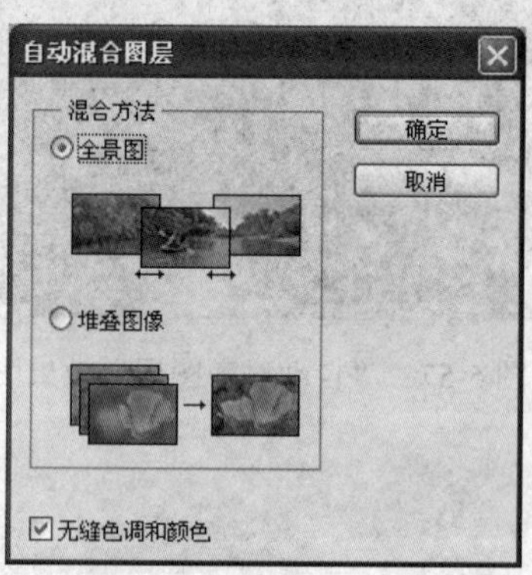

图 5-60 “自动混合图层”对话框

（3）确定后可以看到，两个图像已经混合在一起并且两个图层都添加了图层蒙版，如图 5-61 所示。

图 5-61 “自动混合图层”效果及“图层”调板

5.6　工作情境一　制作连环字

5.6.1　工作情境描述及效果

♦　最终文件：效果\模块 5\连环字.psd

1. 工作情境描述

通过制作如图 5-62 所示的效果图掌握图层的基本操作，并且能够灵活运用图层基础知识创建神奇的效果。案例要点如表 5-1 所示。

表 5-1　“连环字”要点分析

案例要点：
- ◆　图层的栅格化
- ◆　图层的堆叠顺序
- ◆　图层的基本操作

2. 工作情境最终效果（如图 5-62 所示）

图 5-62　连环字最终效果图

5.6.2　工作情境详解

（1）新建一个“宽度”为 500 像素、“高度”为 500 像素的 RBG 文件。

（2）使用文字工具分别在 5 个文本图层中输入字母 “S”、“C”、“O”、“O”、“L”，要求 5 个字母用不同的颜色，字母变换排列后效果如图 5-63 所示。

（3）在“图层”调板上选择 5 个文本图层并右击，选择“栅格化文字”命令，将文本图层栅格化。

（4）在“图层”调板上选择“S 图层”，使用工具箱中的矩形选框工具在“S”与“L”交叉处拖动出一个矩形选区，如图 5-64 所示。执行“图层”|“新建”|“通过剪切的图层”命令，将选区内“S”的部分区域剪切并移动至“图层 1”，将“图层 1”移动至“L 图层”的下一层，得到的效果如图 5-65 所示。

图 5-63　字母排列效果及图层调板

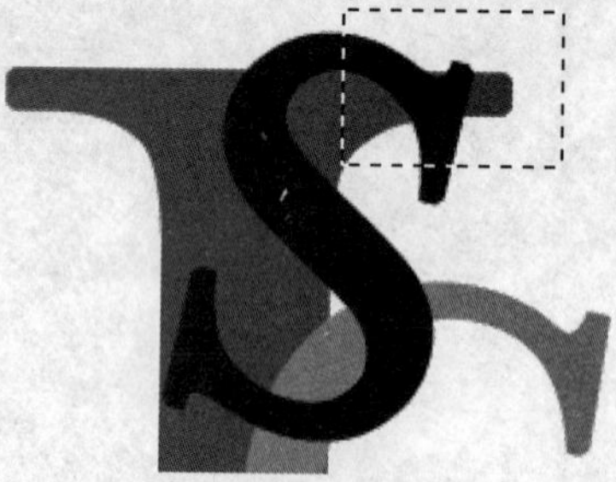

图 5-64　创建矩形选区

图 5-65　“S”效果图

（5）在“图层”调板上选择“C 图层”，使用工具箱中的矩形选框工具在“C”与“S”交叉处拖动出一个矩形选区，如图 5-66 所示。执行“图层”|“新建”|“通过拷贝的图层”命令，将选区内“C”的部分区域拷贝并复制至“图层 2”，将“图层 2”移动至“S 图层”的上一层，得到的效果如图 5-67 所示。

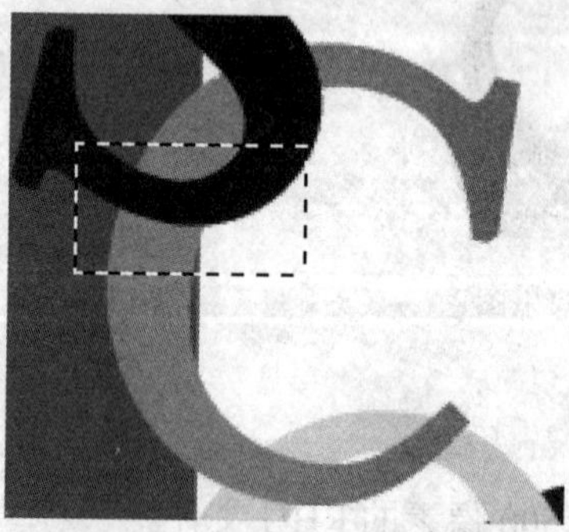

图 5-66　创建矩形选区

图 5-67　“C”效果图

（6）在“图层”调板上选择上面的“O 图层”，使用工具箱中的矩形选框工具在“O”与“C”交叉处拖动出一个矩形选区，如图 5-68 所示。执行“图层”|“新建”|“通过拷贝的图层”命令，将选区内“O”的部分区域复制至“图层 3”，将“图层 3”移动至“C 图层”的上一层，得到的效果如图 5-69 所示。

（7）制作最后一个字母“O”，在“图层”调板上选择下面的“O 图层”，使用工具箱中的“矩形选框工具”在两个“O”交叉处拖动出一个矩形选区，如图 5-70 所示。执行“图层”|

“新建”｜“通过拷贝的图层”命令，将选区内“O”的部分区域复制至“图层 4”，将“图层 4”移动至上面的“O 图层”的上一层，如图 5-71 所示。

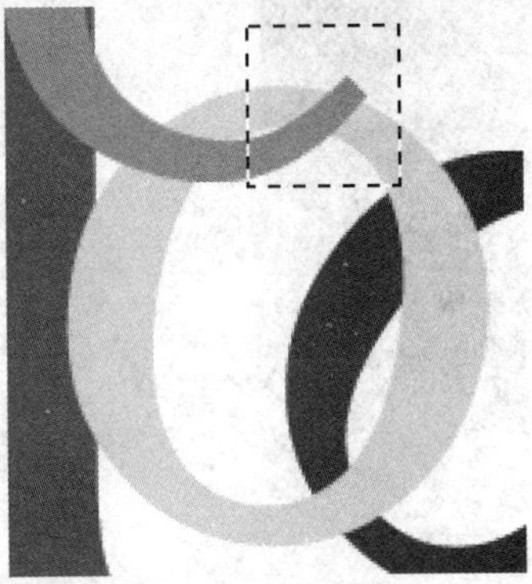

图 5-68　创建矩形选区

图 5-69　上面的“O”效果图

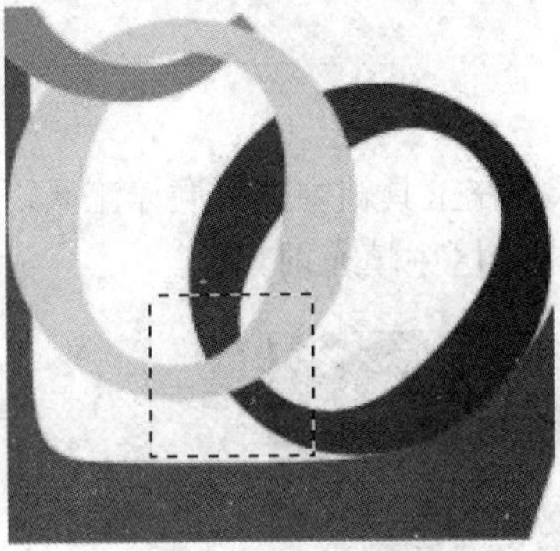

图 5-70　创建矩形选区

图 5-71　下面的“O”效果图

（8）完成图像效果制作，执行“文件”｜“存储”命令，将处理完成的图像保存起来。

5.7　工作情境二　制作宝石吊坠

5.7.1　工作情境描述及效果

- 原始文件：素材\模块 5\宝石吊坠.jpg
- 最终文件：效果\模块 5\宝石吊坠.psd

1．工作情境描述

通过制作如图 5-72 所示的效果图，主要了解如何应用图层样式，通过该案例的制作能够让我们认识到图层样式能实现多种效果。案例要点如表 5-2 所示。

表 5-2　“制作宝石吊坠”要点分析

案例要点：

- 魔棒工具的使用
- 图层的创建
- 创建图层样式

2. 工作情境最终效果（如图 5-72 所示）

图 5-72 宝石吊坠的最终效果

5.7.2 工作情境详解

（1）打开原始文件“宝石吊坠”，如图 5-73 所示。在工具箱中选择魔棒工具，在吊坠内部单击建立选区，创建新图层，按 Alt+Delete 组合键在选区中填充前景色。

图 5-73 原始文件

（2）选择新图层，设置图层的“不透明度”为 75%，“填充”为 0%，如图 5-74 所示。

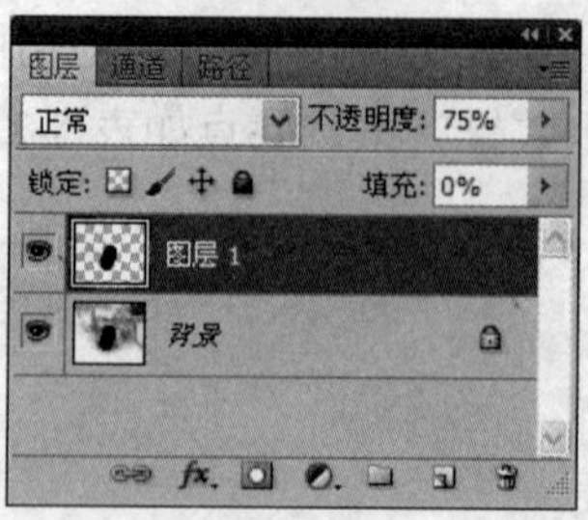

图 5-74 设置“图层”调板

（3）双击新图层，弹出“图层样式”对话框，对“投影”图层样式进行相应的设置，其中阴影颜色为 R：0、G：102、B：204，其他设置如图 5-75 所示。对“内阴影”图层样式进行相应的设置，其中阴影颜色为 R：0、G：102、B：255，其他设置如图 5-76 所示。

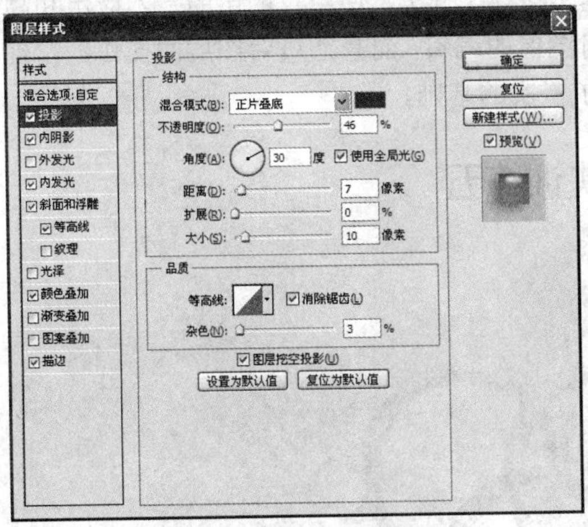

图 5-75　设置“投影”图层样式

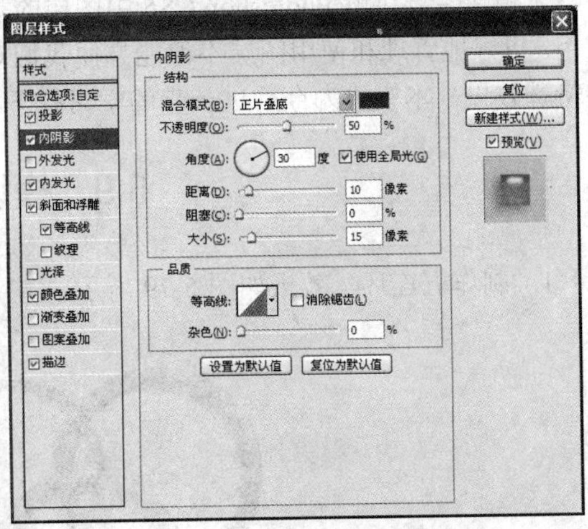

图 5-76　设置“内阴影”图层样式

（4）对“内发光”图层样式进行相应的设置，其中发光颜色为 R：153、G：0、B：204 到透明色的渐变，其他设置如图 5-77 所示。对“斜面和浮雕”图层样式进行相应的设置，其中高光颜色为默认颜色，阴影颜色为 R：0、G：204、B：255，其他设置如图 5-78 所示。“等高线”设置为“高斯”分布，“范围”为 100%。

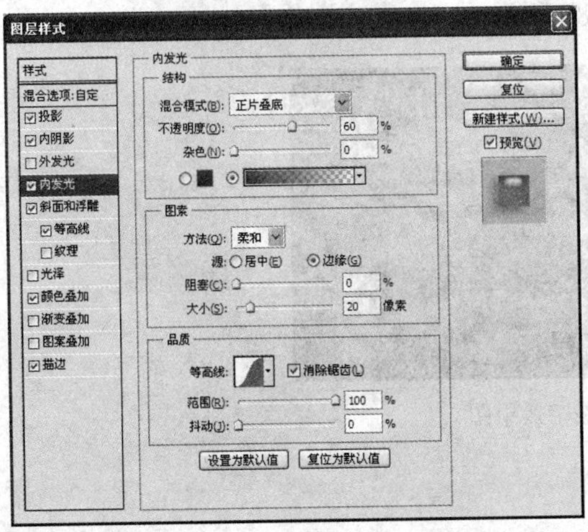

图 5-77　设置“内发光”图层样式

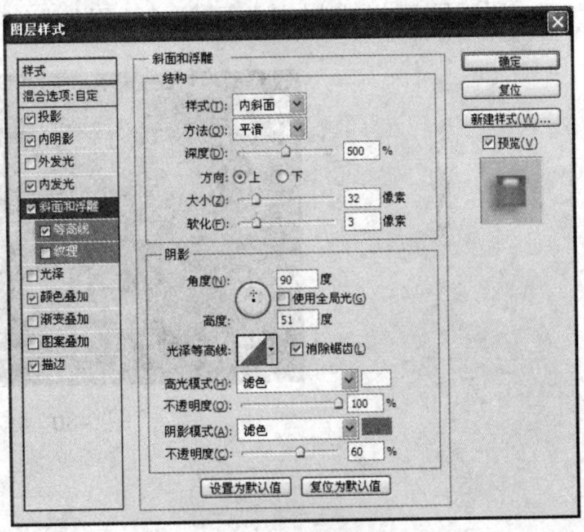

图 5-78　设置“斜面和浮雕”图层样式

（5）对“颜色叠加”图层样式进行相应的设置，其中叠加颜色为 R：0、G：204、B：255，其他为默认设置。

（6）对“描边”图层样式进行相应的设置，其中大小为 1 像素，位置为“内部”，不透明度为 66%，填充颜色为 R：51、G：0、B：0，其他为默认设置。

（7）单击“确定”按钮，完成图像效果制作，执行“文件”|“存储”命令，将处理完成的图像保存。

5.8 模块小结

本模块主要讲解 Photoshop CS5 中图层的基本概念、分类、使用及图层的基本应用和高级应用。更好地管理和使用图层不但能方便我们对图像的编辑，而且通过对图层的操作能实现很多特殊效果。本模块为今后进一步的学习打下了坚实的基础。

5.9 模块训练五

1. 制作五连环，效果如图 5-79 所示。

图 5-79 素材图像

2. 利用图层样式制作水晶字，效果如图 5-80 所示。

图 5-80 水晶字效果图

模块 6　绘制图形及路径

绘制图形及路径工具在 Photoshop 的使用与操作过程中会有一定的难度，尤其是对于 Photoshop 的初学者。路径工具也是 Photoshop 中的重要工具，因为它能够精准地绘制出使用者需要的图形，并且绘制出的路径或图形也可以被相应文件格式保存，以便反复使用。常用的可保存路径的文件格式有 PSD 和 TIFF 格式。路径所占用的空间非常小，不会增加文件的大小。

重点提示：

- 绘制图形。
- 绘制路径。
- 选取路径。
- 路径调板。

6.1　子模块一　绘制图形

绘制图形是 Photoshop 中预设的一些几何图形，不同的工具可以绘制出相应的绘制图形，也可以绘制出相应的几何路径来方便使用。按 U 键可以启动绘制图形工具。

本工具含有 6 种绘制图形形式：矩形工具、圆角矩形工具、椭圆工具、多边形工具、直线工具、自定形状工具，如图 6-1 所示。下面分别介绍一下绘制图形的种类与使用方法。

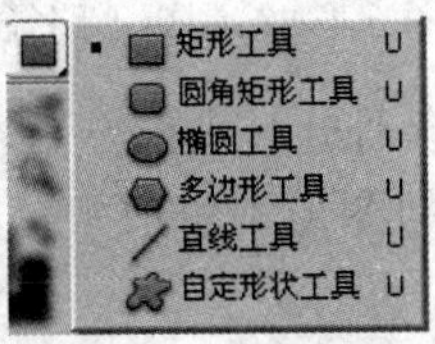

图 6-1　在“矩形工具”上右击显示全部绘制图形

6.1.1　矩形工具

矩形工具可以绘制出矩形或正方形的图形和路径。选择此工具后直接在新建文件中按住左键并拖曳，出现矩形图形或路径。按住 Shift 键可以绘制出正方形，按 Shift+U 组合键可以相互切换绘制图形工具。选择矩形工具后选项栏的状态如图 6-2 所示。

图 6-2　“矩形工具”选项栏

矩形工具选项栏中主要选项的含义如下：

- 形状图层：创建形状图层可以绘制出带有路径的矩形或正方形。在“图层”调板中自动生成新图层，默认颜色为前景色。绘制的图形为矢量图形，放大与缩小均不会对图形质量产生任何影响。操作情况如图 6-3 所示。

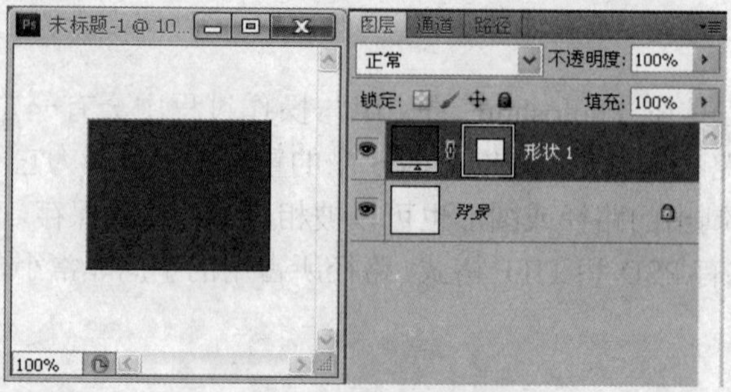

图 6-3　绘制矩形形状

- 路径：创建矩形或正方形工作路径，只在“路径”调板中生成路径。操作情况如图 6-4 所示。

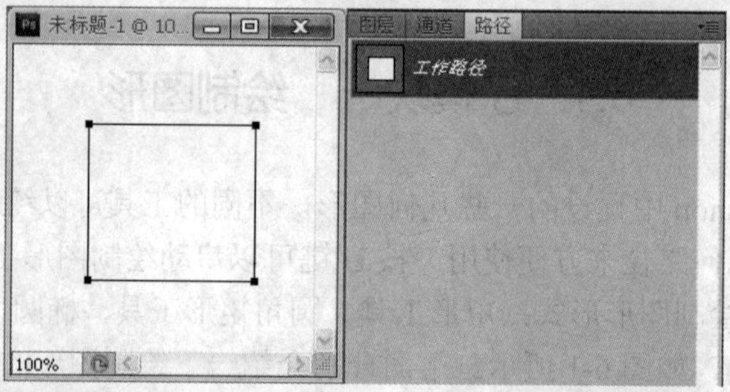

图 6-4　绘制矩形路径

- 填充像素：在选中的图层中绘制矩形或正方形，不会在“图层”调板中自动生成新图层，默认颜色为前景色。绘制图形不可放大，放大后影响图形质量。操作情况如图 6-5 所示。

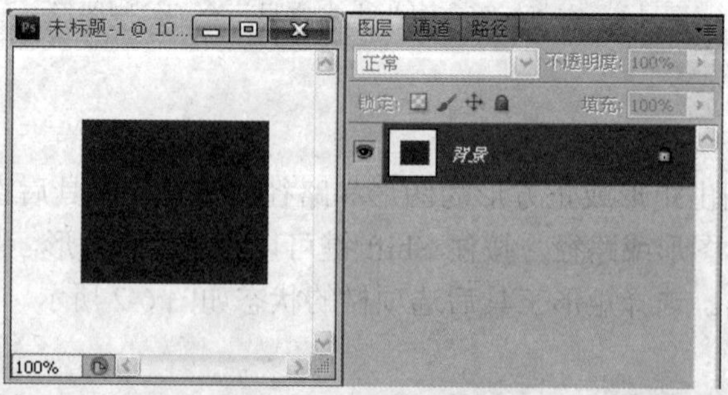

图 6-5　绘制矩形图形

- 选择绘制图形选项：选择不同的工具可绘制相应的图形或路径。
- 运算模式：除“形状区域”外，其他的选项均需要两个以上的图形或路径方可激活使用。它们分别是：形状区域 ■、添加到形状区域 ■、从形状区域减去 ■、交叉形状区域、重叠形状区域除外。

- 样式：单击选项中右侧的三角形按钮可以选择相应的样式或没有样式。
- 颜色：随着前景色的改变而改变，单击进入可更改颜色。

单击“选择绘制图形选项”区中右侧的三角形，出现“矩形选项”调板，选择其中各项工具可以控制矩形的大小与绘制区域，如图 6-6 所示。

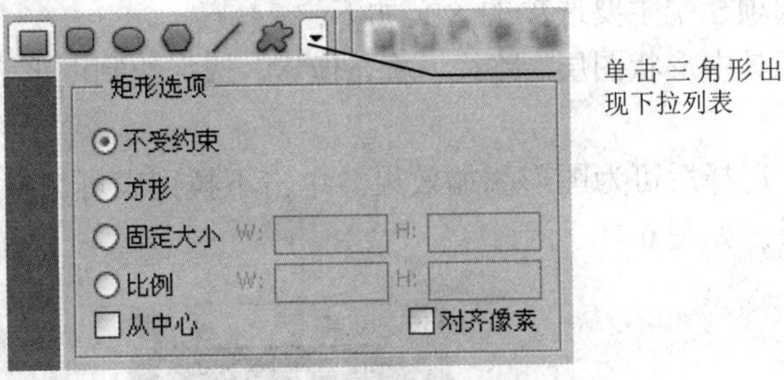

图 6-6　“矩形选项”调板

6.1.2　圆角矩形工具

圆角矩形工具是利用半径选项对矩形直角进行倒圆角的处理，圆角的大小可以通过半径选项来更改。圆角矩形工具与矩形工具相似，它们的区别如图 6-7 所示。

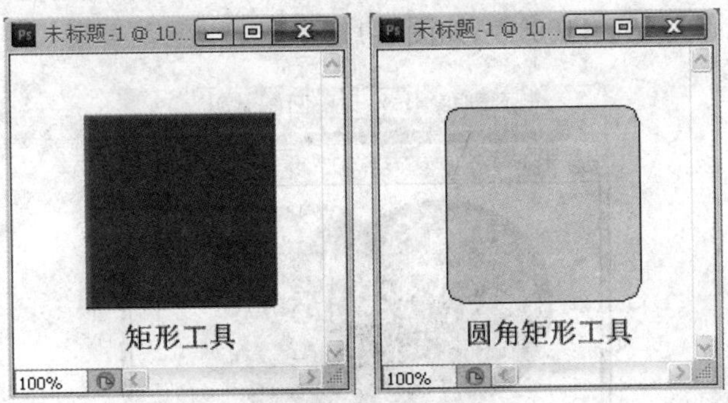

图 6-7　矩形与圆角矩形图形效果对比

按住 Shift 键可以绘制正圆角矩形，按 Shift+U 组合键可以相互切换绘制图形工具。选择圆角矩形工具后选项栏的状态如图 6-8 所示。

图 6-8　“圆角矩形工具”选项栏

圆角矩形工具选项栏中主要选项的含义如下：

- 圆角矩形工具中形状图层、路径、填充像素、选择绘制图形、运算模式、样式、颜色等选项的使用方法和矩形工具相同。
- 半径：用来调整圆角矩形的圆角角度，数值输入范围为 0～1000px。

6.1.3　椭圆工具

椭圆工具可以用来绘制椭圆形图形、圆形图形、椭圆形路径或圆形路径。按住 Shift 键可以绘制正圆形，按 Shift+U 组合键可以相互切换绘制图形工具。选择“椭圆工具”后选项栏的状态如图 6-9 所示。

图 6-9　“椭圆工具”选项栏

椭圆工具选项栏中主要选项的含义如下：

- 椭圆工具中形状图层、路径、填充像素、选择绘制图形等选项的使用方法和矩形工具相同。
- 模式：选择后可为图形添加效果。单击下拉列表可选择其中的模式，得到 29 种不同的效果，如图 6-10 所示。

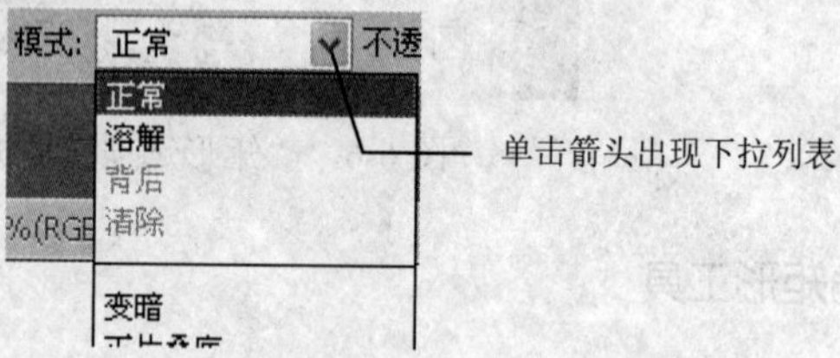

图 6-10　与“图层”调板中的模式效果相同

- 不透明度：输入数值可改变绘制图形的不透明度，使绘制出的图形呈现半透明的状态，数值输入范围为 0%～100%，如图 6-11 所示。

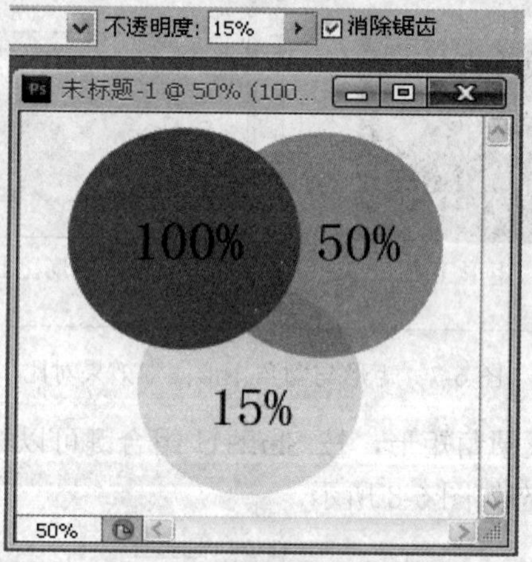

图 6-11　数值越小透明度越低

- 消除锯齿：选择“消除锯齿”选项，绘制圆形或曲线图形的边缘会更加圆滑，不产生明显的锯齿；不选择“消除锯齿”选项，绘制圆形或曲线图形时边缘则会出现明显的锯齿。软件默认为选择“消除锯齿”选项，如图 6-12 所示。

6.1.4　多边形工具

多边形工具可以用来绘制各种多边形图形或多边形路径，如图 6-13 所示。

绘制的多边形图形或多边形路径都是由中心向外拖曳鼠标得到的图形。按 Shift+U 组合键可以相互切换绘制图形工具。选择“多边形工具”后选项栏的状态如图 6-14 所示。

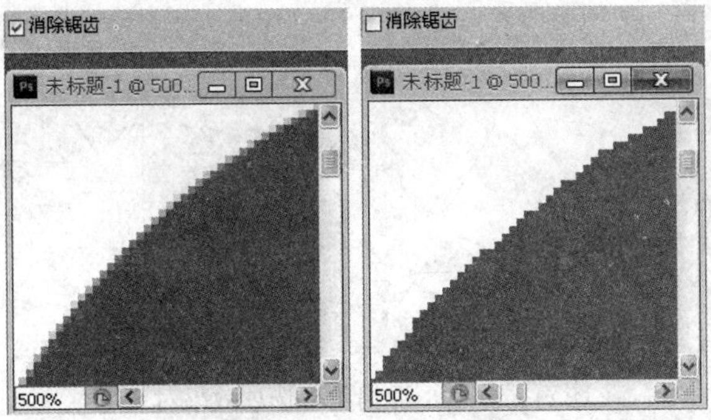

图 6-12　不选择“消除锯齿”选项将会影响曲线绘图的质量

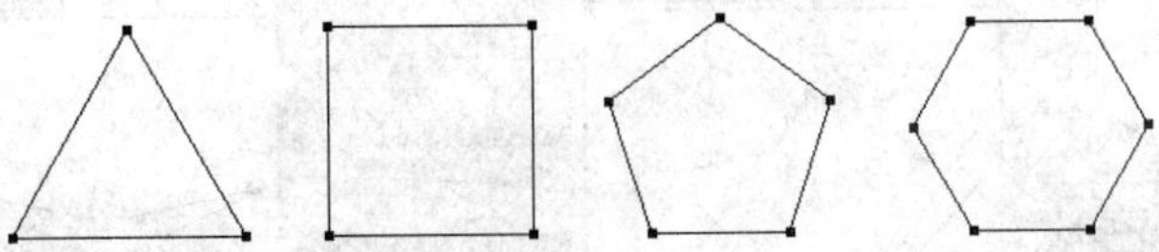

图 6-13　可以绘制出各种多边形

图 6-14　“多边形工具”选项栏

多边形工具选项栏中主要选项的含义如下：

- 多边形工具中形状图层、路径、填充像素、选择绘制图形、运算模式、样式、颜色等选项的使用方法和矩形工具相同。
- 边：用来决定多边形的边数，数值输入范围为 3～100px。

单击“选择绘制图形”选项区中右侧的三角形，出现“多边形选项”调板，如图 6-15 所示。

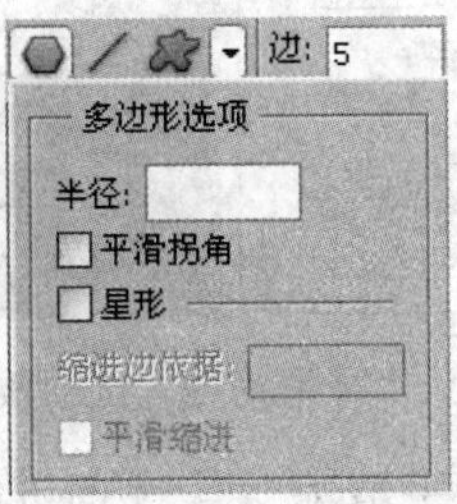

图 6-15　“多边形选项”调板

该对话框中主要选项的含义如下：

- 半径：可以输入数值来设置多边形的半径大小，其半径值为多边形的中心点至顶点的距离。
- 平滑拐角：不选择时，绘制出的多边形呈现钝角、直角或锐角的尖角；选择时，绘制出的多边形不出现尖角，而是变成曲线形，如图 6-16 所示。
- 星形：选择后可以绘制星形图形，选择即可激活以下选项：
    - 缩进边依据：选择“星形”后可以激活使用。输入数值设置缩进边，对多边形或星形缩进程度进行调整。数值输入范围为 1～99%，缩进值越大，缩进程度也就越大，如图 6-17 所示。

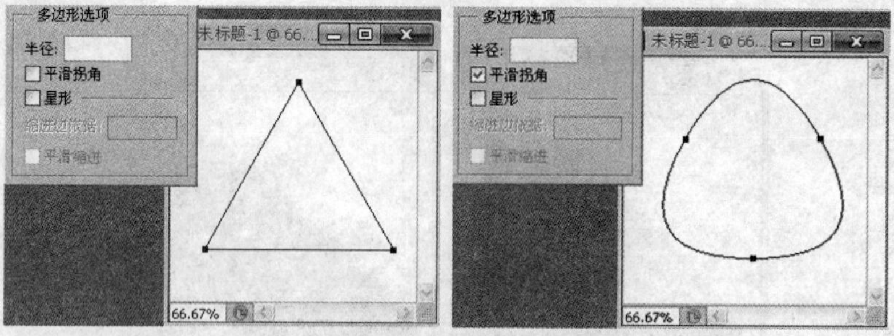

图 6-16 “平滑拐角”选项效果对比

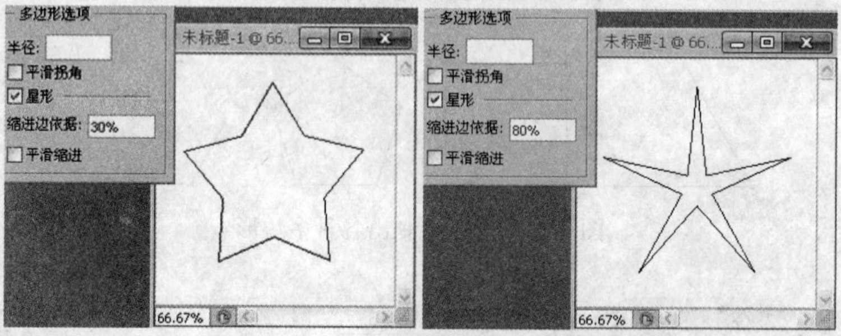

图 6-17 “缩进边依据”选项效果对比

➢ 平滑缩进：不选择此选项则缩进角为尖角，选择此选项则缩进角为圆角，如图 6-18 所示。

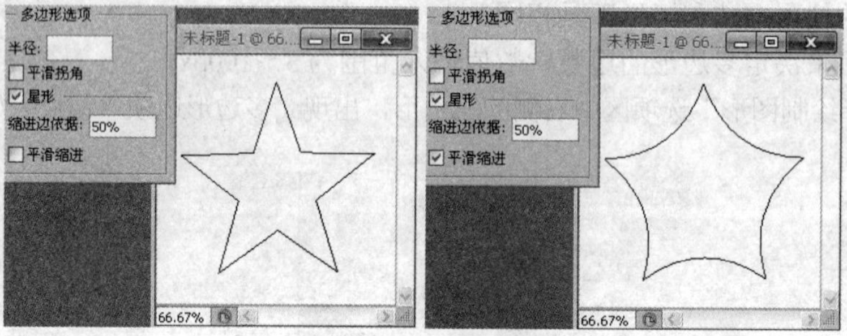

图 6-18 “平滑缩进”选项效果对比

同时选择“平滑拐角”选项和“平滑缩进”选项可以绘制出以曲线表现的多边形图形或路径，如图 6-19 所示。

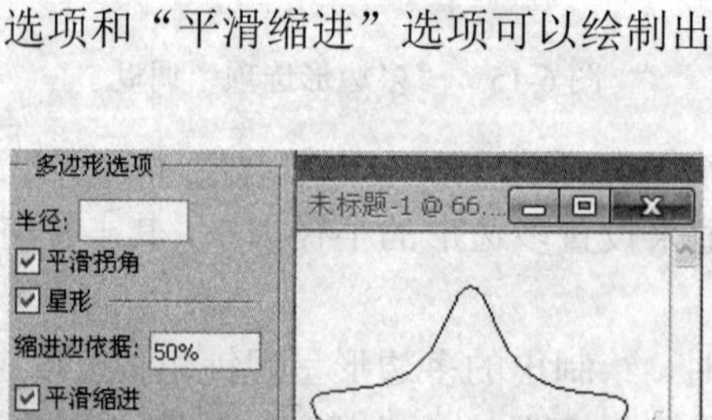

图 6-19 “平滑拐角”和“平滑缩进”选项同时选择的绘制效果

6.1.5　直线工具

直线工具可以用来绘制不同粗细、各种角度的直线形、箭头图形、直线形路径或箭头路径，如图 6-20 所示。

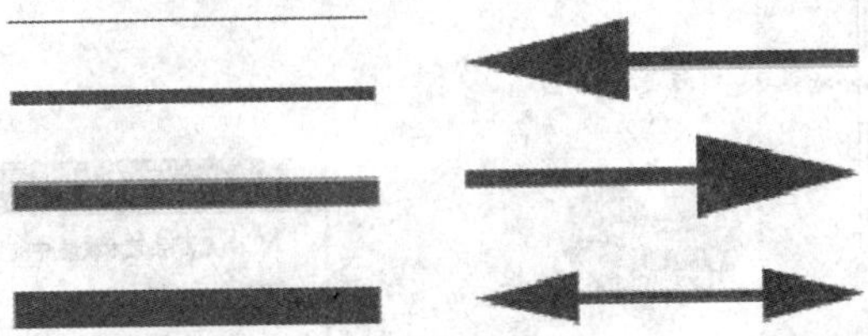

图 6-20　使用直线工具绘制的各种直线与箭头

按住 Shift 键可以绘制出水平、垂直或 45° 的斜线和箭头图形。按 Shift+U 组合键可以相互切换绘制图形工具。选择“直线工具”后选项栏的状态如图 6-21 所示。

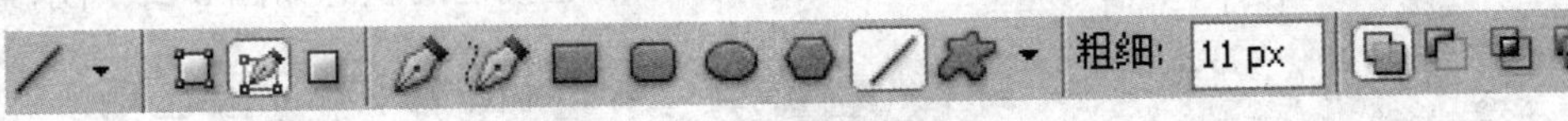

图 6-21　“直线工具”选项栏

直线工具选项栏中主要选项的含义如下：

- 直线工具中形状图层、路径、填充像素、选择绘制图形选项、运算模式等使用方法和矩形工具相同。
- 粗细：输入数值后可以设定线条的粗细，数值输入范围为 1～1000px。

单击“选择绘制图形”选项区中右侧的三角形，出现“箭头”调板，如图 6-22 所示。

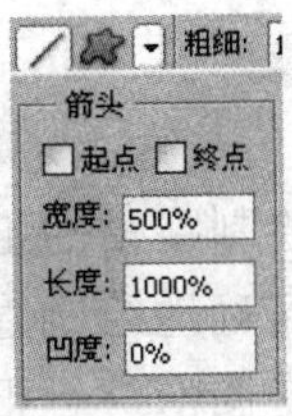

图 6-22　“箭头”调板

该选项栏中主要选项的含义如下：

- 起点：单独选择后将会绘制出一个箭头图形或箭头路径，箭头在线条之前。箭头方向按照拖曳的方向来定。
- 终点：单独选择后将会绘制出一个箭头图形或箭头路径，箭头在线条之后。箭头方向按照拖曳的方向来定。
- 宽度：输入数值可以调整箭头的宽度，数值输入范围为 10%～1000%。
- 长度：输入数值可以调整箭头的长度，数值输入范围为 10%～1000%。
- 凹度：输入数值可以调整箭头的凹凸程度，数值输入范围为-50%～50%。

注意　无论用鼠标从什么方向拖曳，鼠标单击的位置为起点，拖曳后松开的位置为终点。

6.1.6　自定义形状工具

自定义形状工具可以绘制出软件预设的各种图形或路径。在“自定义形状工具”的选项栏中，单击“形状”选项右侧的小三角得到“形状”调板，可以找到很多可以直接使用的预设图形。Photoshop CS5 默认的形状有 32 种，如果要使用更多的形状，选择后会弹出对话框询问

“是否替换当前的形状？”，这时最好选择“追加”选项，否则将替换所有的图形，如图 6-23 和图 6-24 所示。

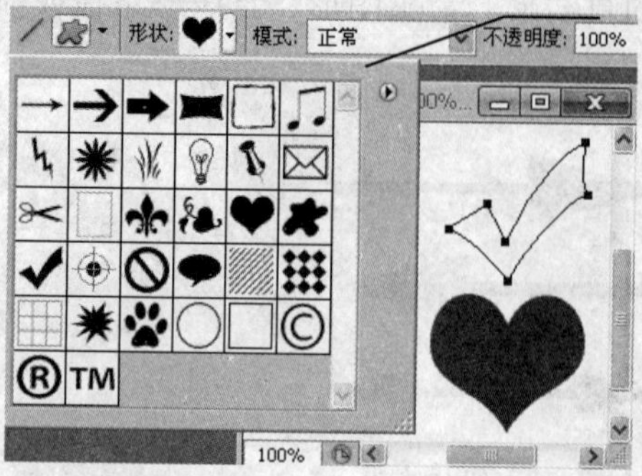

图 6-23 “形状”调板

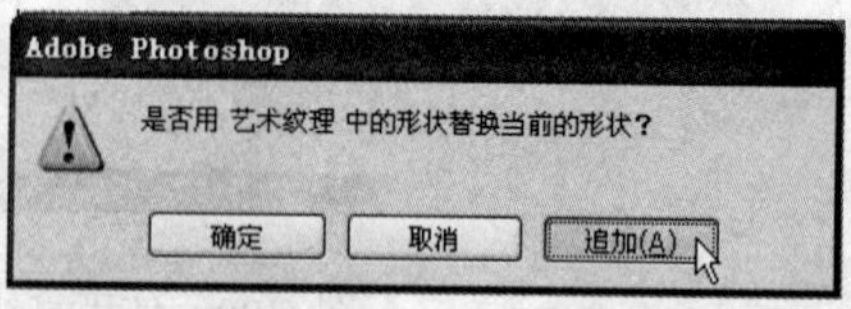

图 6-24 选择“追加”按钮可使之前选择的形状保留

绘制图形或路径时按住 Shift 键可以成比例地放大、缩小相应的图形，按 Shift+U 组合键可以相互切换绘制图形工具。选择“自定义形状工具”后选项栏的状态如图 6-25 所示。

图 6-25 “自定义形状工具”选项栏

在预设图形或路径的基础上对图形进行更改，可以大大提高工作效率，对于初学者来说是一个不错的工具，在 Photoshop CS5 中增加了许多预设图形供我们使用。当然也可以利用图层样式、模式与不透明度等参数来改变图形的质感。

6.2 子模块二 绘制路径

绘制路径的工具分别为钢笔工具与自由钢笔工具，它们均属于矢量绘图工具。优点是可以精确地绘制直线路径或光滑的曲线路径，如设计标志、绘制几何图形等。可以对边缘光滑的图形进行抠图，也可以用来保存某些复杂的图形边缘，如保留人物路径、建筑物路径等，可以使人物、建筑物与背景相分离或更换新背景。绘制路径工具组包括：钢笔工具、自由钢笔工具、添加锚点工具、删除锚点工具、转换点工具。在工具箱中按住钢笔工具不放，就会弹出绘制路径的所有工具，如图 6-26 所示。按 Shift+P 组合键可以相互切换钢笔工具与自由钢笔工具。

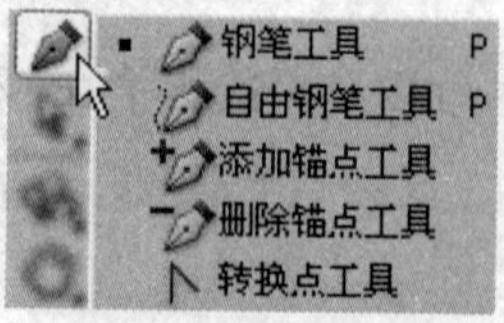

图 6-26 绘制路径工具组

使用绘制路径工具可以绘制出各种形态的路径。如图 6-27 所示是使用钢笔工具绘制出的一条路径。

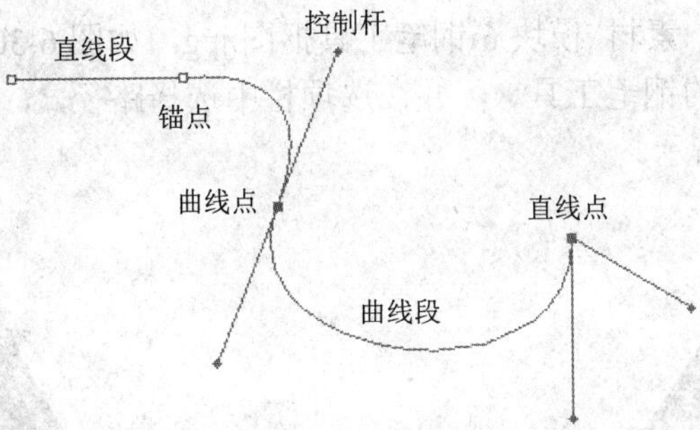

图 6-27　绘制路径

路径上的各部分含义如下：

- 锚点：使用钢笔工具时，在画面中单击创建，可以用来控制路径的方向与位置。
- 直线段：绘制路径时单击绘制的多边形线段，两个直线点之间的线段为直线段。
- 曲线段：绘制路径时单击并拖曳鼠标绘制的曲线，两个曲线点之间的线段为曲线段。
- 曲线点：使用钢笔工具时单击鼠标左键不放并拖曳出曲线点。曲线点带有两个控制杆，分别在点的两侧，对控制杆的调整可以改变曲线的形状和位置。
- 直线点：拖曳出曲线点的同时按住 Alt 键，此时两个控制杆可以分别控制，即完成直线点的绘制。

6.2.1　钢笔工具

使用钢笔工具可以绘制出直线路径或曲线路径。绘制时，在工作区直接单击就可以增加一个节点，绘制出直线的路径；如果绘制时在单击的同时拖动鼠标，可以绘出曲线的路径。选择“钢笔工具”后选项栏的状态如图 6-28 所示。

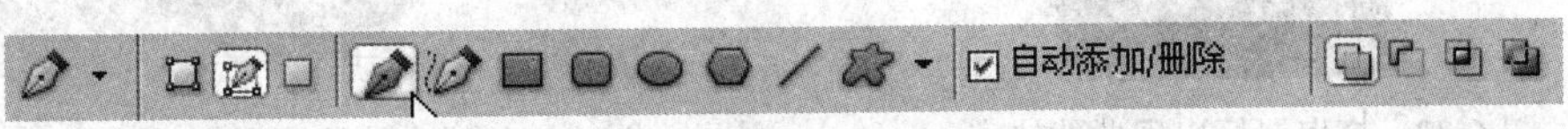

图 6-28　“钢笔工具”选项栏

钢笔工具选项栏中主要选项的含义如下：

- 钢笔工具中形状图层、路径、填充像素、选择绘制图形选项、运算模式等使用方法和矩形工具相同。
- 自动添加/删除：选择“自动添加/删除”选项，钢笔工具的光标经过路径时在没有锚点的地方自动显示“添加锚点”；钢笔工具的光标经过锚点时自动显示“删除锚点”。不选择“自动添加/删除”选项，钢笔工具的光标经过路径或锚点时没有变化，如图 6-29 所示。

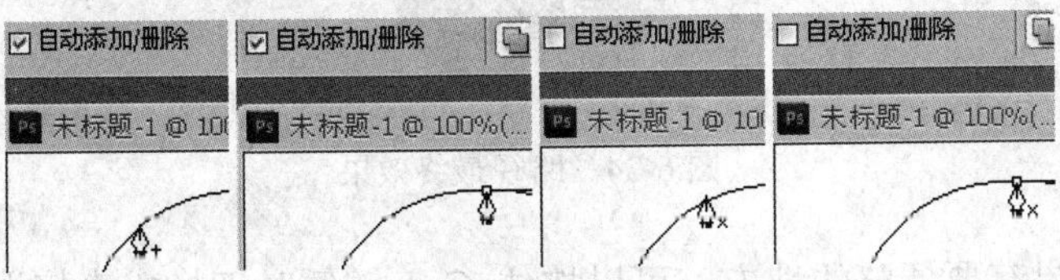

图 6-29　软件默认选择“自动添加/删除”

使用钢笔工具抠图的具体步骤如下：

（1）打开素材文件：素材\模块 6\钢笔工具抠图.jpg，如图 6-30 所示。

（2）选择工具箱中的钢笔工具，并在选项栏中选择路径，在水滴图形中沿着边缘开始绘制路径，如图 6-31 所示。

图 6-30　原图像

图 6-31　在水滴顶端开始绘制

（3）在图形转折明显的地方添加锚点，单击后拖曳鼠标形成曲线锚点，如图 6-32 所示。

（4）拖曳鼠标出现的曲线锚点两侧带有控制杆，通过调整控制杆来决定路径的位置，路径要紧贴图形的边缘，这样抠出的图形才会方便使用，如图 6-33 所示。

图 6-32　拖曳鼠标出现曲线锚点

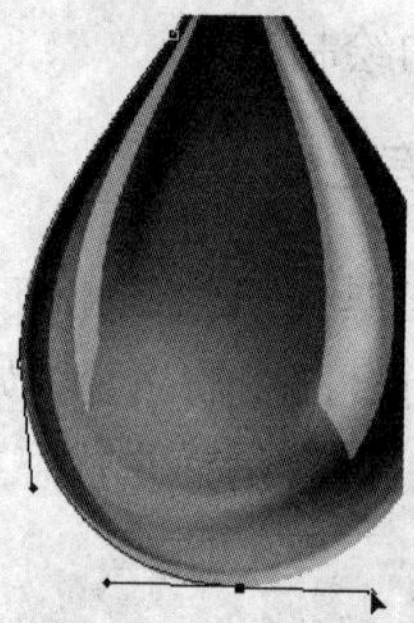

图 6-33　锚点的控制杆可以调整路径

（5）路径绘制结束时将鼠标放在第一个锚点上，光标出现闭合路径的状态，单击或拖曳鼠标均可以闭合路径，如图 6-34 所示。

图 6-34　路径最终效果

绘制路径时如果有要调整的地方，可以按住 Ctrl 键暂时切换成直接选择工具，调整锚点和控制杆的位置。绘制的过程中按住 Alt 键，则可以将曲线锚点变成直线锚点，以便调整或变化路径的角度。

注意　使用钢笔工具抠图的时候要细致并注意图形不要留白边，要紧贴图形的边缘，否则将会影响最终的效果。

6.2.2　自由钢笔工具

自由钢笔工具在工作区中绘制路径，只要一直按鼠标左键并同时拖动鼠标，就可以自动绘制出曲线路径，曲线的节点数随鼠标拖动的速度改变。拖动的速度越快，节点越少。自由钢笔工具可以绘制出较为自由的路径，使用感觉类似于“套索工具”，但是它创建的是路径而不是选区。按 Shift+P 组合键可以相互切换钢笔工具与自由钢笔工具。选择“自由钢笔工具”后选项栏的状态如图 6-35 所示。

图 6-35　“自由钢笔工具”选项栏

自由钢笔工具选项栏中主要选项的含义如下：

- 自由钢笔工具中形状图层、路径、填充像素、选择绘制图形选项、运算模式等的使用方法和矩形工具的相同。
- 磁性的：在图片中单击鼠标开始后，鼠标自动吸附图片中对比强烈的区域，在光标移动的同时产生路径，并且可以自动放置锚点，按 Enter 键停止或结束操作。此选项与磁性套索工具相似，使用在边缘清晰的图片中效果明显，如图 6-36 所示。

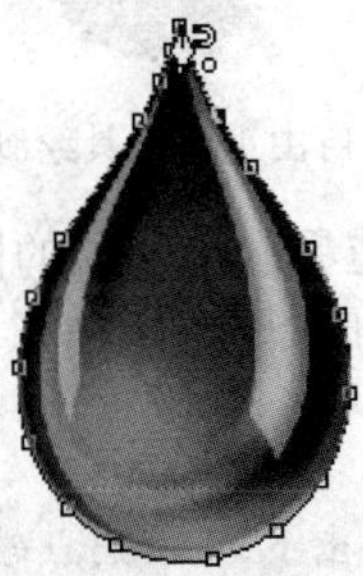

图 6-36　磁性钢笔绘制的路径锚点较多

使用自由钢笔工具抠图的具体步骤如下：

（1）打开素材文件：素材\模块 6\自由钢笔工具抠图.jpg，如图 6-37 所示。

图 6-37　原图像

（2）选择工具箱中的自由钢笔工具，并在选项栏中勾选“磁性的”复选框，在图形中沿着边缘点击开始绘制路径，一般起点可以设在图形转折较大的地方，如图 6-38 所示。

（3）在明显的转折处可以点击确定其位置，较为光滑的地方不用点击鼠标，自动生成锚点，如图 6-39 所示。

图 6-38　鼠标指针形状及路径效果

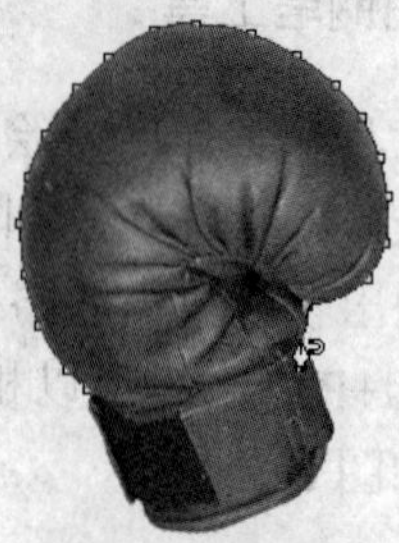

图 6-39　在图形边界处自动形成路径

（4）鼠标经过路径起点位置时右下方会出现一个小的句号，表示路径结束，点击后闭合路径，如图 6-40 所示。

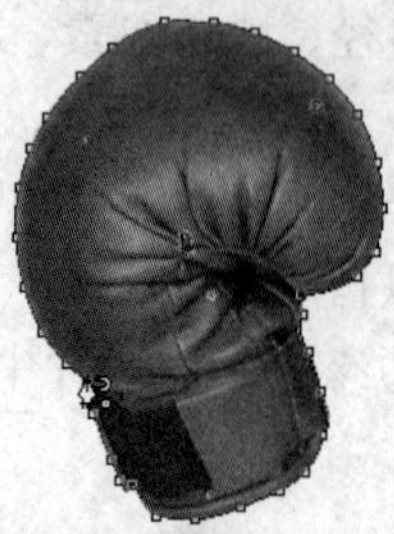

图 6-40　自由钢笔工具绘制路径结束

自由钢笔工具较适合用于与背景边界区分明显的图形，如果边界区分不明显，路径将会不准确。钢笔工具与自由钢笔工具在使用时各有优点，掌握各自的特性并根据图形的特点使用工具将会事半功倍。

注意　“自由钢笔工具”绘制出的路径锚点较多，只适合用于边缘比较简单、光滑、与背景对比较强的图形。

6.2.3　添加、删除锚点工具

添加锚点工具用于在已经创建的路径上增加锚点，每单击一次添加一个新锚点。在新建文件中绘制一条路径，在没有锚点的路径上单击添加新锚点，具体操作方法如图 6-41 所示。

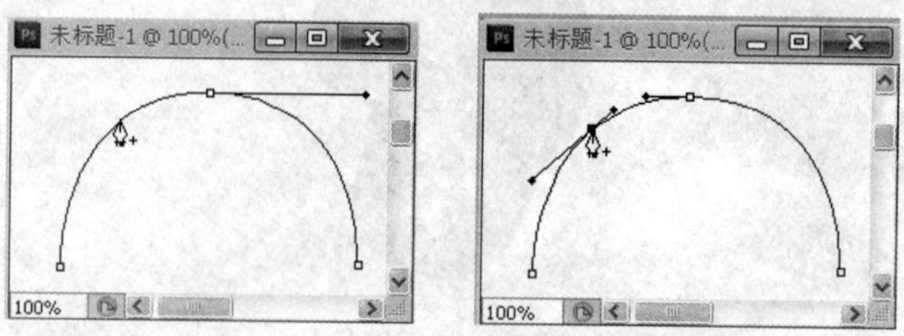

图 6-41　在路径上单击添加新锚点

删除锚点工具可以删除路径上已经存在的锚点，在锚点上单击一次删除一个锚点。在新建文件中绘制一条路径，在路径上有锚点的地方单击删除锚点，具体操作方法如图 6-42 所示。

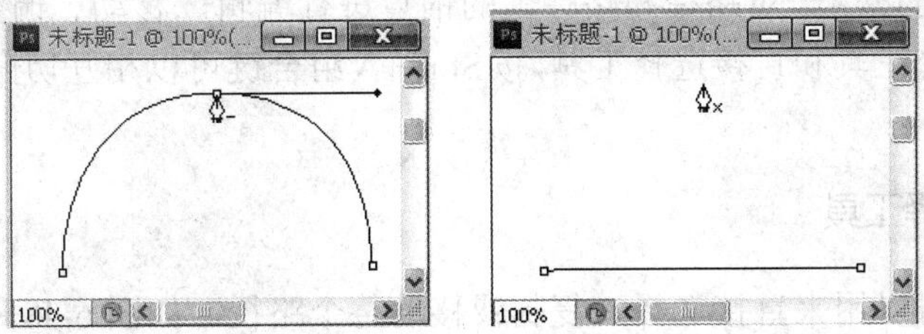

图 6-42　单击路径中已存在的锚点可以删除此锚点

6.2.4　转换点工具

转换点工具可以改变锚点的属性，即把锚点转换成直线点或曲线点，然后拖动方位点来改变曲线的弧度。按下 Alt 键可以单方面地改变一侧曲线的方向而不影响另一侧曲线的方向。转换点工具的使用方法如下：

（1）在新建文件中绘制一个菱形路径，在选择"转换点工具"的状态下鼠标不经过锚点时显示为直接选择工具，点击路径激活路径锚点，如图 6-43 所示。

（2）当鼠标放在锚点上时则显示为转换点工具。如图 6-44 所示。

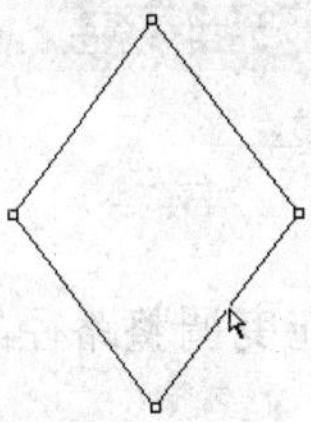

图 6-43　绘制菱形路径并激活锚点

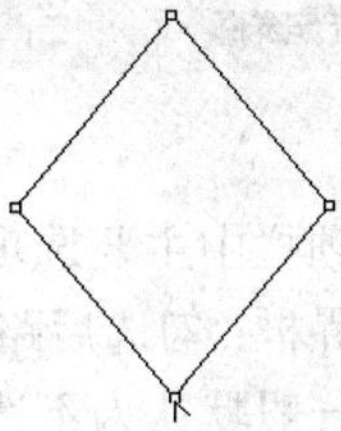

图 6-44　鼠标指针状态

（3）拖曳鼠标将拐角锚点转换成为曲线锚点，拖曳控制杆可调整曲线的光滑程度。拖曳鼠标时同时按住 Shift 键可以形成对称曲线，如图 6-45 所示。

（4）使用转换点工具调整控制杆可改变一侧的锚点状态，将原来的曲线锚点转换成为直线锚点，并只可以调整单侧的曲线角度，如图 6-46 所示。

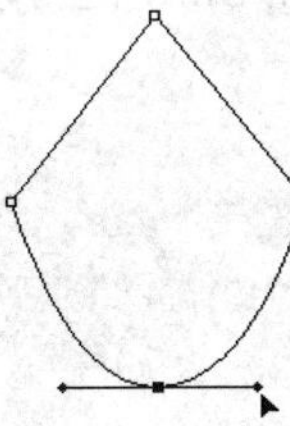

图 6-45　使用鼠标点击拖曳得到曲线锚点

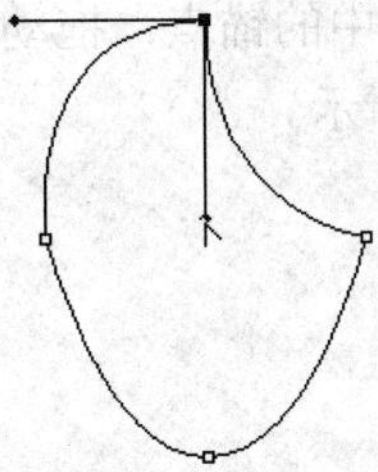

图 6-46　曲线锚点转换为直线锚点

6.3 子模块三 选取路径

选择路径工具可以用来对路径和路径上的锚点进行编辑、移动、调整等操作。选取路径工具中包括路径选择工具和直接选择工具，按Shift+A组合键可以相互切换两个工具，如图6-47所示。

6.3.1 路径选择工具

路径选择工具可以用来直接选择、复制或移动整个路径，如图 6-48 所示。

图 6-47 “选取路径工具”选项栏

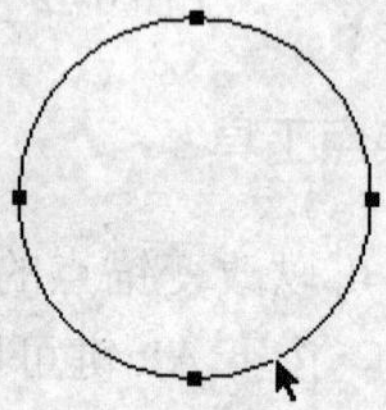

图 6-48 使用“路径选择工具”选择路径的状态

画面中有两条以上的路径时，按住 Shift 键可同时选中多条路径，按住 Alt 键移动路径可对路径进行复制。选择“路径选择工具”后选项栏的状态如图 6-49 所示。

图 6-49 “路径选择工具”选项栏

路径选择选项栏中主要选项的含义如下：

- 显示定界框：勾选后路径的边缘出现矩形定界框，可拖曳调整路径的大小或自由变换路径，一般默认为不选择。
- 组合：可以将绘制出的两个或多个路径组合成一个路径。画面中有两条以上的路径时方可激活使用。
- 路径对齐、排列工具组：可对两个或两个以上的路径进行排列、对齐等操作。

6.3.2 直接选择工具

直接选择工具可以用来移动路径中的锚点和线段，也可以调整锚点的控制杆来改变路径形状。选择路径中的锚点，拖动选中的锚点即可改变路径。按住 Shift 键可以同时选择多个锚点，如图 6-50 所示。

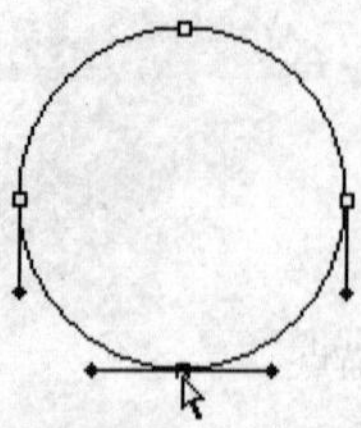

图 6-50 使用“直接选择工具”选择路径的状态

6.4 子模块四 路径调板

“路径”调板用来管理绘制出来的路径，可以对路径进行填充、描边、选区和路径互相转换、新建工作路径、保存路径、删除路径等操作。用户在图像编辑窗口中绘制一个路径后，单击“窗口”｜“路径”命令将弹出“路径”调板，如图 6-51 所示。

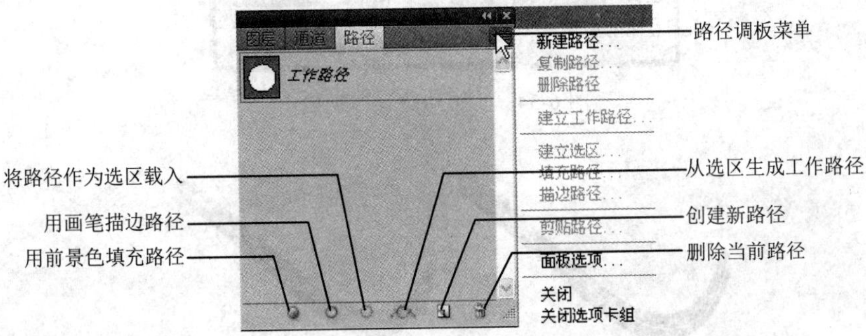

图 6-51 “路径”调板

1. “路径”调板的基本操作

“路径”调板中主要选项的含义如下：

- 用前景色填充路径：单击该按钮，以前景色填充当前工作路径。
- 用画笔描边路径：单击该按钮，以前景色为当前工作路径进行描绘边缘。
- 将路径作为选区载入：单击该按钮，可将当前路径转换为选区。
- 从选区生成工作路径：单击该按钮，可将选区转换为路径。
- 创建新路径：单击该按钮，可创建一个新的路径。
- 删除当前路径：单击该按钮，可删除当前选择的路径。
- 路径调板菜单：存储路径的相关操作。

2. “路径”调板的基本应用

下面讲解“路径”调板中的一些基本操作方法。

（1）为路径填充。绘制路径后，可以为其填充颜色、图案等。选中路径后单击“路径”调板中的“用前景色填充路径”按钮，即可快速地为路径填充前景色；或者在“路径”调板中选择一个路径并右击，出现下拉菜单（如图 6-52 所示），在其中选择“填充路径”选项，出现“填充路径”调板，在此调板中可以选择填充相应的内容，如图 6-53 所示。

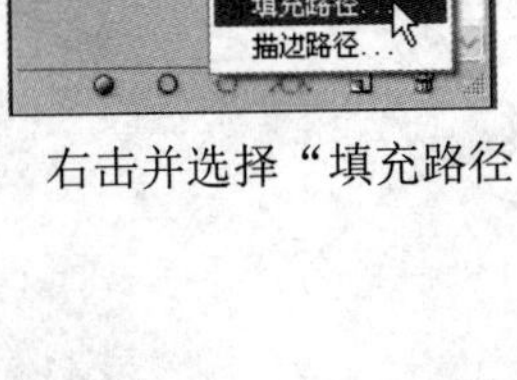

图 6-52 右击并选择“填充路径”选项

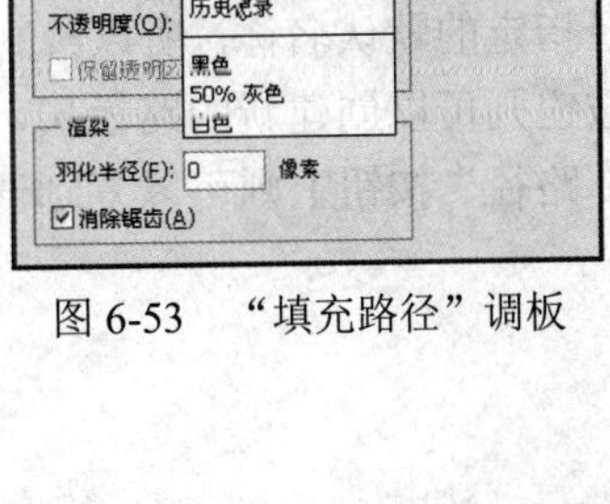

图 6-53 “填充路径”调板

（2）为路径描边。绘制路径后，可以为其进行描边，在“路径”调板中单击“用画笔描边路径”按钮，描边默认为画笔工具，颜色为前景色；也可在路径上右击并选择“描边路径”选项，出现“描边路径”调板，单击向下箭头可选择各种形式进行描边，如图 6-54 所示。“模拟压力”选项可以使路径两端的描边变成带有自然过渡，如图 6-55 所示。

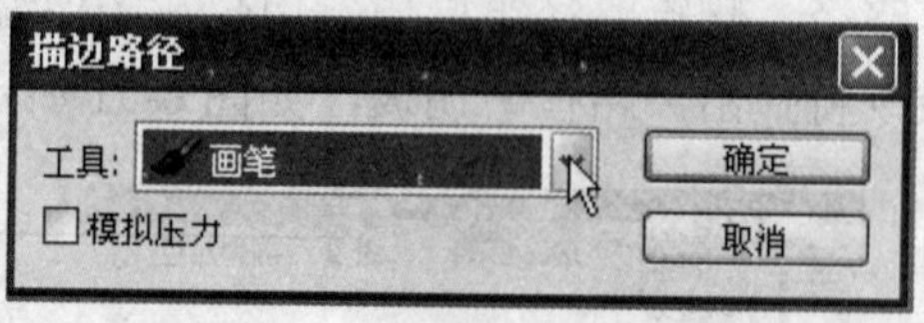

图 6-54　“描边路径”调板

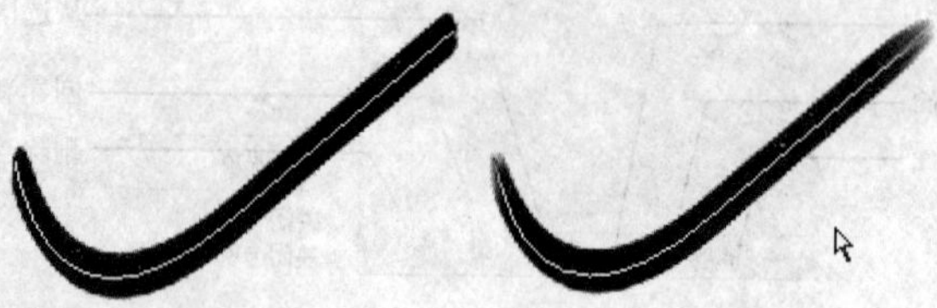

未使用模拟压力功能　　使用了模拟压力功能

图 6-55　“模拟压力”使用对比效果展示

（3）路径与选区的相互转换。为了方便使用，经常会将路径与选区进行相互转换。将路径转换为选区需要选中路径，然后单击“路径”调板中的“将路径作为选区载入”按钮；或者按 Ctrl+Enter 组合键快速地将路径转换成选区。按住 Alt 键的同时单击相应路径可快速载入该路径的选区。选区转换成路径则需要文件在有选区的情况下单击“路径”调板中的“从选区生成工作路径”按钮。

在使用选区转换路径时，应注意转换后的路径必须手动调整其形状，尤其是带有曲线的路径，锚点会比较多。例如正圆形的选区转换为路径后，路径的形状不够圆滑，有变形的情况出现，在使用时应多加留意，如图 6-56 所示。

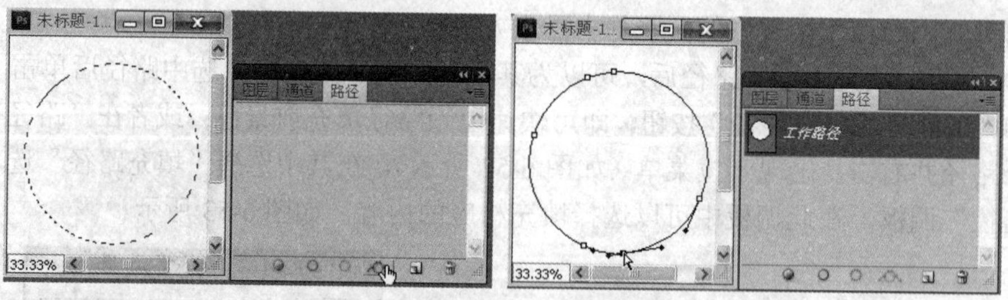

图 6-56　选区转换为路径的效果

（4）创建新路径。在新建文件中使用钢笔工具或绘图工具都可以绘制出新路径，在不选择其他路径或不新建路径层的情况下，软件默认的路径为工作路径，工作路径是 Photoshop 为所有新路径指定的默认名称，所以绘制的路径在一个路径层中。单击“路径”调板中的“创建新路径”按钮则可以创建新的路径层，如图 6-57 所示。按住鼠标左键不放，将某一路径拖曳到“创建新路径”按钮上则可以复制该路径，如图 6-58 所示。

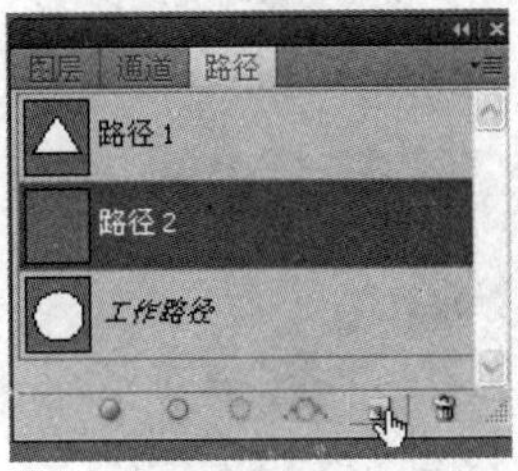

图 6-57　创建新路径

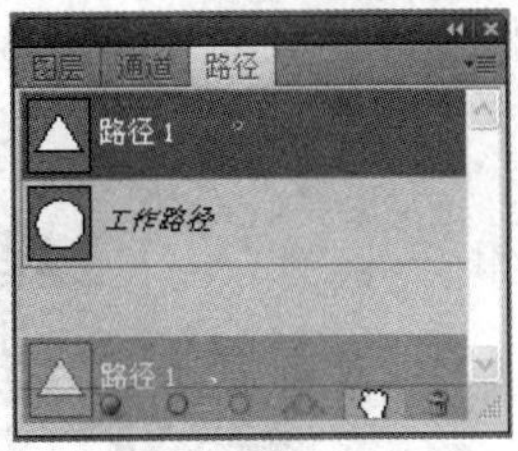

图 6-58　快速复制路径

（5）删除路径。在“路径”调板中选择要删除的路径，单击“路径”调板下右侧的“删除当前路径”按钮或直接单击鼠标左键将路径直接拖曳到“删除当前路径”按钮上，即可删除路径，如图 6-59 所示。

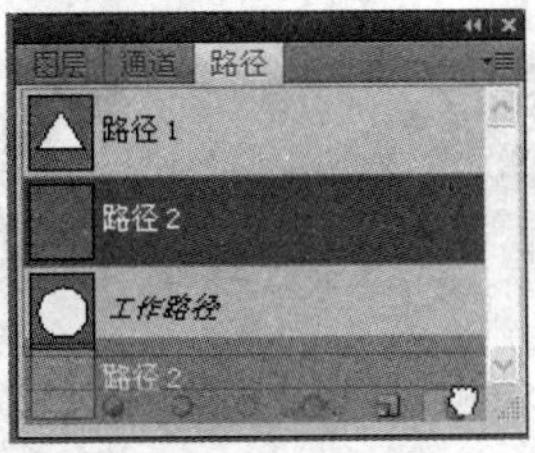

图 6-59　将路径拖曳到“删除路径”按钮上即可删除当前路径

（6）选择、保存或隐藏路径。单击“路径”调板中的路径可以选择路径；双击工作路径可将当前的工作路径保存，如不保存多个路径将会绘制在同一个路径中或被其他路径代替；要隐藏选中的路径，在“路径”调板的空白区域中单击即可。

6.5　工作情境一　绘制扑克牌

6.5.1　工作情境描述及效果

- 最终文件：效果\模块 6\绘制扑克牌 1.psd～绘制扑克牌 3.psd

1. 工作情境描述

通过制作如图 6-60 所示的效果图了解如何使用各种绘制图形来制作扑克牌，通过该案例的制作能够灵活使用绘制图形来做更多的图形设计。案例要点如表 6-1 所示。

表 6-1　“绘制扑克牌”要点分析

案例要点：

◆　各种绘制图形的使用

◆　对绘制图形实现复制与自由变换

◆　使用绘图工具模仿扑克牌效果

2. 工作情境最终效果（如图 6-60 所示）

图 6-60　绘制扑克牌的最终效果

6.5.2 工作情境详解

（1）执行“文件”|“新建”命令，新建文件的宽度为 9cm、高度为 13cm，分辨率为 300 像素/英寸。

（2）制作扑克牌的正面。单击“图层”调板下方的“创建新图层”按钮，创建新图层得到“图层 1”图层；使用圆角矩形工具在画面中绘制出一个圆角矩形路径作为扑克牌的外形，如图 6-61 所示。按 Ctrl+Enter 组合键将圆角矩形路径转换为选区并填充白色，如图 6-62 所示。

图 6-61　在新建文件中绘制圆角矩形路径

图 6-62　路径转换为选区后填充白色

（3）单击“图层”调板下方的“创建新图层”按钮，创建新图层得到“图层 2”图层。在自定形状工具中追加名为“形状”的图层。选择“红心”形状，在扑克牌的中心位置绘制出心形路径，并使用路径选择工具和直接选择工具将位置与路径稍作调整，如图 6-63 所示。

（4）按 Ctrl+Enter 组合键将心形路径转换为选区，前景色设为红色，并填充到选区中，如图 6-64 所示。

（5）按 Ctrl+J 组合键复制“图层 2”图层中的心形图形，得到“图层 2 副本”图层，使用移动工具将“图层 2 副本”图层的心形放在左上方的位置上，如图 6-65 所示。

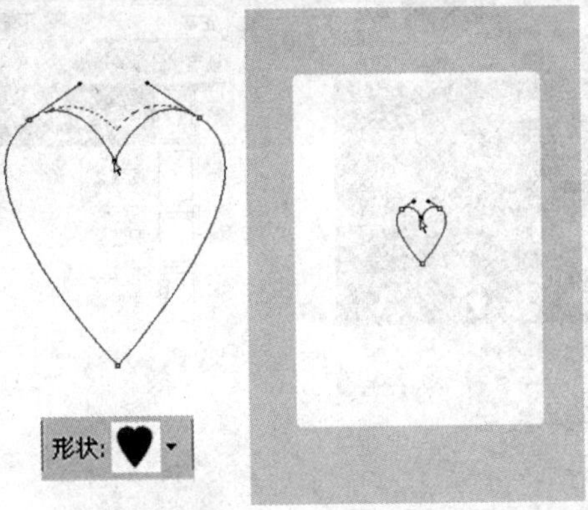

图 6-63　使用直接选择工具调整“红心”形状的路径

图 6-64　将图形填充红颜色

图 6-65　将复制的心形放在相应的位置

（6）使用移动工具，按住 Alt+Shift 组合键，单击拖曳“图层 2 副本”图层向下方复制红心。以此方法依次复制出三颗红心，向下平均排列，如图 6-66 所示。

图 6-66　复制图形后进行等分排列

（7）将左侧四颗红心的四个图层选中，按 Ctrl+E 组合键合并图层为“图层 2 副本 4”图层，如图 6-67 所示。

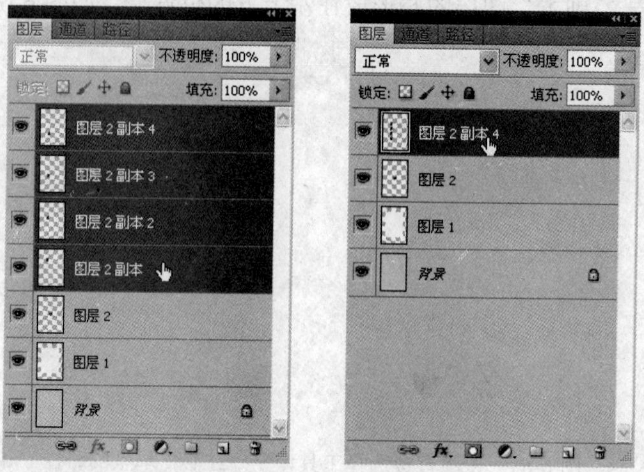

图 6-67　将选中的图层合并

（8）使用移动工具，按住 Alt+Shift 组合键，单击拖曳“图层 2 副本 4”图层向右侧复制红心，如图 6-68 所示。

（9）使用横排文字工具，在扑克牌的左上角处输入数字，颜色为红色，并设置数字的字体和字号，如图 6-69 所示。

图 6-68　图形在画面中要对称

图 6-69　在左上角添加数字

（10）再复制出一个红色心形图形，按 Ctrl+T 组合键，使用“自由变换”功能缩小红色心形图形，再放到数字下方，如图 6-70 所示。

（11）使用同样的方法，在右下角也放置同样的图形。注意要将数字和小的心形图形进行旋转，按 Ctrl+T 组合键，选择“自由变换”功能中的“旋转 180 度”选项来调整数字和图形的角度，如图 6-71 所示。

（12）单击选择“图层 1”图层（即扑克牌的底），选择“图层”调板下方“混合选项”中的“投影”功能，为其添加“投影”，使扑克牌更加真实，如图 6-72 所示。

（13）制作扑克牌的背面。复制扑克牌正面文件并删去心形图形和数字等图层，只留下扑克牌的底，即“图层 1”图层。将“图层 1”图层填充数值为 C：0、M：40、Y：40、K：0 的颜色。

图 6-70　复制并缩小红心图形

图 6-71　将数字和图形进行 180 度旋转

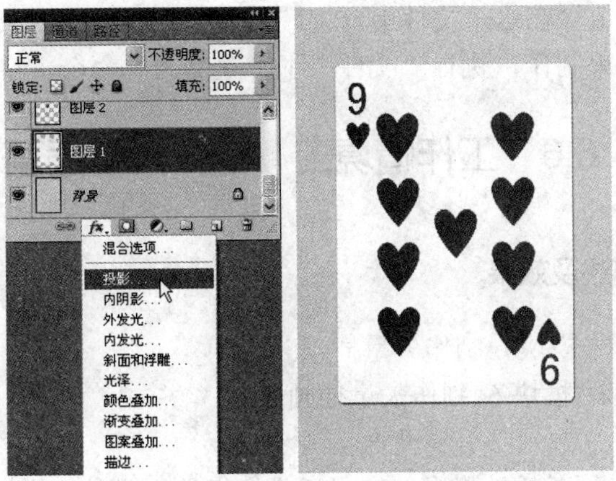

图 6-72　为扑克牌添加投影效果

（14）新建图层，在“自定形状工具”中选择“拼贴 4”形状，在扑克牌上方位置将前景色设置为红色，使用“填充像素”选项绘制图形，并将位置与大小稍作调整，如图 6-73 所示。

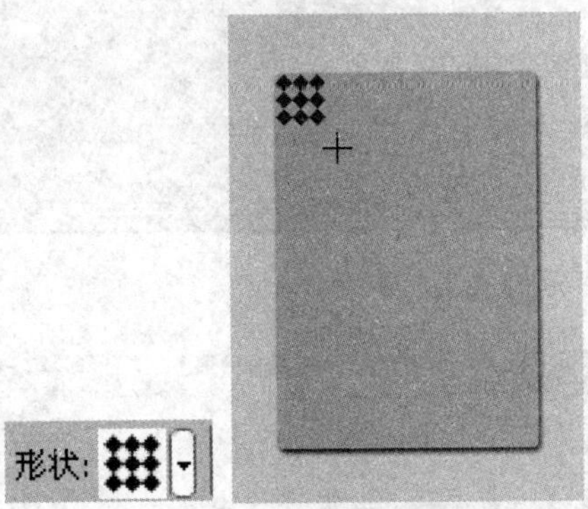

图 6-73　添加“拼贴 4”形状

（15）横向复制绘制“拼贴 4”形状，合并图层后继续向下复制，直到铺满整个扑克牌为止，如图 6-74 所示。

（16）将复制出的全部“拼贴 4”形状图层副本合并为一个图层，使用“自由变换”功能调整其大小和位置，如图 6-75 所示。

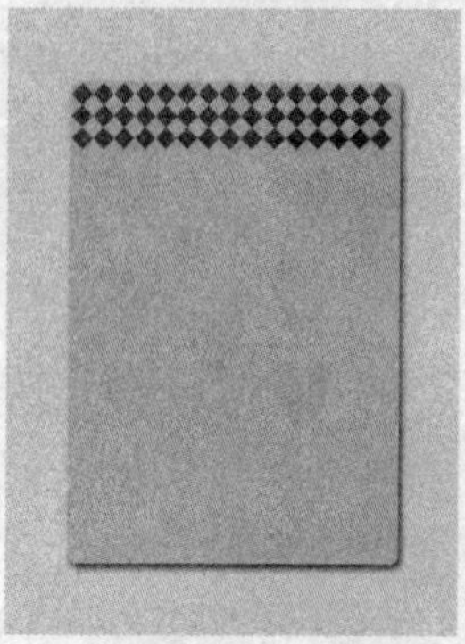

图 6-74 横向复制

图 6-75 图形铺满整个扑克牌

（17）创建新文件：宽度为 15 cm，高度为 13 cm，分辨率为 300 像素/英寸。将制作完成的扑克牌的正面与背面放置在这个文件中，旋转摆放扑克牌完成图像效果制作。

（18）完成图像效果制作，执行“文件”｜“存储为”命令，将处理完成的图像保存。

6.6 工作情境二 制作矢量插画

6.6.1 工作情境描述及效果

- 原始文件：素材\模块 6\制作矢量插画.jpg
- 最终文件：效果\模块 6\制作矢量插画.psd

1. 工作情境描述

通过制作如图 6-76 所示的效果图能够灵活掌握钢笔工具的应用，并且熟练掌握路径选择工具和直接选择工具的使用技巧。案例要点如表 6-2 所示。

表 6-2 “制作矢量插画”要点分析

案例要点：
◆ 使用钢笔工具绘制矢量图形
◆ 路径的绘制与调整
◆ 对图像实现自由变换及复制

2. 工作情境最终效果（如图 6-76 所示）

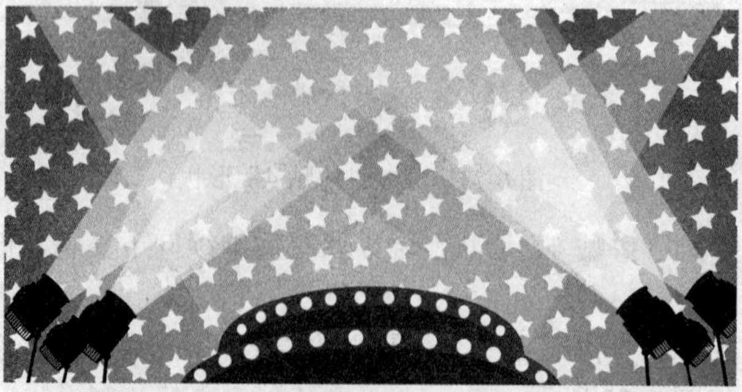

图 6-76 绘制矢量插画的最终效果图

6.6.2　工作情境详解

（1）执行“文件”｜“新建”命令，新建文件的宽度为 20cm，高度为 10cm，分辨率为 300 像素/英寸。

（2）使用渐变工具，进入渐变编辑器，单击预设区域的小三角追加“协调色 2”渐变，选择“橙色、黄色”渐变，如图 6-77 所示。使用“径向渐变”，在画面下方的中心位置向上拖曳鼠标，出现橙色向黄色径向渐变效果，如图 6-78 所示。

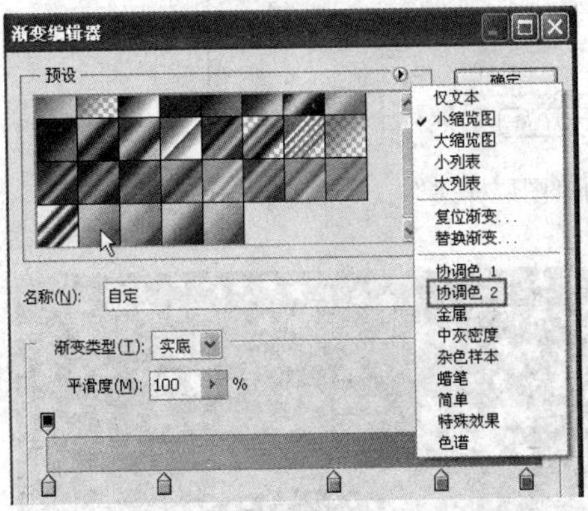

图 6-77　渐变样式预设

图 6-78　径向渐变

（3）选择自定形状工具中的五角星形状，绘制白色小五角星图形，并有规律地大量复制，将所有五角星图形合为一个图层作为背景，将名字改为“五角星背景”图层。使用“自由变换”功能旋转五角星图形，如图 6-79 所示。

（4）新建图层，将名字改为“紫色舞台”图层，使用椭圆工具绘制一个椭圆形，填充紫色。为椭圆形添加“图层样式”中的描边效果，调整大小为 60 像素，颜色为浅紫色，如图 6-80 和图 6-81 所示。

图 6-79　大量复制五角星图形

图 6-80　绘制椭圆形并填充紫色

（5）新建图层，使用椭圆工具绘制白色圆形，将圆形复制并均匀摆放在舞台描边处。将复制的所有圆形合并为一个图层，将名字改为“舞台灯光”图层，如图 6-82 所示。

（6）分别复制“紫色舞台”图层和“舞台灯光”图层，将两个图层使用自由变换功能缩小，放置在舞台上方，如图 6-83 所示。

（7）打开原始文件“制作矢量插画”，使用钢笔路径工具将图形抠出并放置在“绘制矢量插画”文件中。复制多个，放置到相应的位置。将几个图层合并为一个图层，将名字改为“探照灯”图层，如图 6-84 所示。

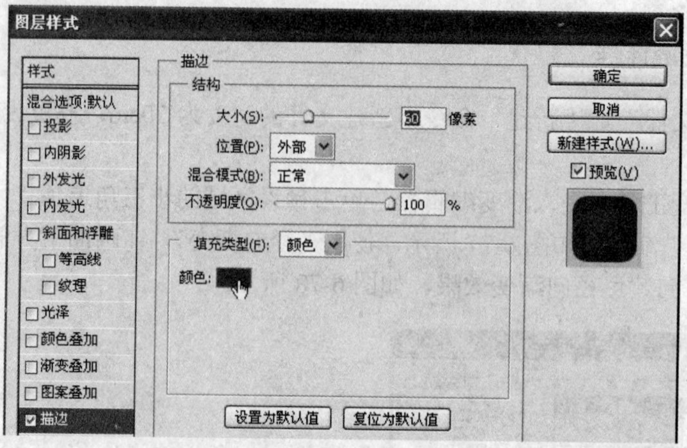

图 6-81 为椭圆形添加“图层样式”

图 6-82 制作舞台灯光效果

图 6-83 复制添加双层舞台

（8）为探照灯制作灯光效果。新建图层，将名字改为“探照灯灯光”图层，使用钢笔工具绘制探照灯灯光路径，如图 6-85 所示。

图 6-84 添加“探照灯”图形

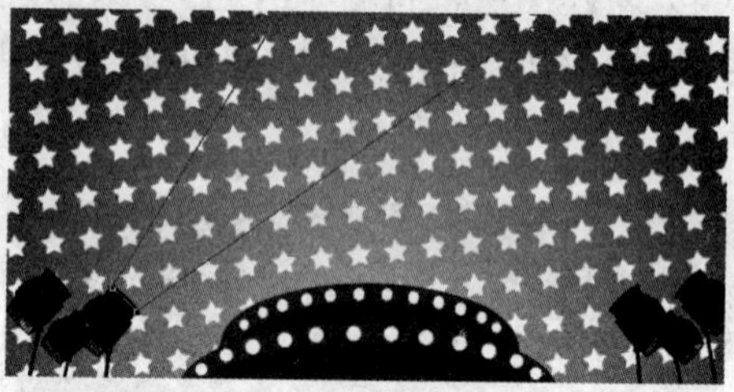

图 6-85 绘制探照灯灯光路径

（9）将绘制完成的探照灯灯光路径转换为选区，使用渐变工具添加“白色到透明”的渐变样式，如图 6-86 所示。

图 6-86 添加白色灯光

（10）绘制其他探照灯灯光路径，使用“白色到透明”的渐变样式绘制出其他探照灯灯光，并调整每个灯光的不透明度。

（11）完成图像效果制作，执行“文件”|“存储为”命令，将处理完成的图像保存。

6.7 模块小结

本模块主要讲解 Photoshop CS5 中的绘制图形、绘制路径、选取路径、“路径”调板等的使用方法。通过本章的学习，可以了解路径的含义及其基本功能，掌握钢笔工具和路径的绘制与调整，并能应用路径制作出相关的作品。

6.8 模块训练六

1．使用如图 6-87 所示的原始文件，用钢笔工具、绘制图形工具等制作完成圣诞卡片。

图 6-87 素材图像

2．使用如图 6-88 所示的原始文件，利用钢笔工具将玫瑰花从原文件中抠出并与花瓶图片合成。

图 6-88 素材图像

模块 7　通道与蒙版

通道和蒙版在 Photoshop CS5 处理图像的过程中起着举足轻重的作用。但在实际工作中，人们往往只重视图层的使用，而忽略了通道和蒙版，使 Photoshop CS5 的功能得不到充分发挥。用户掌握了通道和蒙版方面的知识将有助于更好地理解图像处理的原理。充分理解通道的特点并掌握其用法，可借助通道制作一些图像特技效果；而掌握蒙版的使用可以使修改图像和创建复杂的选区变得更加方便。

重点提示：

- 通道的应用。
- 蒙版的应用。

7.1　子模块一　通道的应用

在 Photoshop CS5 中，通道是一种很重要的图像处理方法，它主要用来存储图像的色彩信息和图层中的选择信息。每个通道都是一个拥有 256 级色阶的灰度图像。

7.1.1　通道概述

通道的一个主要功能就是保存图像的颜色信息。例如一个 RGB 模式的图像，它的每一个颜色信息数据都是由红（R）、绿（G）、蓝（B）这三个通道来记录的，而这三个色彩通道组合定义后就合成了一个 RGB 主通道。

通道的另一个主要功能就是用来存放和编辑选区，也就是 Alpha 通道的功能。在 Photoshop 中，当选区被保存后，就会自动成为一个蒙版保存在一个新增的通道中，该通道会自动地被命名为 Alpha，如图 7-1 所示。

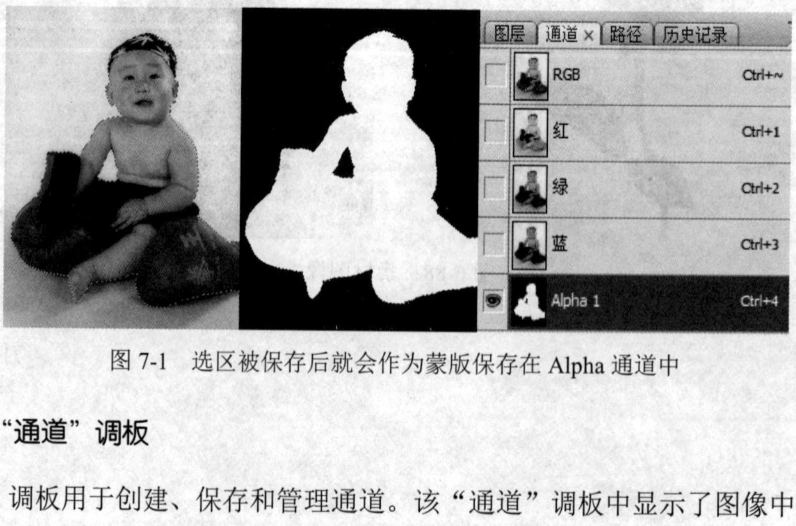

图 7-1　选区被保存后就会作为蒙版保存在 Alpha 通道中

7.1.2　“通道”调板

“通道”调板用于创建、保存和管理通道。该“通道”调板中显示了图像中的所有通道，首先是复合通道，然后是单个颜色通道、专色通道，最后是 Alpha 通道。

用户在图像编辑窗口中打开一幅图像后，执行“窗口”｜“通道”命令，将弹出“通道”调板，如图 7-2 所示。

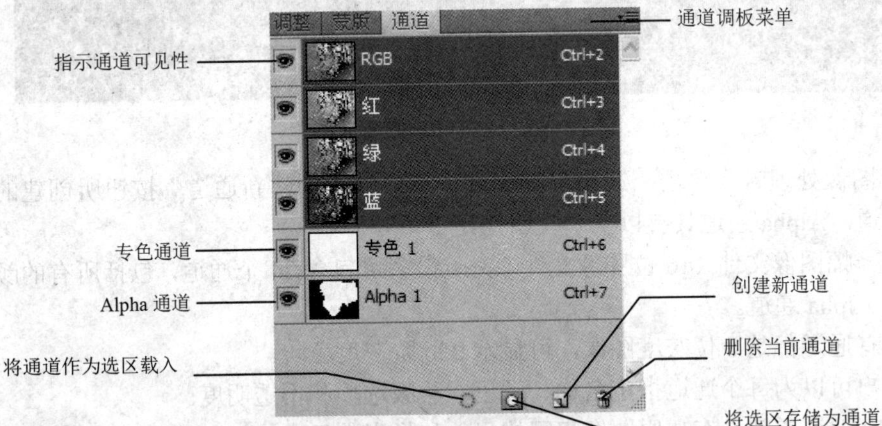

图 7-2　“通道”调板

“通道”调板中各主要选项的含义如下：

- 指示通道可见性：可以控制通道的显示与隐藏，是一个开关键。
- 专色通道：保存专色信息，印刷时使用专色油墨。
- Alpha 通道：保存创建的选区和蒙版。
- 将通道作为选区载入：将通道中的高光区域当作选区载入到图像的编辑窗口中；按 Ctrl 键并单击某通道，也会将其当作选区载入到图像编辑窗口中。
- 将选区存储为通道：可将当前选区存储为 Alpha 通道。
- 删除当前通道：将当前选择的通道删除。
- 创建新通道：可在“通道”调板中创建一个新的 Alpha 通道。
- 通道调板菜单：存储通道的相关操作。

7.1.3　通道的类型

通道主要有三种类型：颜色通道、Alpha 通道和专色通道。

1. *颜色通道*

颜色通道是在打开图像时自动创建的通道，它们记录了图像的颜色信息。图像的颜色模式不同，颜色通道的数量也不相同。RGB 图像中包含红、绿、蓝通道和一个用于编辑图像的复合通道，CMYK 图像包含青色、洋红、黄色、黑色通道和一个复合通道，Lab 图像包含明度、a、b 通道和一个复合通道，位图、灰度、双色和索引颜色图像都只有一个通道。不同的颜色通道如图 7-3 所示。

2. *Alpha 通道*

在图像中创建选区后，可以将选区保存为通道，这个通道称为 Alpha 通道。Alpha 通道可以将选区存储为 8 位灰度图像，同时还可以使用 Alpha 通道创建并存储蒙版，这些蒙版可以处理、隔离和保护图像被隐藏的区域而不受任何编辑操作的影响。

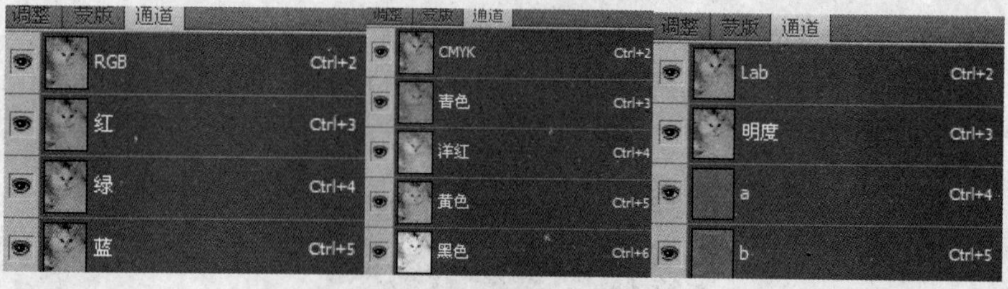

图 7-3　不同的颜色通道

在进行图像处理时，单击“通道”控制调板下面的“创建新通道”按钮所创建的通道称为 Alpha 通道。Alpha 通道具有以下一些属性：

- 每一幅图像文件（16 位图像文件除外）最多可包含 24 个通道，包括所有的颜色通道和 Alpha 通道。
- 所有通道都是 8 位灰度图像，可显示 256 阶灰度色阶。
- 用户可以为每个通道指定名称、颜色、蒙版选项和不透明度。
- 所有新通道都具有与原图像相同的尺寸和像素数目。
- 用户可以使用工具箱中的绘画工具、编辑工具和菜单栏中的滤镜命令来编辑 Alpha 通道中的蒙版。
- 用户可以将 Alpha 通道转换为专色通道。
- 在用绘图工具对 Alpha 通道操作时，白色可使绘制的区域添加到通道中；黑色可使绘制区域从通道中删除。

3. 专色通道

专色通道是一种特殊的混合油墨，一般用来替代或者附加到图像颜色油墨中，每一个专色通道都有属于自己的印版，在对一张含有专色通道的图像进行印刷输出时，专色通道会作为一个单独的页被打印出来。

- 要新建专色通道，可从调板的下拉菜单中选择“新建通道”命令，或者按 Ctrl 键并单击“新建”按钮，会弹出“新建专色通道”对话框，设定后单击“确定”按钮。
- 在用绘图工具对专色通道操作时，黑色可添加不透明度为 100%的专色；白色可减少专色区域的范围；若使用灰色绘制，则可添加不透明度较低的专色。

7.1.4　编辑通道

在用中文版 Photoshop CS5 处理图像时，有时需要将通道进行拆分，对拆分出的通道分别进行修改和编辑，然后再将其合并以制作出特殊的图像效果。下面将分别对分离和合并通道进行介绍。

1. 分离通道

用户可以将一幅图像中的各个通道分离出来，使其各自作为一个单独的文件存在。分离后原文件被关闭，每一个通道均以灰度颜色模式成为一个独立的图像文件。

选择需要分离通道的图像，然后单击“通道”调板菜单中的“分离通道”命令，此时图像的每一个通道都会从原图像中分离出来，同时原图像文件会自动关闭，分离后的图像都以单独的窗口显示在屏幕上。分离后的图像都是灰度图像，不含有任何的色彩，其文件名称是以原文件的名称为基础再加上源通道的英文缩写来命名的，如图 7-4 所示。

原图像

R 通道　　G 通道　　B 通道

图 7-4　原图像与分离后的各通道

2. 合并通道

分离后的通道经过编辑和修改后，还可以重新合并成一幅图像。也可以将任意三个灰度图像进行合并，从而得到奇妙的效果。

合并通道的具体操作步骤如下：

（1）打开素材文件：素材\模块 7\合并通道 1.jpg～合并通道 3jpg（图像的大小和分辨率必须相同），如图 7-5 所示。

图 7-5　打开的三幅灰度模式图像

（2）执行通道调板菜单中的“合并通道”命令，弹出“合并通道”对话框，如图 7-6 所示。

图 7-6　“合并通道”对话框

在“模式”下拉列表框中选择合并后图像的颜色模式，可以是 RGB、CMYK、Lab 或多通道模式；在“通道”数值框中输入合并的通道数，若是 RGB 模式，则通道数为 3，若是 CMYK 模式，则通道数为 4。

（3）完成设置后单击“确定”按钮，此时将弹出“合并 RGB 通道”对话框，如图 7-7 所示，在其中可以分别选择各单色通道对应的源文件。

（4）设置好该对话框后单击“确定”按钮完成合并，效果如图 7-8 所示。

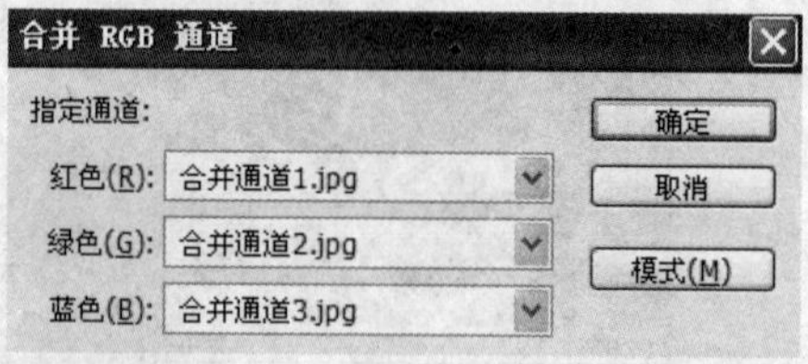

图 7-7 “合并 RGB 通道”对话框

图 7-8 合并通道效果

注意 通道和图像要相对应，三原色选定文件的不同会直接影响图像合并后的效果。单击“模式”按钮可以回到上级对话框。

7.1.5 通道计算

通道在 Photoshop CS5 中是一个极有表现力的平台，使用通道计算功能可以将图像内部和图像之间的通道组合成新图像，同时能应用特殊的混合模式。首先在两个通道的相应像素上执行数学运算（这些像素在图像上的位置相同），然后在单个通道中组合运算结果。使用该命令可以制作出一些特殊效果。

1. 应用图像

执行“图像”|“应用图像”命令，可在源图像中选择一个或多个通道进行运算，然后将计算结果放到目标图像中，从而产生许多特殊的合成效果。

应用图像的具体操作步骤如下：

（1）打开素材文件：素材\模 7\应用图像 1.jpg～应用图像 3.jpg，分别为源图像、目标图像和蒙版，如图 7-9 所示。

图 7-9 打开的三幅素材图像

注意　首先确定这三幅图像必须具有相同的大小和颜色模式。

（2）执行“图像”｜“应用图像”命令，弹出“应用图像”对话框，如图 7-10 所示。

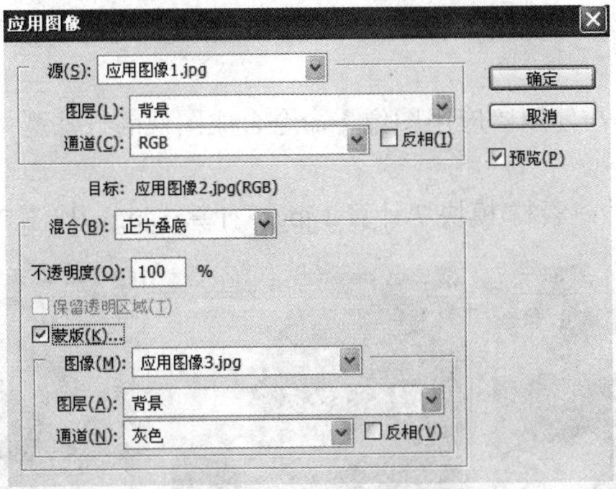

图 7-10　“应用图像”对话框

该对话框中各主要选项的含义如下：

- 源：该选项显示的是当前打开的图像窗口，从中可选择一幅图像与当前图像混合。默认为当前图像。
- 图层：选择源图像中的图层参与计算。若没有图层，则只能选择“背景”选项；若有多个图层，则除了可以选择某一个图层外，还可以选择“合并的”选项，表示选定所有图层。
- 通道：选择源图像中的通道参与计算。勾选“反相”复选框则将源图像反相后进行计算。
- 混合：选择需要的合成模式进行计算。
- 不透明度：用于设置合成图像的不透明度，调整合成透明效果。
- 保留透明区域：勾选该复选框后，只对不透明区域进行合并。若选择“背景”图层，则该选项不能使用。
- 蒙版：勾选该复选框后，将弹出下级选项。在“图像”下拉列表框中可以再选择一个图像窗口的图层或通道作为蒙版来参加计算。

（3）设置好各选项后单击“确定”按钮，合成后的图像效果如图 7-11 所示。

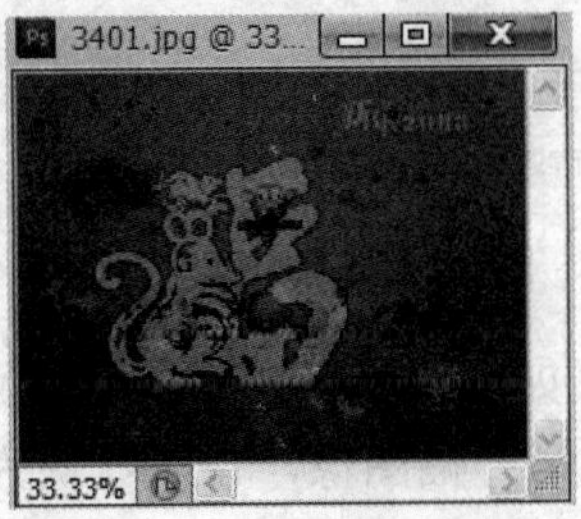

图 7-11　合成后的图像效果

注意：源图像、目标图像及蒙版选定图像的不同，执行“应用图像”命令后，将出现不同的效果文件。

2. 计算

执行“图像”｜“计算”命令，可将一幅或多幅图像中的两个通道以各种方式混合，并能将混合的结果应用到一个新的图像或当前图像的通道和选区中，但计算命令不能混合复合通道。

使用“计算”命令与使用“应用图像”命令合成图像的方法基本类似，具体操作可按以下步骤进行：

（1）打开素材文件：素材\模块 7\计算 1.jpg～计算 3.jpg，如图 7-12 所示。

图 7-12　打开的素材图像

注意：三幅源图像的像素尺寸必须相同。源 1、源 2 及蒙版选定图像的不同，执行“计算”命令后，将出现不同的效果文件。计算命令不能混合复合通道。

（2）执行“图像”｜“计算”命令，弹出“计算”对话框，如图 7-13 所示。

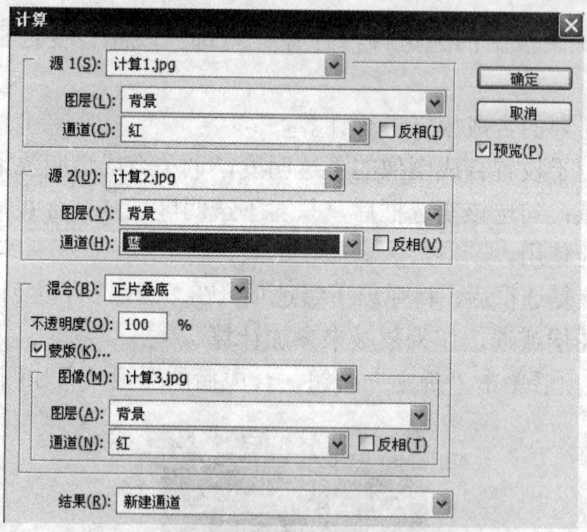

图 7-13　“计算”对话框

该对话框中各主要选项的含义如下：

- 源 1：选择要参与计算的第一幅图像，系统默认为当前编辑的图像。
- 图层：选择要使用的图层。

- 通道：选择第一幅源图像中要进行计算的通道名。
- 反相：用于反转。
- 源 2：选择要参与运算的第二幅图像。
- 混合：选择图像的合成模式。
- 结果：选择如何应用混合模式结果。其中，“新建通道”选项是将混合结果作为一个新的 Alpha 通道加载到当前编辑图像中；“新建文档”选项是将混合结果加载到一个新建的图像中，该图像只有一个通道，即混合后的通道；“选区”选项是将混合结果转换为一个选区加载到当前编辑图像中。

（3）设置好各选项后单击“确定”按钮，运用计算命令合成的图像效果如图 7-14 所示。

图 7-14　合成后的图像效果

7.2　子模块二　蒙版的应用

在 Photoshop 中有一些具有特殊功能的图层，使用这些图层可以在不改变图层中原有图像的基础上制作出多种特殊效果。下面就来讲解这个特殊的图层——蒙版。

有蒙版的图层称为蒙版层。通过调整蒙版可以对图层应用各种特殊效果，但不会实际影响该图层上的像素。应用蒙版可以使这些更改永久生效，或者删除蒙版而不应用更改。

7.2.1　矢量蒙版

矢量蒙版是由钢笔或形状工具创建的，是与分辨率无关的蒙版，它通过路径和矢量形状来控制图像显示的区域，常用来创建 Logo、按钮、面板或其他的 Web 设计元素。

使用矢量蒙版为图像添加图形的方法如下：

（1）打开素材文件：素材\模块 7\矢量蒙版.psd，如图 7-15 所示。

（2）选择工具箱中的自定义形状工具，并在属性栏中选择路径，单击“点按可打开自定义形状”拾色器按钮，在弹出的下拉列表中选择“星爆”选项，并拖动鼠标绘制所需形状，如图 7-16 所示。

图 7-15 源图像

（3）执行“图层”|“矢量蒙版”|“当前路径”命令，基于当前路径创建矢量蒙版，路径区域外的图像即被蒙版遮盖，如图 7-17 所示。

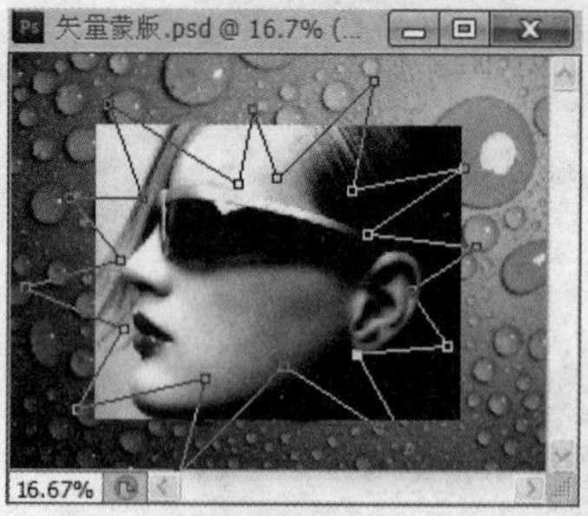

图 7-16 绘制星爆形状

图 7-17 添加矢量蒙版后的图像效果

7.2.2 蒙版的应用

本节来学习蒙版的基本操作，主要包括新建蒙版、删除蒙版和停用蒙版等。

1. 创建蒙版

单击图层调板下方的“添加图层蒙版”按钮，可以添加一个显示全部的蒙版，其蒙版内为白色填充，表示图层内的像素信息全部显示，如图 7-18 所示。

也可以执行“图层”|“图层蒙版”|“显示全部”命令来完成此次操作。执行“图层”|“图层蒙版”|“隐藏全部”命令可以添加一个隐藏全部的蒙版，其蒙版内填充为黑色，表示图层内的像素信息全部被隐藏，如图 7-19 所示。

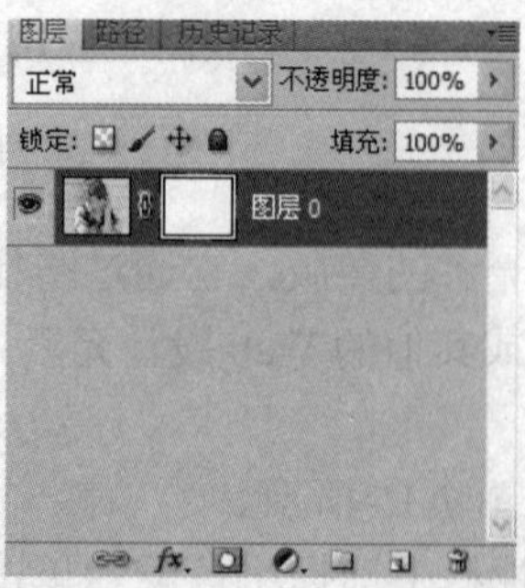

图 7-18 蒙版内为白色填充

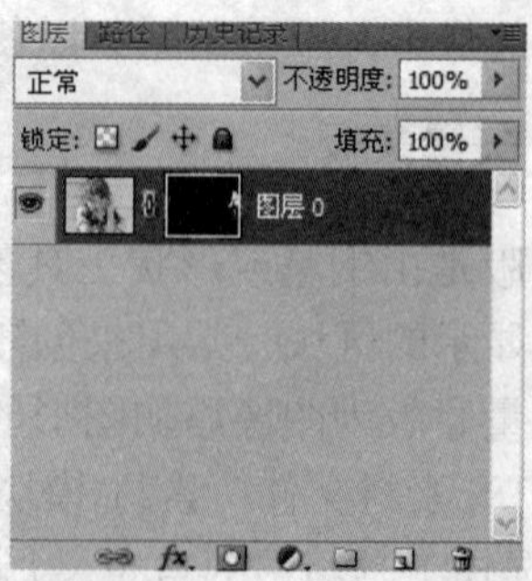

图 7-19 蒙版内为黑色填充

2. 删除蒙版与停用蒙版

删除蒙版与停用蒙版的方法有多种。

（1）删除蒙版。删除蒙版有以下三种方法：

- 选中图层蒙版，然后拖曳到“删除”按钮上，则会弹出“删除蒙版”对话框，如图 7-20 所示。单击“删除”按钮，蒙版即被删除；单击“应用”按钮，蒙版被删除，但是蒙版效果会保留在图层上；单击“取消”按钮则会取消这次删除命令。

图 7-20　“删除蒙版”提示对话框

- 执行“图层”|“图层蒙版”|“删除”命令，蒙版将被删除，但是蒙版效果会被保留在图层上。
- 选中图层蒙版，按住 Alt 键，然后单击“删除”按钮，可以将图层蒙版直接删除。

（2）停用蒙版。

- 执行“图层”|“图层蒙版”|“停用”命令，蒙版缩览图上将出现红色叉号，表示蒙版被暂时停止使用，如图 7-21 所示。

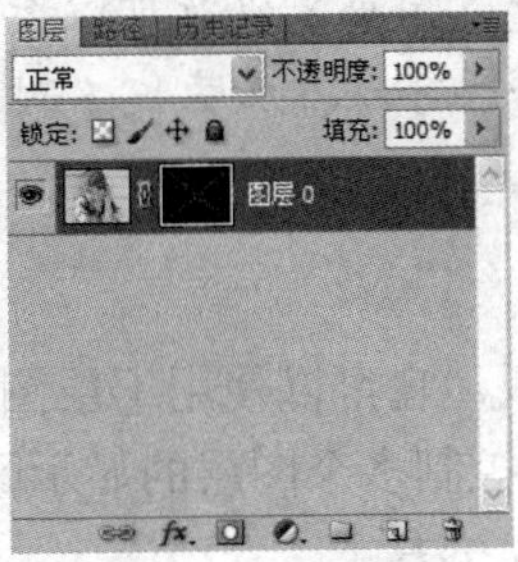

图 7-21　停用蒙版

- 按下 Shift 键的同时单击蒙版缩览图，可以在停用蒙版和启用蒙版状态之间切换。

7.2.3　快速蒙版

应用快速蒙版可以创建一个暂时的图像上的屏蔽，同时也会在“通道”调板中产生一个暂时的 Alpha 通道。它是对所选区域进行保护，使其免于被操作，而处于蒙版范围处的地方则可进行编辑与处理，具体创建方法如下：

（1）打开素材文件：素材\模块 7\快速蒙版.jpg，如图 7-22 所示。

图 7-22　源图像

（2）选择椭圆选框工具绘制椭圆选区，按 Ctrl+Shift+I 组合键对选区进行反选（将未被保护区域创建为选区），如图 7-23 所示。

（3）单击工具箱中的“以快速蒙版模式编辑”按钮，切换到快速蒙版状态下（红色为被保护区域），如图 7-24 所示。

图 7-23　制作椭圆选区

图 7-24　添加快速蒙版效果

注意　将前景色设定为白色，用画笔修改可以擦除蒙版（添加选区）；将前景色设定为黑色，用画笔修改可以添加蒙版（删除选区）。

7.2.4　剪贴蒙版

剪贴蒙版是一种非常灵活的蒙版，它可以使用下层图层中图像的形状来限制上层图像的显示范围，因此可以通过一个图层来控制多个图层的显示区域。剪贴蒙版的创建和修改方法都非常简单，下面介绍剪贴蒙版的创建方法。

（1）打开素材文件：素材\模块 7\01.jpg 和 03.jpg，如图 7-25 所示。

图 7-25　源图像

（2）将 01.jpg 拖入到 03.jpg 图像中并调整图像大小，如图 7-26 所示。

图 7-26　拖入图像后的效果

（3）选择 01. jpg 图层，执行“图层”|“创建剪贴蒙版”命令即可为其创建一个剪贴蒙版，如图 7-27 所示。

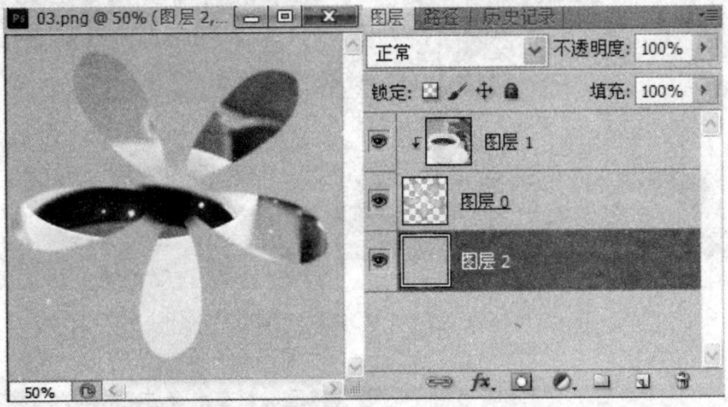

图 7-27 创建剪贴蒙版效果图及“图层”面板

7.2.5 图层蒙版

图层蒙版是加在图层上的一个遮盖，通过创建图层蒙版可以隐藏或显示图像中的部分或全部。

在图层蒙版中，纯白色区域可以遮盖下面图像中的内容，显示当前图层中的图像；蒙版中的纯黑色区域可以遮盖当前图层中的图像，显示出下面图层的内容；蒙版中的灰色区域会根据其灰度值使当前图层中的图像呈现出不同层次的透明效果。

如果要隐藏当前图层中的图像，可以使用黑色涂抹蒙版；如果要显示当前图层中的图像，可以使用白色涂抹蒙版；如果要使当前图像呈现半透明效果，则可使用灰色涂抹蒙版。下面具体介绍图层蒙版的使用方法。

（1）打开素材文件：素材\模块 7\天空.jpg 和船.jpg，如图 7-28 所示。

图 7-28 源图像

（2）将天空.jpg 拖入船.jpg 中，在“图层”调板底部单击“添加图层蒙版”按钮为天空.jpg 图层添加图层蒙版，效果如图 7-29 所示。

（3）使用工具箱中的渐变工具创建黑白渐变，效果如图 7-30 所示。

图 7-29　拖入图片效果及“图层”调板

图 7-30　使用渐变工具后的效果

7.3 工作情境一　通道中运用滤镜

7.3.1 工作情境描述及效果

- 原始文件：素材\模块 7\通道中运用滤镜.jpg
- 最终文件：效果\模块 7\通道中运用滤镜.psd

1. 工作情境描述

通过制作如图 7-31 所示的效果图了解如何在通道中运用滤镜，通过该案例的制作能够实现多种撕边效果。案例要点如表 7-1 所示。

表 7-1　“通道中运用滤镜”要点分析

案例要点：

- 画笔工具的使用
- Alpha 通道创建
- 使用喷溅滤镜制作撕边效果

2. 工作情境最终效果

图 7-31 通道中运用滤镜的最终效果

7.3.2 工作情境详解

（1）打开原始文件“通道中运用滤镜”，如图 7-32 所示。在工具箱中设置“前景色”为“白色”，执行“窗口”|“通道”命令，打开“通道”调板，单击“通道”调板上的“创建新通道”按钮新建 Alpha 通道，单击工具箱中的“画笔工具”，在 Alpha 通道中进行涂抹，如图 7-33 所示。

图 7-32 “通道中运用滤镜”原始文件

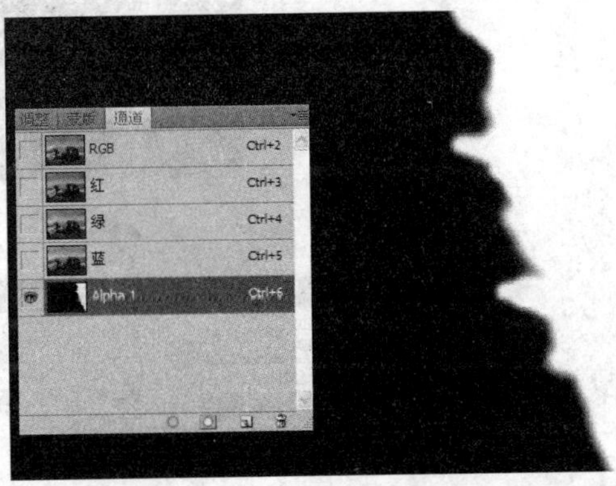

图 7-33 创建 Alpha 通道并用画笔涂抹

（2）执行“滤镜”|“画笔描边”|“喷溅”命令，在弹出的“喷溅”对话框中设置“喷溅半径”值为 5，“平滑度”为 4，如图 7-34 所示。

（3）单击“确定”按钮，图像效果如图 7-35 所示。按住 Ctrl 键并单击 Alpha 通道缩览图，调出该通道选区，转换到“图层”调板中，拖动“背景”图层至“创建新图层”按钮上复制“背景”图层，得到“背景 副本”图层，按 Delete 键清除选区中的图像。

（4）按 Ctrl+D 组合键取消选区，选择“背景”图层，按 Alt+Delete 组合键将背景图层填充前景色，选择“背景 副本”图层，执行“图层”|“图层样式”|“投影”命令，在弹出的“图层样式”对话框中对“投影”图层样式进行相应的设置，如图 7-36 所示。

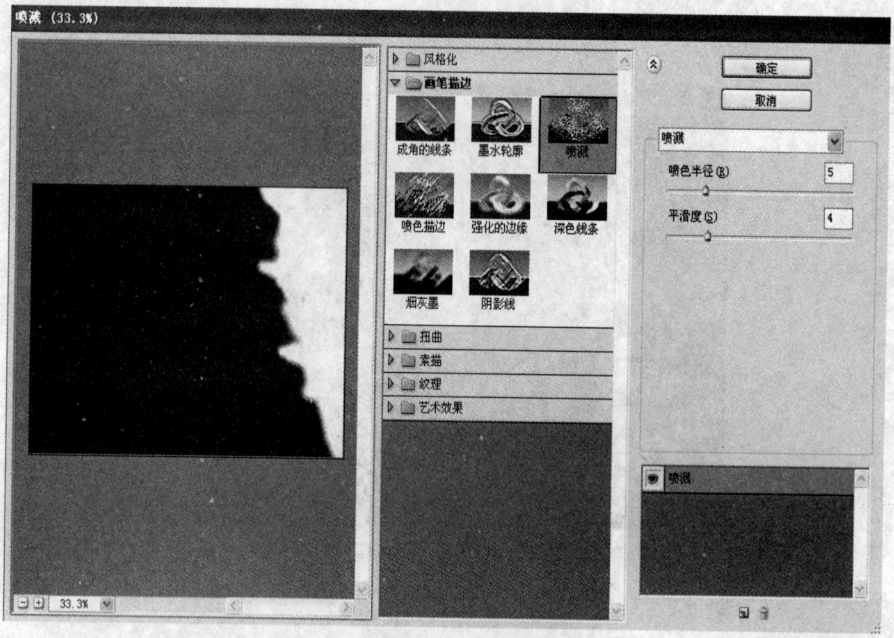

图 7-34 设置“喷溅”对话框

图 7-35 喷溅后的效果

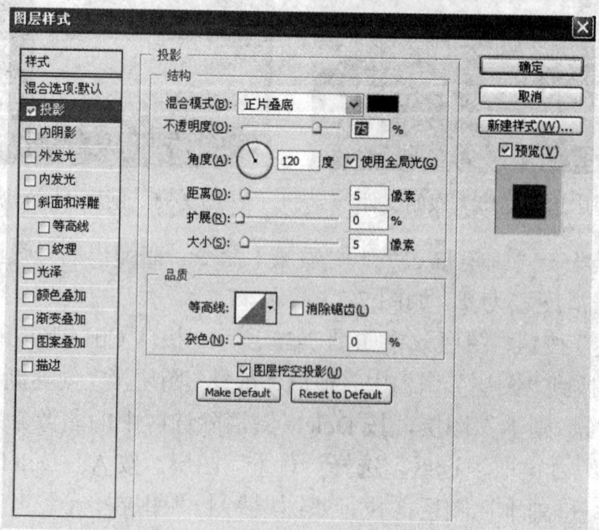

图 7-36 设置“投影”图层样式

（5）完成图像效果制作，执行“文件”｜“存储为”命令，将处理完成的图像保存。

7.4　工作情境二　图层蒙版应用

7.4.1　工作情境描述及效果

- 原始文件：素材\模块 7\图层蒙版应用 1.jpg 和图层蒙版应用 2.jpg
- 最终文件：效果\模块 7\图层蒙版应用.psd

1. 工作情境描述

通过制作如图 7-37 所示的效果图掌握图层蒙版的应用，并且能够灵活运用图层蒙版创建多种神奇效果。案例要点如表 7-2 所示。

表 7-2　“图层蒙版”要点分析

案例要点：
◆　使用磁性套索工具绘制企鹅选区
◆　创建图层蒙版
◆　对图像实现自由变换及复制

2. 工作情境最终效果（如图 7-37 所示）

图 7-37　图层蒙版最终效果图

7.4.2　工作情境详解

（1）打开原始文件图层蒙版 1 和图层蒙版 2 两幅图像。

（2）将图层蒙版 1 拖入图层蒙版 2 中，如图 7-38 所示。单击工具箱中的“磁性套索工具”，设置“羽化值”为 3，在图像上绘制出企鹅的选区，如图 7-39 所示。

（3）单击图层调板上的“添加图层蒙版”按钮，图层被添加蒙版，效果如图 7-40 所示。此时可对图像位置进行调整。

（4）按 Ctrl+T 组合键可对企鹅图像进行快速变换，按 Alt 键的同时使用移动工具，对企鹅进行复制（效果如图 7-37 所示）。

图 7-38　拖曳图像

图 7-39　绘制选区

（5）完成图像效果制作，执行“文件”|“存储为”命令，将处理完成的图像保存。

图 7-40　添加图层蒙版

7.5　模块小结

本模块主要讲解 Photoshop CS5 中通道的基本概念、分类、使用及蒙版的分类和使用。通道和蒙版是 Photoshop CS5 的两个不可缺少的重要工具，图像处理中有很多地方需要利用通道和蒙版来完成，可以这么说，没有掌握好通道和蒙版，Photoshop CS5 就少了最精妙的一笔。所以，掌握本模块内容是深入了解 Photoshop CS5 的一个台阶。

7.6　模块训练七

1. 使用如图 7-41 所示的原始文件，执行“应用图像”命令，完成图像合成。

图 7-41　素材图像

2. 使用如图 7-42 所示的原始文件，利用图层蒙版完成别墅与山水的合成效果。

图 7-42　素材图像

模块 8　滤镜的应用

滤镜是 Photoshop 中最具吸引力的功能之一，它就像是一个魔术师，可以把普通的图像变为非凡的视觉艺术作品。滤镜不仅可以制作各种特效，还可以模拟素描、油画、水彩等绘画效果。本章就来详细了解各种滤镜的特点与使用方法。

重点提示：

- 滤镜概念。
- 滤镜库。
- 各种滤镜的使用方法与技巧。

8.1　子模块一　滤镜概述

滤镜是 Photoshop 中用于创建图像特殊效果的一个强大工具，下面首先来认识一下到底什么是滤镜。

8.1.1　滤镜概念

滤镜原本是一种摄影器材，摄影师将它们安装在照相机的前面来改变照片的拍摄方式，可以影响色彩或者产生特殊的拍摄效果。Photoshop 滤镜是一种插件模块，它们能够操纵图像中的像素。我们在前面的模块中介绍过，位图是由像素构成的，每一个像素都有自己的位置和颜色值，滤镜就是通过改变像素的位置或颜色来生成各种特殊效果的。如图 8-1 所示为执行“塑料包装”命令后的滤镜效果。

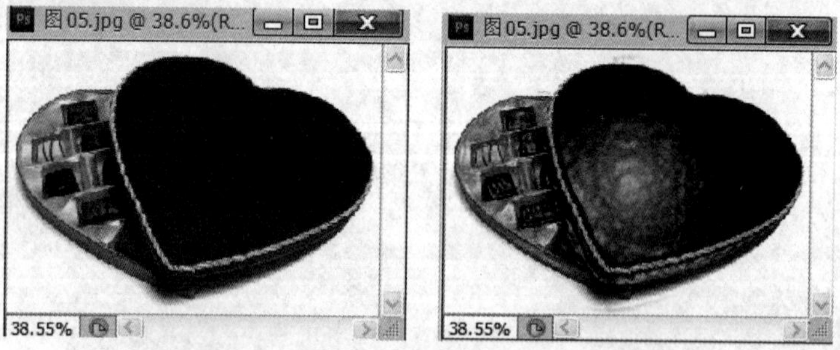

图 8-1　原图片及执行“塑料包装”滤镜后的图片

8.1.2　滤镜的种类和用途

滤镜分为内置滤镜和外挂滤镜两大类。内置滤镜是 Photoshop 自身提供的各种滤镜；外挂滤镜则是由其他厂商开发的滤镜，它们需要安装在 Photoshop 中才能使用。Photoshop 中的所有滤镜都在“滤镜”菜单中。如果安装了外挂滤镜，则它们出现在“滤镜”菜单底部。

Photoshop 滤镜主要有两种用途：第一，用于创建具体的图像效果；第二，用于编辑图像。

8.1.3　滤镜的使用规则

滤镜的使用规则如下：

（1）使用滤镜处理图层中的图像时，需要选择该图层，并且图层必须是可见的。

（2）如果创建了选区，滤镜只处理选区中的内容，否则将处理当前图层中的全部图像。

（3）滤镜处理效果是以像素为单位进行计算的，因此，相同参数处理不同分辨率的图像，其效果也会不同。

（4）滤镜可以处理图层蒙版、快速蒙版和通道。

注意　执行完一个滤镜命令后，“滤镜”菜单的第一行便会出现该滤镜的名称，单击它或按下 Ctrl+F 组合键可以快速应用这一滤镜。如果对该滤镜的参数做出调整，可以按 Alt+Ctrl+F 组合键打开滤镜的对话框重新设置参数。

8.2　子模块二　滤镜库

滤镜库是一个整合了多种滤镜的对话框，它可以将一个或多个滤镜应用于图像，或者对同一个图像多次应用同一个滤镜，还可以使用对话框中的其他滤镜替换原有的滤镜。

8.2.1　滤镜库概述

执行“滤镜”｜“滤镜库”命令，或者使用“风格化”、“画笔描边”、“扭曲”、“素描”、“纹理”、“艺术效果”滤镜时，都可以打开滤镜库，如图 8-2 所示。

图 8-2　滤镜库

- 预览区：用于预览滤镜效果。
- 滤镜组：滤镜库中共包含 6 组滤镜，单击一个滤镜组前的按钮可展开该滤镜组。
- 参数设置区：用于显示选中滤镜的相关参数，可在此对参数进行相应的设置。

8.2.2 使用滤镜库

下面将结合实例来使用滤镜库，具体操作方法如下：

（1）打开素材文件：素材\模块 8\蛋糕.jpg。

（2）执行“滤镜”|“滤镜库”|“画笔描边”|“喷色描边”命令，如图 8-3 所示。

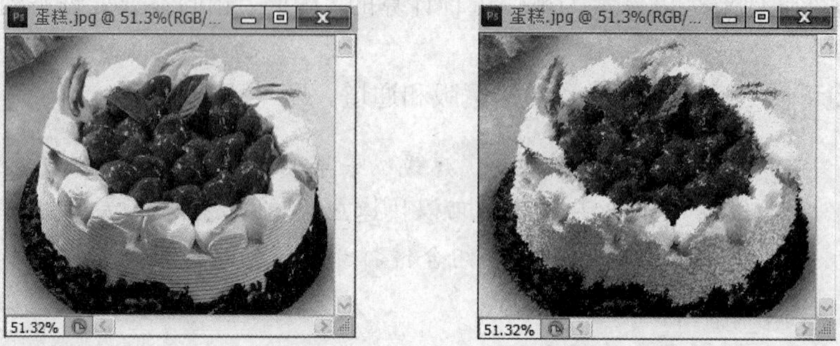

原图片　　　　“喷色描边”效果

图 8-3 “滤镜库”命令

8.3 子模块三 智能滤镜

前面介绍过，滤镜需要修改像素才能呈现特效；而智能滤镜则是一种非破坏性的滤镜，可以达到与普通滤镜完全相同的效果。但它是作为图层效果出现在图层面板中的，而不会真正改变图像中的任何像素，并且可以随时修改或删除参数。

8.3.1 应用智能滤镜

下面将结合实例来使用智能滤镜，具体操作方法如下：

（1）打开素材文件：素材\模块 8\荷花.jpg。

（2）执行“滤镜”|“转化为智能滤镜”命令，单击“确定”按钮，将“背景”层转化为智能对象，如图 8-4 所示。

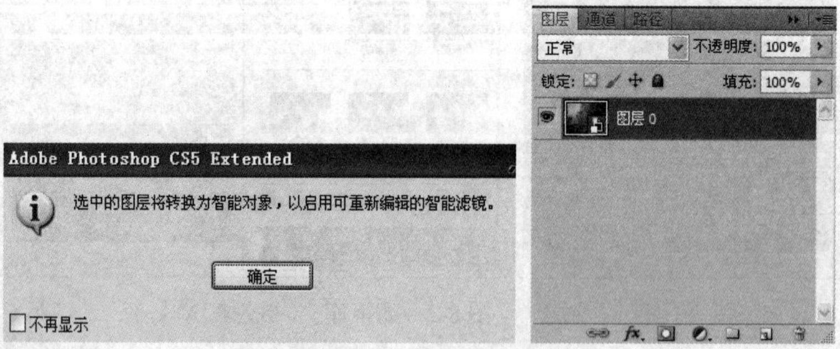

图 8-4 “转化为智能滤镜”命令

（3）按 Ctrl+J 组合键复制“图层 0”，得到“图层 0 复本”。执行“滤镜”|“素描”|“半调图案”命令，并将“图层 0 复本”的混合模式设为“正片叠底”。

（4）执行“滤镜”|“锐化”|“USM 锐化”命令，效果如图 8-5 所示。

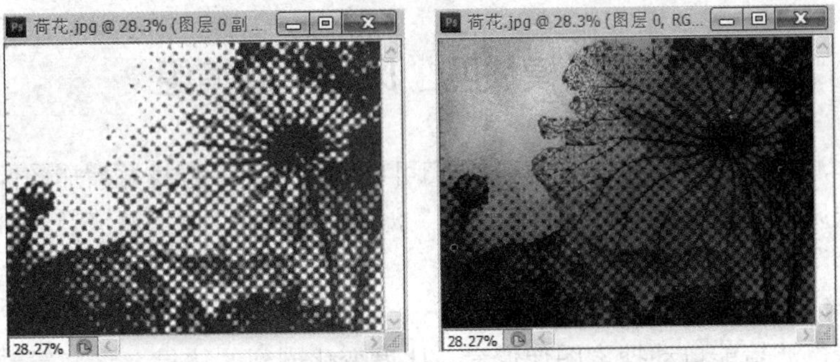

图 8-5　“半调图案”滤镜及“USM 锐化”滤镜效果

8.3.2　修改智能滤镜

使用前面的实例来看一下怎样修改智能滤镜，具体操作方法是：双击“半调图案”智能滤镜，重新打开滤镜库来修改参数，将“图案类型”设置为“圆形”，如图 8-6 所示，单击“确定”按钮关闭对话框即可更新滤镜效果，如图 8-7 所示。

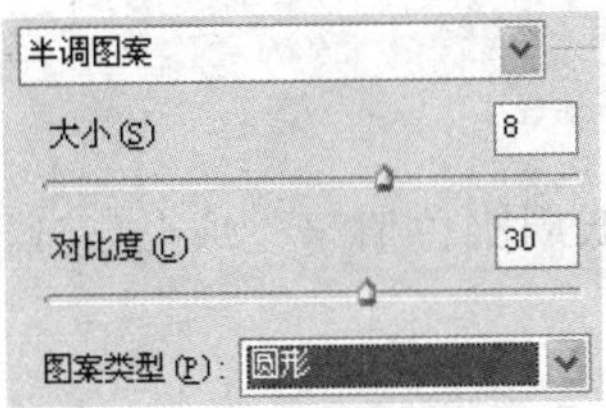

图 8-6　修改参数

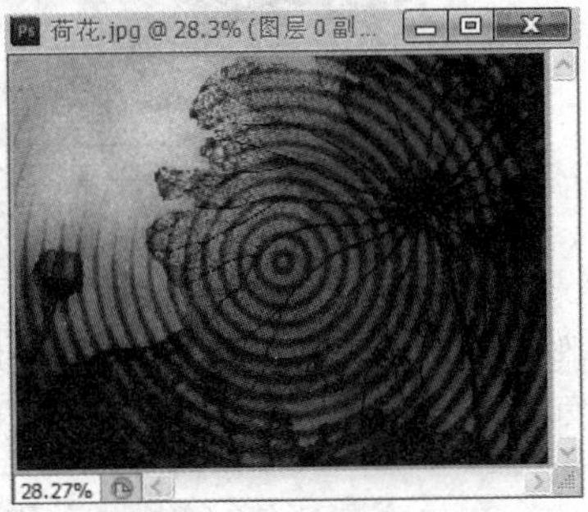

图 8-7　修改后的滤镜效果

8.3.3　遮盖智能滤镜

智能滤镜包含一个智能蒙版，它与图层蒙版完全相同，编辑蒙版可以有选择性地遮盖智能滤镜，使滤镜只影响图像的一部分，具体操作方法如下：

（1）选择智能滤镜的蒙版，如果要遮盖某一处的滤镜效果，可以用黑色绘制；如果要显示某一处的滤镜效果，则用白色绘制，如图 8-8 所示。

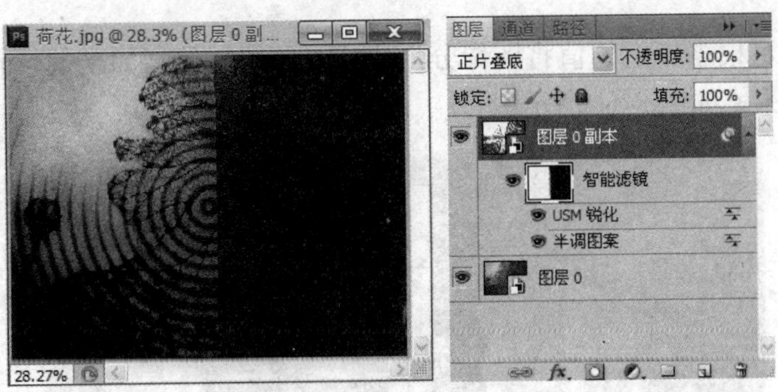

图 8-8　编辑蒙版后的滤镜效果

8.4　子模块四　风格化滤镜组

“风格化”滤镜组中包含 9 种滤镜，它们可以置换像素、查找并增加图像的对比度、产生绘画和印象派风格效果。我们以“查找边缘”滤镜、“浮雕效果”滤镜及“拼贴”滤镜为例介绍。

1. 查找边缘

“查找边缘”滤镜能自动搜索图像像素对比度变化剧烈的边界，将高反差区变亮，低反差区变暗，其他区域则介于两者之间，硬边变为线条，而柔边变粗，形成一个清晰的轮廓，如图 8-9 所示。

图 8-9　原图像及滤镜效果

2. 浮雕效果

“浮雕效果”滤镜可通过勾划图像或选区轮廓和降低周围色值来生成凸起或凹陷的浮雕效果，如图 8-10 所示。

图 8-10　原图像及滤镜效果

3. 拼贴

“拼贴”滤镜可根据指定的值将图像分为块状，并使其偏离原来的位置，产生不规则瓷砖拼凑成的图像效果，如图 8-11 所示。

图 8-11　原图像及滤镜效果

8.5 子模块五 画笔描边滤镜组

“画笔描边”滤镜组中包含 8 种滤镜，它们当中的一部分滤镜通过不同的油墨和画笔勾画图像产生绘画效果，有些滤镜可以添加颗粒、绘画、杂色、边缘细节或纹理，这些滤镜不能用于 Lab 和 CMYK 模式的图像。我们以“成角线条”滤镜、“墨水轮廓”滤镜及“喷溅”滤镜为例进行介绍。

1. 成角线条

“成角线条”滤镜可以使用对角描边重新绘制图像，用一个方向的线条绘制亮部区域，再用相反方向的线条绘制暗部区域，如图 8-12 所示。

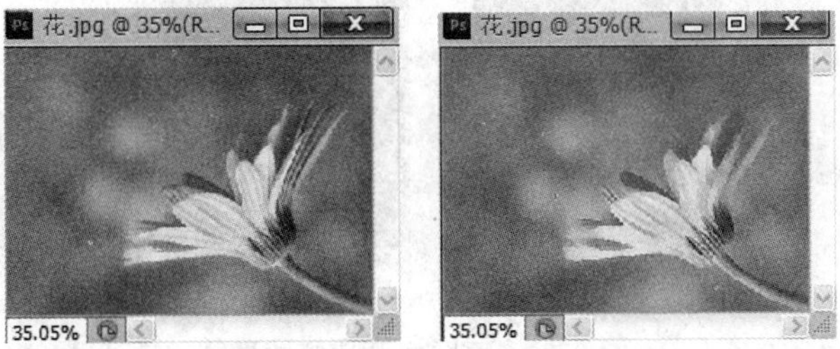

图 8-12 原图像及滤镜效果

2. 墨水轮廓

“墨水轮廓”滤镜能够以钢笔画的风格用纤细的线条在原细节上重绘图像，如图 8-13 所示。

图 8-13 原图像及滤镜效果

3. 喷溅

“喷溅”滤镜能够模拟喷枪，使图像产生笔墨喷溅的艺术效果，如图 8-14 所示。

图 8-14 原图像及滤镜效果

8.6 子模块六 模糊滤镜组

“模糊”滤镜组中包含 11 种滤镜，它们可以削弱相邻像素的对比度并柔化图像，使图像产生模糊效果。在去除图像的杂色或者创建特殊效果时会经常用到此类滤镜。我们以“表面模糊”滤镜、“动感模糊”滤镜及“径向模糊”滤镜为例进行介绍。

1. 表面模糊

“表面模糊”滤镜能够在保留边缘的同时模糊图像，可以用来创建特殊效果并消除杂色或颗粒，用它为人像照片进行磨皮，效果非常好，如图 8-15 所示。

图 8-15 原图像及滤镜效果

2. 动感模糊

“动感模糊”滤镜可以根据制作效果的需要沿指定方向、以指定强度模糊图像，产生的效果类似于以固定的曝光时间给一个移动的对象拍照。在表现对象的速度时会经常用到该滤镜，如图 8-16 所示。

图 8-16 原图像及滤镜效果

3. 径向模糊

“径向模糊”滤镜可以模拟缩放或旋转的相机所产生的模糊效果，如图 8-17 所示。

图 8-17 原图像及滤镜效果

8.7　子模块七　扭曲滤镜组

“扭曲”滤镜组中包含 13 种滤镜，它们可以对图像进行几何扭曲、创建 3D 或其他整形效果，在处理图像时，这些滤镜会占用大量内存，如果文件较大，可以先在小尺寸的图像上试验。下面以“极坐标”滤镜、“挤压”滤镜及“切变”滤镜为例进行讲解。

1. 极坐标

“极坐标”滤镜可以将图像从平面坐标转换为极坐标，或者从极坐标转换为平面坐标。使用该滤镜可以创建 18 世纪流行的曲面扭曲效果，如图 8-18 所示。

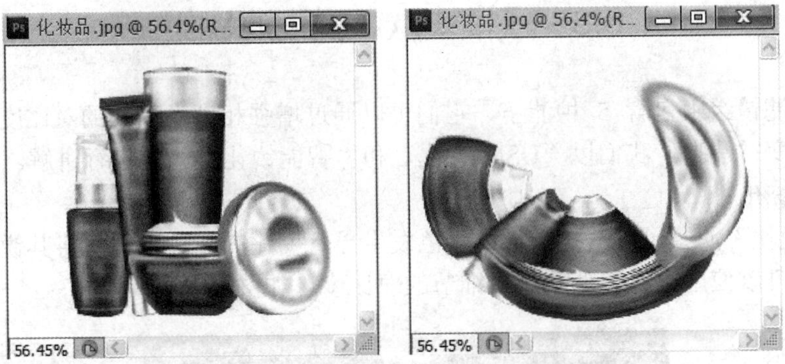

图 8-18　原图像及滤镜效果

2. 挤压

“挤压”滤镜可以将整个图像或选区内的图像向内或向外挤压。“挤压”对话框中的“数量”选项用于控制挤压程度，该值为负值时，图像向外凸出；为正值时，图像向内凹陷，如图 8-19 所示。

图 8-19　原图像及滤镜效果

3. 切变

“切变”滤镜是比较灵活的滤镜，我们可以按照自己设定的曲线来扭曲图像。在曲线上单击可以添加控制点，通过拖动控制点改变曲线的形状即可扭曲图像；如果要删除某个控制点，将它拖至对话框外即可。单击“默认”按钮则可将曲线恢复到初始的直线状态，如图 8-20 所示。

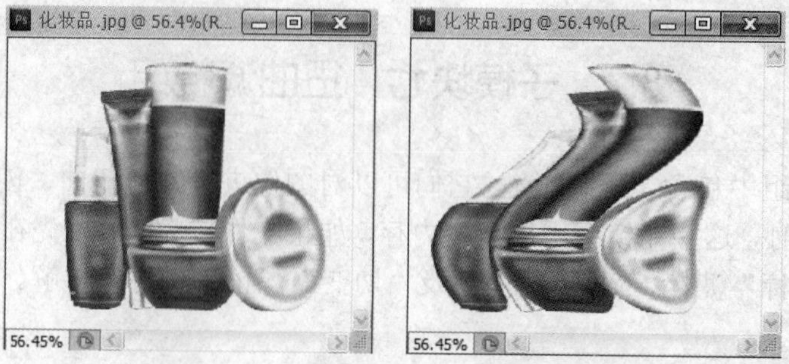

图 8-20　原图像及滤镜效果

8.8　子模块八　锐化滤镜组

“锐化”滤镜组中包含 5 种滤镜，它们可以通过增强相邻像素间的对比度来聚集模糊的图像，使图像变得清晰。我们以“USM 锐化”和“智能锐化”为例进行讲解。

1. USM 锐化

“USM 锐化”滤镜可以查找图像中颜色发生显著变化的区域，然后将其锐化。对于专业的色彩校正，可以使用该滤镜调整边缘细节的对比度，如图 8-21 所示。

图 8-21　原图像及滤镜效果

2. 智能锐化

“智能锐化”滤镜与“USM 锐化”滤镜比较相似，但它具有独特的锐化控制选项，可以设置锐化算法、控制阴影和高光区域的锐化量，如图 8-22 所示。

图 8-22　原图像及滤镜效果

8.9　子模块九　素描滤镜组

“素描”滤镜组中包含 14 种滤镜，它们可以将纹理添加到图像中，常用来模拟素描和速写等艺术效果或手绘外观。大部分滤镜在重绘图像时都要使用前景色和背景色，因此，设置不同的前景色和背景色时可以获得不同的效果。我们以“半调图案”滤镜、“绘画笔”滤镜及“撕边”滤镜为例进行讲解。

1. 半调图案

“半调图案”滤镜可以在保持连续色调的同时模拟半调网屏效果，如图 8-23 所示。

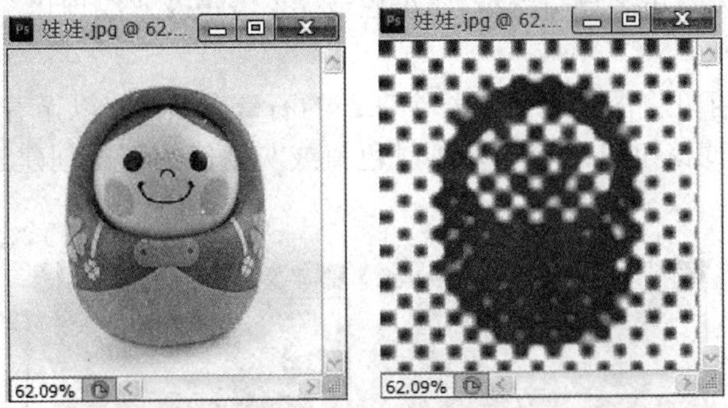

图 8-23　原图像及滤镜效果

2. 绘画笔

“绘画笔”滤镜使用细的、线状的油墨描边来捕捉原图像中的细节，前景色作为油墨，背景色作为纸张，以替换原图像中的颜色，如图 8-24 所示。

图 8-24　原图像及滤镜效果

3. 撕边

“撕边”滤镜可以重建图像，使其像是由粗糙的、撕破的纸片组成的，然后使用前景色与背景色为图像着色，对于文本或高对比度图像，该滤镜尤其有用，如图 8-25 所示。

图 8-25　原图像及滤镜效果

8.10 子模块十 纹理滤镜组

“纹理”滤镜组中包含 6 种滤镜，它们可以模拟具有深度感或物质感的外观，或者添加一种器质外观。我们以“龟裂缝”滤镜、“染色玻璃”滤镜及“纹理化”滤镜为例进行讲解。

1. 龟裂缝

“龟裂缝”滤镜可以将图像绘制在一个凹凸的石膏表面上，以循着图像等高线生成精细的网状裂缝。使用该滤镜可以对包含多种颜色值或灰度值的图像创建浮雕效果，如图 8-26 所示。

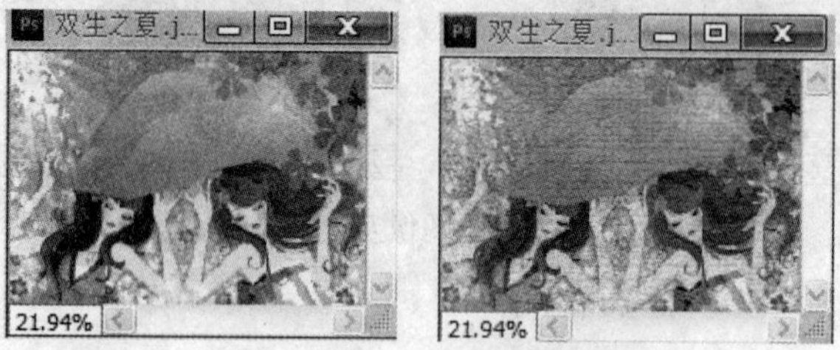

图 8-26 原图像及滤镜效果

2. 染色玻璃

“染色玻璃”滤镜可以将图像重新绘制为单色的相邻单元格，色块之间的缝隙用前景色填充，使图案看起来像是彩色玻璃，如图 8-27 所示。

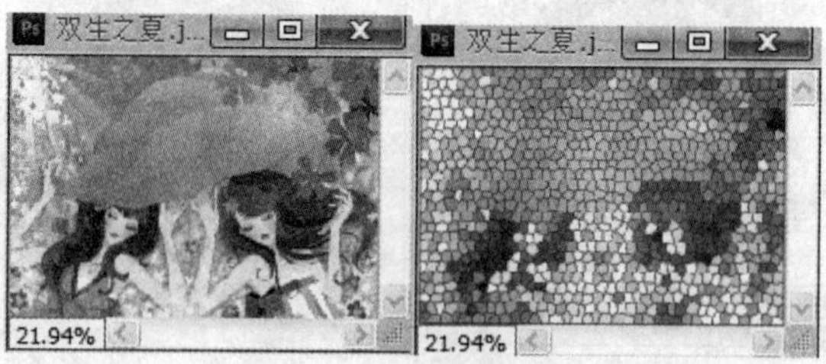

图 8-27 原图像及滤镜效果

3. 纹理化

“纹理化”滤镜可以生成各种纹理，在图像中添加纹理质感，可选择的纹理包括“砖形”、“粗麻布”、“画布”和“砂岩”，也可以单击“纹理”选项右侧的按钮载入一个 PSD 格式的文件作为纹理文件，如图 8-28 所示。

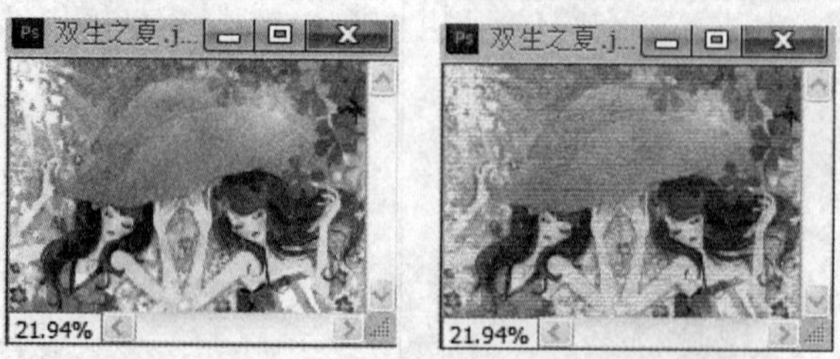

图 8-28 原图像及滤镜效果

8.11　子模块十一　像素化滤镜组

“像素化”滤镜组中包含 7 种滤镜，它们可以通过单元格中颜色值相近的像素结成块来清晰地定义一个选区，可用于创建彩块、点状、晶格和马赛克等特殊效果。我们以“点状化”滤镜和“晶格化”滤镜为例进行讲解。

1. 点状化

“点状化”滤镜可以将图像中的颜色分散为随机分布的网点，如同点状绘画效果，背景色将作为网点之间的画布区域。使用该滤镜时，可通过“单元格大小”选项来控制网点的大小，如图 8-29 所示。

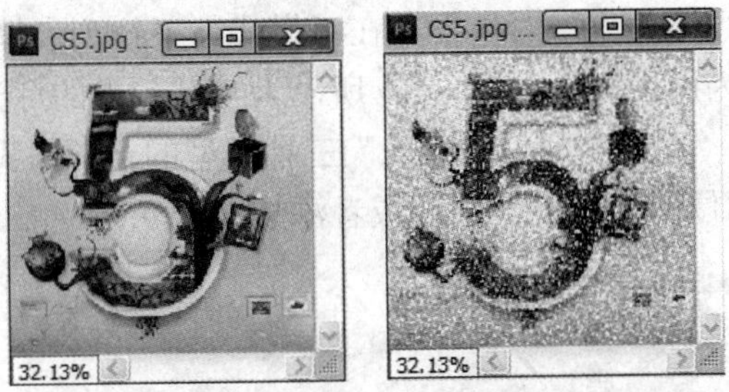

图 8-29　原图像及滤镜效果

2. 晶格化

“晶格化”滤镜可以使图像中相近的像素集中到多边形色块中，产生类似结晶的颗粒效果。使用该滤镜时，可通过“单元格大小”选项来控制多边形色块的大小，如图 8-30 所示。

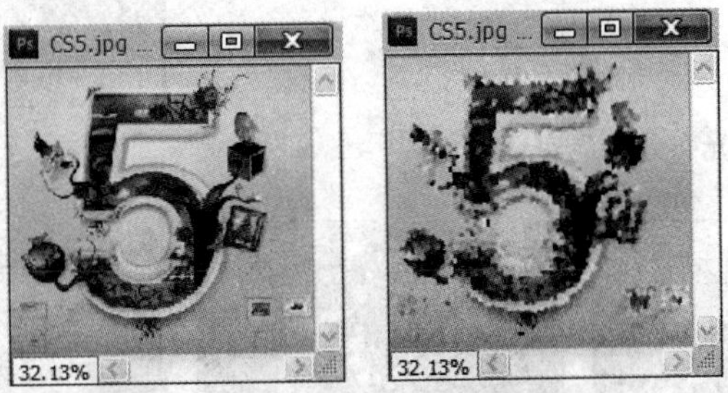

图 8-30　原图像及滤镜效果

8.12　子模块十二　渲染滤镜组

“渲染”滤镜组中包含 5 种滤镜，这些滤镜可以在图像中创建 3D 形状、云彩图案、折射图案和模拟的光反射，是非常重要的特效制作滤镜。我们以“云彩”滤镜和“光照效果”滤镜为例进行介绍。

1. 云彩

“云彩”滤镜可以使用介于前景色与背景色之间的随机值生成柔和的云彩图案。如果按住 Alt 键，然后执行“云彩”命令，则可以生成色彩更加鲜明的云彩图案，如图 8-31 所示。

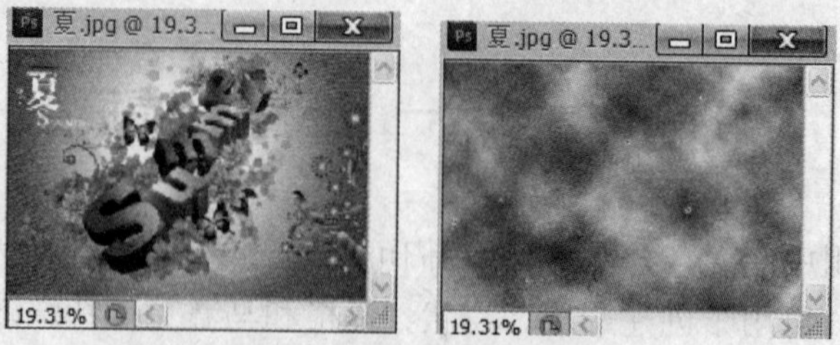

图 8-31　原图像及滤镜效果

2. 光照效果

“光照效果”滤镜是一个强大的灯光效果制作滤镜，它包含 17 种光照样式、3 种光照类型和 4 套光照属性，可以在 RGB 图像上产生无数种光照效果，还可以使用灰度文件的纹理产生类似 3D 的效果。

如图 8-32 所示为“光照效果”对话框，在“样式”下拉列表框中可以选择一种预设的灯光样式。如图 8-33 所示为原图像，如图 8-34 所示为几种预设的灯光效果。“光照类型”下拉列表框中包括“平行光”、“全光源”及“点光”三种类型的光源，我们选择一种光源后，就可以在对话框左侧调整它的位置和照射范围，或者添加多个光源。

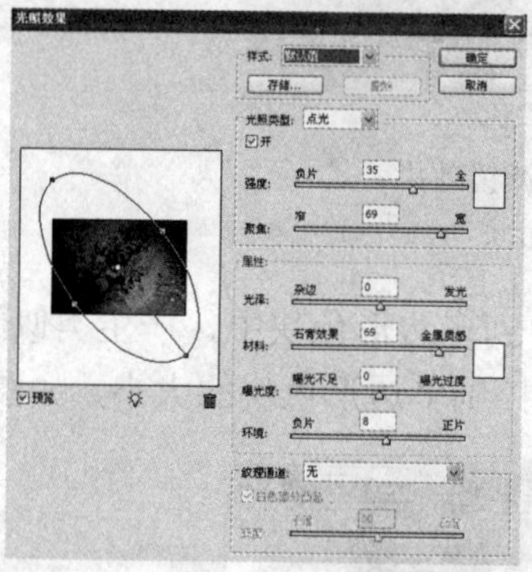

图 8-32　“光照效果”对话框

图 8-33　原图像

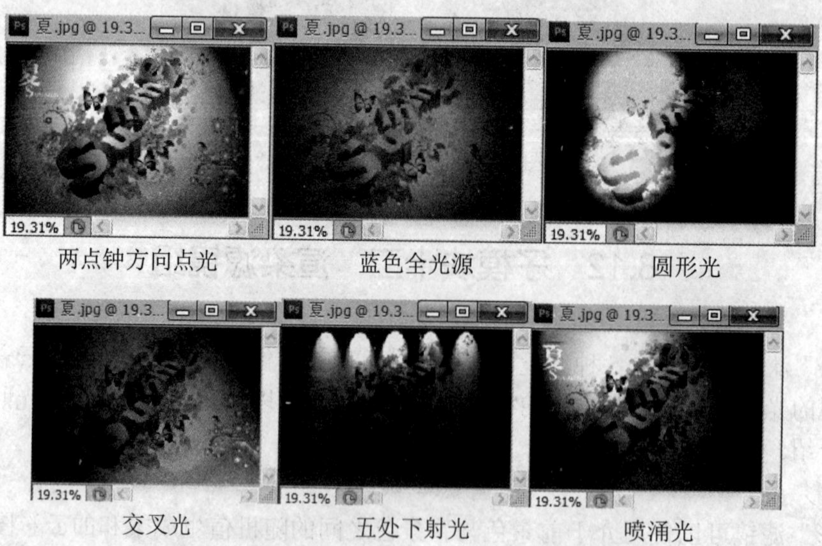

两点钟方向点光　蓝色全光源　圆形光

交叉光　五处下射光　喷涌光

图 8-34　“光照效果”滤镜的几种效果

8.13　子模块十三　艺术效果滤镜组

“艺术效果”滤镜组中包含 15 种滤镜，它们可以模仿自然或传统介质的效果，使图像看起来更贴近绘画或艺术效果。我们以“壁画”滤镜和“海报边缘”滤镜为例进行讲解。

1．*壁画*

“壁画”滤镜使用短而圆的、粗略涂抹的小块颜料，以一种粗糙的风格绘制图像，使图像呈现一种古壁画般的效果，如图 8-35 所示。

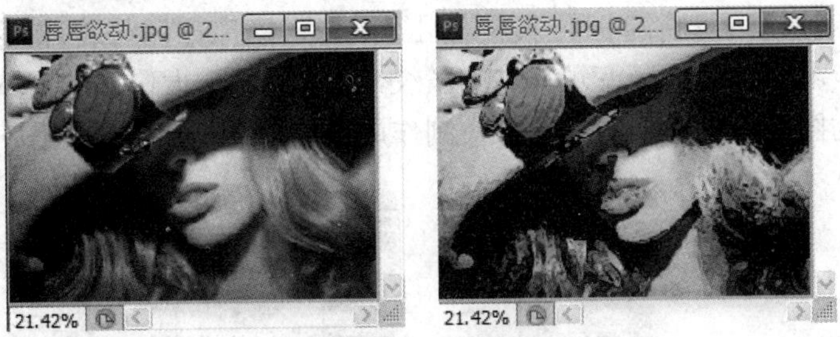

图 8-35　原图像及滤镜效果

2．*海报边缘*

“海报边缘”滤镜可以按照设置的选项自动跟踪图像中颜色变化剧烈的区域，在边界上填入黑色的阴影，大而宽的区域有简单的阴影，而细小的深色细节遍布图像，使图像产生海报效果，如图 8-36 所示。

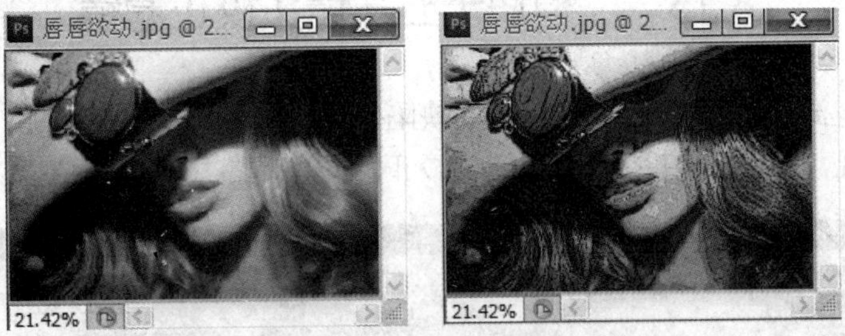

图 8-36　原图像及滤镜效果

8.14　子模块十四　杂色滤镜组

“杂色”滤镜组中包含 5 种滤镜，它们可以添加或去除杂色或者带有随机分布色阶的像素，创建与众不同的纹理，也可以用于去除有问题的区域。我们以“蒙尘与划痕”滤镜和“添加杂色”滤镜为例进行讲解。

1．*蒙尘与划痕*

“蒙尘与划痕”滤镜可通过更改相异的像素来减少杂色，该滤镜对于去除扫描图像中的杂点和折痕特别有效，为了在锐化图像和隐藏瑕疵之间取得平衡，可尝试“半径”与“阈值”设置的各种组合。“半径”值越高，模糊程度越强；“阈值”则用于定义像素的差异有多大才能被视为杂点，该值越高，去除杂点的效果就越弱，如图 8-37 所示。

图 8-37 原图像及滤镜效果

2. 添加杂色

“添加杂色”滤镜可以将随机的像素应用于图像，模拟在调整胶片上拍照的效果，该滤镜也可以用来减少羽化选区或渐变填充中的条纹，或使经过重大修饰的区域看起来更真实。还可以在一张空白的图像上生成随机的杂点，制作成杂纹或其他底纹，如图 8-38 所示。

图 8-38 原图像及滤镜效果

8.15 子模块十五 镜头校正滤镜

“镜头校正”滤镜可以修复常见的镜头缺陷，如桶形失真、晕影、色差，以及校正图像的垂直与水平透视，如图 8-39 所示为“镜头校正”对话框。

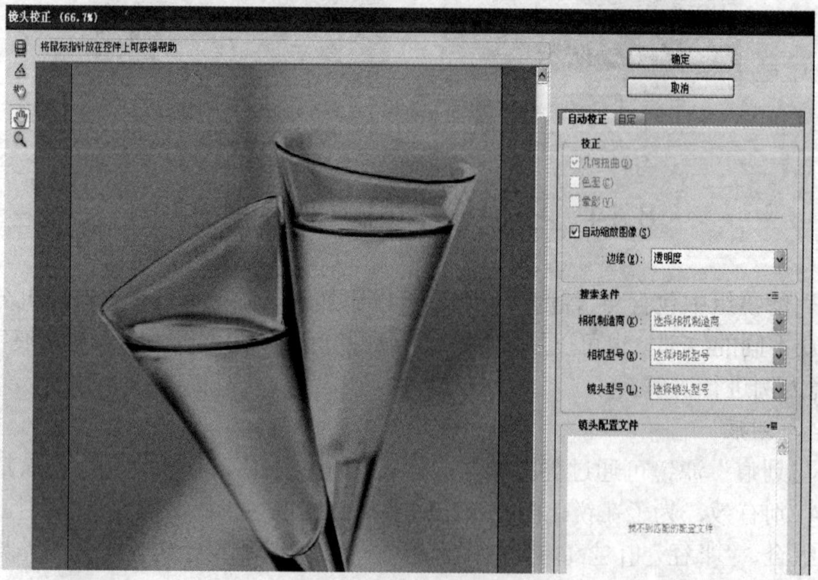

图 8-39 “镜头校正”对话框

对话框中各主要工具及选项的用法如下：

- 移去扭曲工具：帮助图像校正镜头的桶形失真与枕形失真，桶形失真是常见的镜头缺陷之一，会导致图像的直线向外弯曲；而枕形失真的效果则相反，直线会向内弯曲，可以通过移去扭曲工具来进行校正。
- 拉直工具：绘制一条线将图像拉直到新的横轴或纵轴。
- 移动网格工具：拖动以移动或对齐网格。
- 色差：是由于镜头无法将不同频率的光线聚焦到同一点而造成的，就好像印刷中套印没有套准的效果，通过“修复红/青边”选项可以校准红色通道相对于绿色通道的大小；通过“修复蓝/黄边”选项可以校准蓝色通道相对于绿色通道的大小。
- 晕影：用于图像边缘一圈过暗或过亮的校正。
- 数量：设置沿图像边缘变亮或变暗的程度。
- 垂直透视：可以校正由于镜头产生的图像透视，使垂直线校正平行。
- 水平透视：可以校正由于镜头产生的图像透视，使水平线校正平行。
- 角度：校正图像的倾斜角度，也可以通过旋转拉直工具来进行校正。
- 边缘：用于指定使用何种方式处理校正图像透视后产生的空白区域。

8.16 子模块十六 消失点滤镜

“消失点”滤镜可以在透视的角度下编辑图像，允许在包含透视平面的图像中进行透视校正编辑。通过使用“消失点”滤镜来修饰、添加或移去图像中包含透视的内容，结果将更加逼真，如图 8-40 所示为“消失点”对话框。

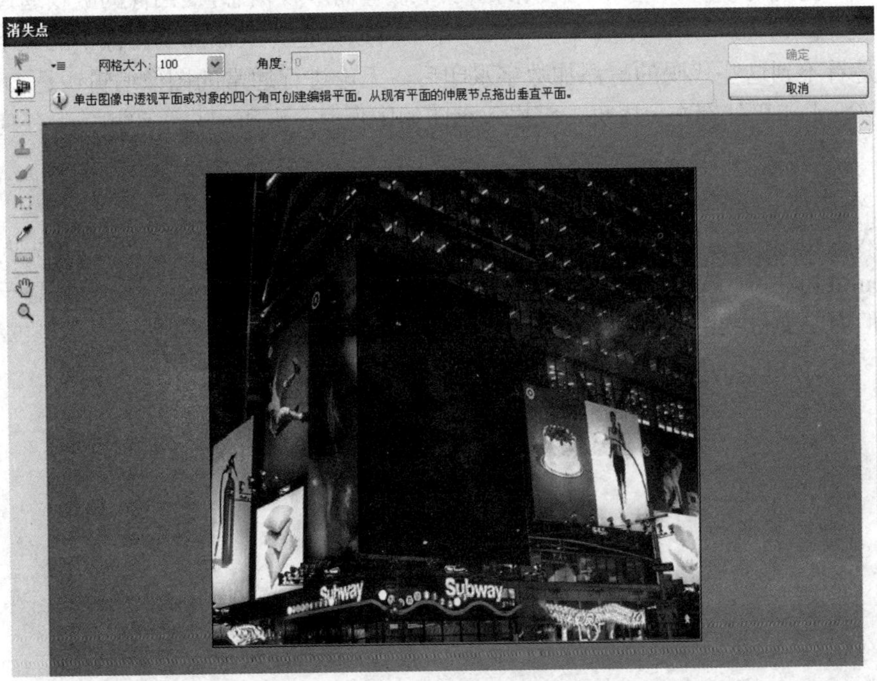

图 8-40 “消失点”对话框

下面结合实例来学习“消失点”滤镜的使用方法。原图像及最终效果如图 8-41 所示。

（1）打开素材文件：素材\模块 8\01.jpg 和 02.jpg。

（2）选择 01.jpg 文件复制生成“背景副本层”。

（3）全选 02.jpg 文件，然后按 Ctrl+C 组合键复制图像。

（4）在 01.jpg 文件中执行“滤镜”｜“消失点”命令，在打开的“消失点”对话框中使用创建平面工具在墙壁上单击，创建矩形平面。

（5）创建平面后，按 Ctrl+V 组合键粘贴前面复制的人物图像。

（6）使用鼠标将粘贴的图像拖曳到平面框内，图像自动调整到与创建的平面相同的透视角度。

（7）在对话框左侧单击“变换工具”对平面内的图像进行缩小变换，单击“确定”按钮。

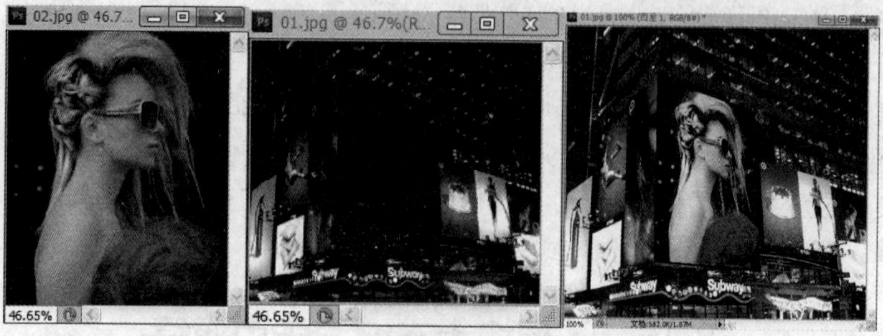

图 8-41　原图像及效果图

8.17　子模块十七　Digimarc 滤镜组

Digimarc 滤镜可以将数字水印嵌入到图像中以存储版权信息，使图像的版权通过 Digimarc ImageBridge 技术的数字水印受到保护。水印是一种以杂色方式添加到图像中的数字代码，我们的肉眼是看不到这些代码的。添加数字水印后，无论进行通常的图像编辑还是 Digimarc 文件格式转换，水印仍然存在。拷贝带有嵌入水印的图像时，水印和与水印相关的任何信息也会被拷贝。

1. 嵌入水印

“嵌入水印”滤镜可以在图像中加入著作权信息。在嵌入水印前，用户必须首先向 Digimarc Corporation 公司注册，取得一个 Digimarc ID，然后将这个 ID 号码随同著作权信息一并嵌入到图像中，但需要支付一定的费用，如图 8-42 所示为“嵌入水印”对话框。

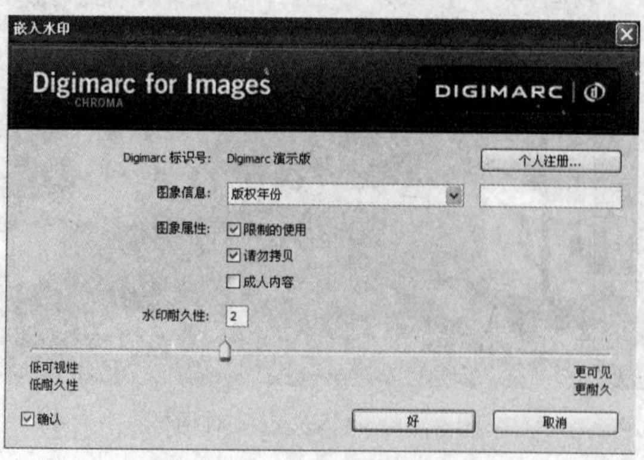

图 8-42　“嵌入水印”对话框

- Digimarc 标识号：设置创建者的个人信息。
- 图像信息：用来填写版权的申请年份等信息。
- 图像属性：用来设置图像的使用范围。
- 目标输出：指定图像是用于显示器显示、Web 显示还是打印显示。
- 水印耐久性：设置水印的耐久性和可视性。

2. 读取水印

“读取水印”滤镜主要是用来阅读图像中的数字水印内容。当一个图像中含有数字水印时，则在图像窗口标题栏和状态栏上会显示出一个 C 状符号。

执行该命令时，Photoshop 即对图像内容进行分析，并找出内含的数字水印数据。若找到了 ID 及相关数据，可以连接到 Digimarc 公司的站点，依据 ID 号码找到作者的联系资料以及租片费用等。若在图像中找不到数字水印效果或是数字水印已因过度地编辑而损坏，则 Photoshop 会弹出提示对话框，提示用户该图像中没有数字水印或是已经遭受破坏的信息。

8.18　工作情境一　制作超酷太阳镜反光效果

8.18.1　工作情境描述及效果

- 原始文件：Photoshop CS5\素材\模块 8\男人.jpg 和景.jpg
- 最终文件：Photoshop CS5\效果\模块 8\超酷太阳镜反光效果.psd

1. 工作情境描述

通过制作如图 8-43 所示的效果图掌握“通道混合器”、“图层蒙版”及“球面化”滤镜的综合运用，通过该案例的制作能够更好地实现发散性思维能力。案例要点如表 8-1 所示。

表 8-1　“制作超酷太阳镜反光效果”要点分析

案例要点：
◆ “通道混合器”的使用
◆ 图层蒙版的使用
◆ “球面化”滤镜

2. 工作情境最终效果（如图 8-43 所示）

图 8-43　“超酷太阳镜反光效果”最终效果

8.18.2 工作情境详解

（1）打开原始文件“男人.jpg”，如图 8-44 所示。在“调整”面板中创建一个“通道混合器”调整图层，在打开的“通道混合器”调板中勾选“单色”复选框，然后设置参数，此时可以看到图像被转换为黑白色了，如图 8-45 所示。

图 8-44　原始文件

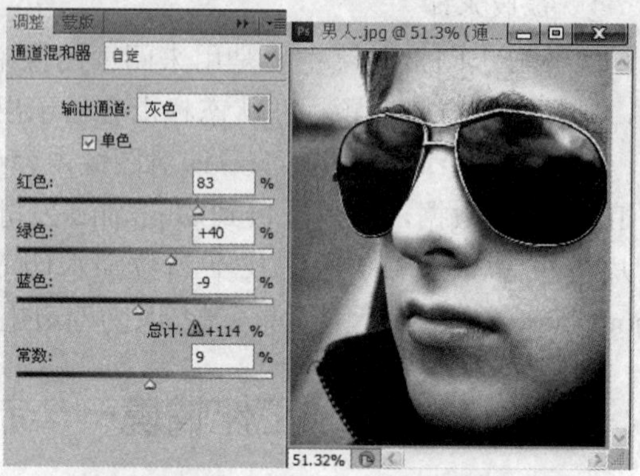

图 8-45　“通道混合器”调板

（2）打开原始文件“景.psd”将该文件复制到“男人.psd”图像中，生成“图层 1”，如图 8-46 所示。

图 8-46　“图层”面板

（3）按 Ctrl+T 组合键，使用变换编辑框对风景图像进行缩放、旋转、移动变换；确认变换后隐藏“图层 1”。选择“快速选择工具”，在人物眼镜上单击，将镜片创建为选区。按 Shift+F6 组合键，在打开的“羽化选区”对话框中设置“羽化半径”为 15 像素，如图 8-47 所示。

（4）在“图层”面板中显示“图层 1”，并设置“图层 1”的“混合模式”为“变亮”，然后单击下方的“添加图层蒙版”按钮为选区创建图层蒙版。此时，在图像窗口中可以看到为“图层 1”添加蒙版后选区以外的图像被隐藏，只保留了镜面区域图像，如图 8-48 所示。

（5）在“图层”面板中单击“图层 1”指示图层蒙版链接到图层按钮，取消图层与蒙版之间的链接。执行“滤镜”｜“扭曲”｜“球面化”命令，在打开的“球面化”对话框中设置“数量”为 60%。确认后，在图像窗口中看到镜面图像被向外膨胀，使眼镜内的反光效果显得更自然，如图 8-49 所示。

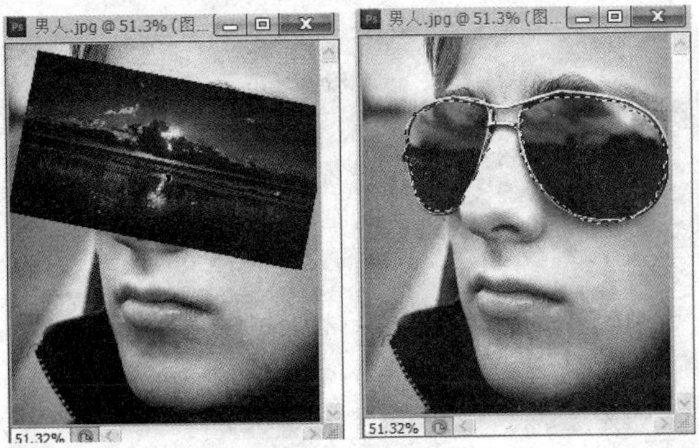

图 8-47　图像变换及快速选择效果

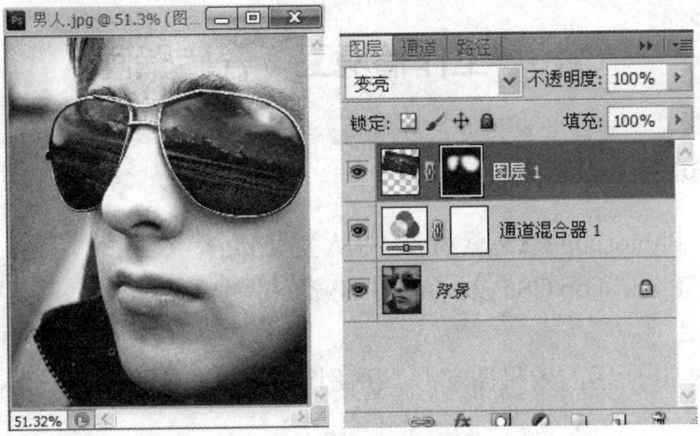

图 8-48　图像效果及“图层”面板

图 8-49　图像效果及“球面化”对话框

（6）按住 Ctrl 键，单击“图层 1”后面的“蒙版缩略图”按钮，载入蒙版选区；然后为选区内的图像创建“色阶”调整图层，在打开的“色阶”调板中进行参数设置。镜面图像被增强了色彩对比，效果变得更酷，如图 8-50 所示。

（7）执行“文件”｜“存储为”命令，对文件进行保存。

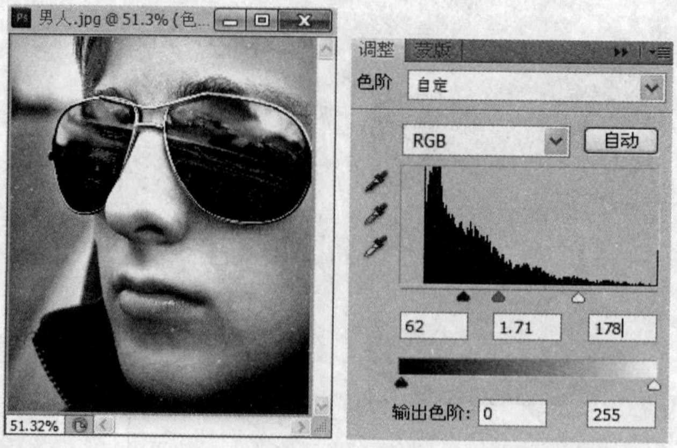

图 8-50 图像效果及“色阶”调板

8.19 工作情境二 瓷砖壁画

8.19.1 工作情境描述及效果

- 原始文件：Photoshop CS5\素材\模块 8\美女.jpg
- 最终文件：Photoshop CS5\效果\模块 8\瓷砖壁画.psd

1. 工作情境描述

通过制作如图 8-50 所示的效果图掌握“拼缀图”滤镜在实例中的应用。案例要点如表 8-2 所示。

表 8-2 “瓷砖壁画”要点分析

案例要点：

- “背景”层的复制
- “曲线”命令的使用
- “滤镜－纹理－拼缀图”的参数设置

2. 工作情境最终效果（如图 8-51 所示）

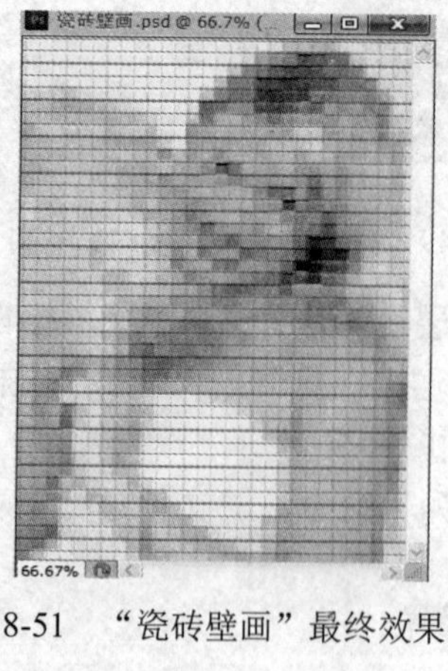

图 8-51 “瓷砖壁画”最终效果图

8.19.2　工作情境详解

（1）打开原始文件“美女.jpg”，在“图层”面板中拖动“背景”图层至“创建新图层”按钮上复制“背景”层，得到“背景副本”图层。

（2）选中“背景副本”图层，执行“图像”｜“调整”｜“曲线”命令，弹出“曲线”对话框，设置其参数，如图 8-52 所示。

图 8-52　图像效果及“曲线”对话框

（3）执行“滤镜”｜“纹理”｜“拼缀图”命令，在弹出的对话框中设置“方形大小”为 9，“凸现”为 13，如图 8-53 所示。

图 8-53　“拼缀图”对话框

（4）执行“文件”｜“存储为”命令，对文件进行保存。

8.20　模块小结

本模块主要讲解 Photoshop CS5 中各种滤镜的使用，每一种滤镜又提供了多种细分的滤镜效果，为用户处理位图提供了极大的方便。通过本模块的学习，可以轻松地使用滤镜来改善图像的效果并掩盖其缺陷，还可以在原有图像的基础上产生许多特殊的效果。

8.21 模块训练八

1．使用如图 8-54 所示的原始文件，使用“去斑”及“减少杂色”滤镜来修复一张照片。

2．使用如图 8-55 所示的原始文件，利用“艺术效果”滤镜制作一幅水彩画。

图 8-54 素材图像

图 8-55 素材图像

模块 9　3D 图像处理

在 Photoshop CS5 中，菜单栏中新增了 3D 菜单，同时还配备了 3D 工具和调板，我们能够创建和导入 3D 模型，并编辑它的纹理和光照，还可以选择不同的渲染模式。平时我们所看到的立体的、质感超强的 3D 图像，现在使用 Photoshop CS5 都能够轻松实现，甚至还能够将 3D 对象制成动画。

重点提示：

- 3D 模型的创建。
- 3D 工具的应用。
- 3D 对象的处理。

9.1　子模块一　3D 概述

3D 是指在图形内容中，除了有水平的 X 轴向与垂直的 Y 轴向外，还有进深的 Z 轴向，所以才叫“三维”，三维可以包含 360 度的信息，能从各个角度去表现。理论上看，三维图像的立体感和光影效果要比二维平面图真实，因为它的立体、光线、阴影都是真实存在的。

Photoshop CS5 中新增了 3D 菜单、3D 工具和调板，使用户可以使用材质进行贴图，还可以对灯光等要素进行编辑，制作出逼真的 3D 图像和动画，从而使 2D 和 3D 结合得更加完美。

9.1.1　3D 基础

在 Photoshop CS5 中，3D 图像是用一种特殊的图层——3D 图层来进行表现的。要掌握 Photoshop CS5 中的 3D 功能，先要了解一些和 3D 有关的概念。

- 网格：网格看起来是由成千上万个单独的多边形框架结构组成的线框。3D 模型通常至少包含一个网格，也可能包含多个网格。在 Photoshop CS5 中，可以在多种渲染模式下查看网格，还可以分别对每个网格进行操作。
- 材质：一个网格可以具有一种或多种相关的材质，这些材质控制整个网格或局部网格的外观。材质的外观是由纹理映射效果进行创建的，纹理映射是一种二维图像文件，它可以产生颜色、图案、反光度或崎岖度等效果。Photoshop CS5 中的材质最多可使用 9 种不同的纹理映射来定义其整体外观。
- 光源：包括点光、聚光灯、无限光以及环绕场景的基于图像的光。Photoshop CS5 中可以移动和调整现有光照的颜色和强度，并且可以将新光照添加到 3D 场景中。
- OpenGL：开放图形库，是计算机程序用于与显示器驱动程序通信的跨平台软件库。Photoshop CS5 利用图形显卡的 GPU 来加速屏幕重绘。为了使 Photoshop 能够访问 GPU，显卡必须包含支持 OpenGL 的 GPU 以及支持 OpenGL 2.0 和 Shader Model 3.0 的显示器驱动程序。

9.1.2 3D 调板概述

3D 调板可以用来创建 3D 对象或显示 3D 对象的组件，具体操作步骤如下：

（1）打开素材文件：素材\模块 9\ 3D 对象.psd。

（2）执行“窗口”｜“3D”命令或在“图层”面板中双击 3D 图层缩略图，显示 3D 调板。

（3）选择非 3D 图层“图层 1”，3D 调板为“新建 3D 对象”。

（4）选择 3D 图层“形状 1”，3D 调板上则显示 3D 对象的场景、网格、材质、光源等相关参数和工具，可根据需要对 3D 参数进行设定，如图 9-1 所示。

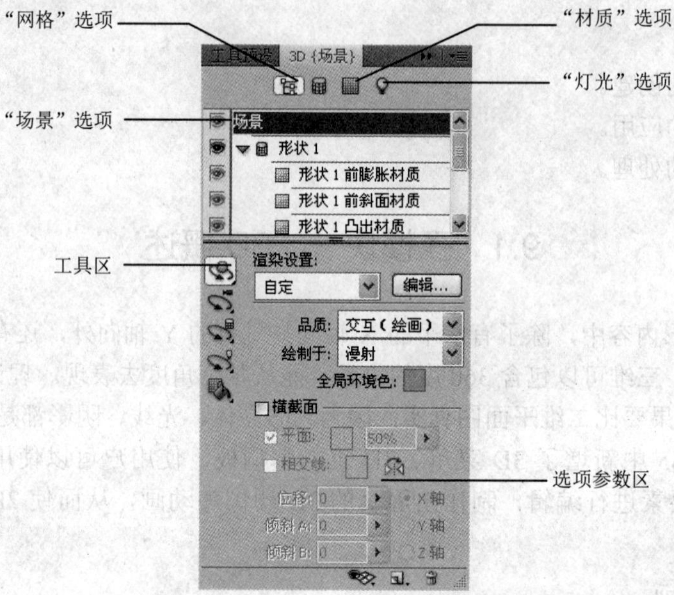

图 9-1 选择 3D 图层时的 3D 调板

9.1.3 使用 3D 工具

3D 工具可从工具箱或 3D 调板的工具区进行选择。

1. 工具箱中的 3D 工具

在工具箱中可以选择 3D 对象工具和相机工具，如图 9-2 所示。使用 3D 对象工具可以更改 3D 模型的位置或大小；而使用 3D 相机工具就像我们日常生活中用摄像机拍摄实物一样，可以更改场景视图，但是不会改变 3D 对象本身。如果计算机系统支持 OpenGL，还可以使用 3D 轴来操作 3D 模型和相机。

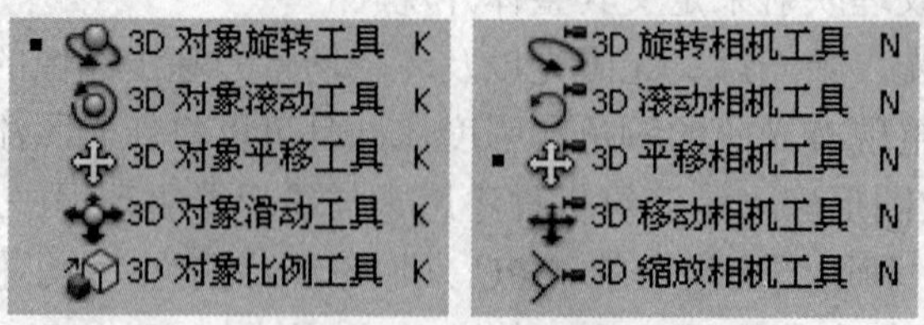

图 9-2 工具箱中的 3D 工具

任何一种3D工具都有其相对应的工具选项。以3D对象旋转工具为例，其工具选项的意义如图9-3所示，其他3D工具与此类似。

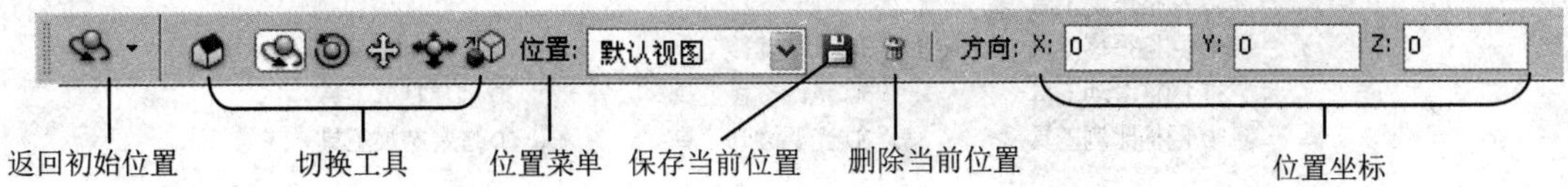

图9-3　3D对象旋转工具选项

（1）3D对象工具使用技巧。

- 返回到初始位置：单击选项栏中的“返回到初始位置”图标可返回到模型的初始视图。
- 限制单向移动：按住 Shift 键并进行拖动，可将“旋转”、“平移”、“滑动”或“缩放”工具限制为沿单一方向移动。
- 旋转：上下拖动可将模型围绕其X轴旋转；两侧拖动可将模型围绕其Y轴旋转。按住 Alt键的同时进行拖动可滚动模型。
- 滚动：两侧拖动可使模型绕Z轴旋转。
- 平移：两侧拖动可沿水平方向移动模型；上下拖动可沿垂直方向移动模型。按住Alt键的同时进行拖动可沿X/Z轴方向移动。
- 滑动：两侧拖动可沿水平方向移动模型；上下拖动可将模型移近或移远。按住 Alt键的同时进行拖动可沿X/Y轴方向移动。
- 比例：上下拖动可将模型放大或缩小。按住 Alt键的同时拖动可沿Z轴方向缩放。
- 坐标：要根据数字调整位置、旋转或缩放，可在选项栏右侧输入数值。

（2）3D相机工具使用技巧。

- 限制相机单向移动：按住 Shift 键并进行拖动，可将“旋转”、“平移”或“移动”工具限制为沿单一方向移动。
- 旋转相机：拖动以将相机沿X轴或Y轴方向环绕移动。按住 Alt键的同时进行拖动可滚动相机。
- 滚动相机：拖动可以滚动相机。
- 平移相机：用3D相机拍摄全景。拖动以将相机沿X轴或Y轴方向平移。按住Alt键的同时进行拖动可沿X轴或Z轴方向平移。
- 步览：与3D相机一起移动。拖动可步进相机（Z转换和Y旋转）。按住Alt键的同时进行拖动可沿Z/X轴方向步览（Z平移和X旋转）。
- 缩放：拖动以更改3D相机的视角，最大视角为180°。设置“景深距离”决定聚焦位置到相机的距离。“模糊”可以使图像的其余部分模糊化。动画景深可以模拟相机的聚焦效果。
- 坐标：在选项栏中，数值显示3D相机在X轴、Y轴和Z轴上的位置，也可以手动编辑这些值来调整相机视图。

2. 3D调板中的3D工具

在3D调板工具区中，除了上面介绍过的3D对象和3D相机工具外，还有3D网格、3D光源、3D材质工具，如图9-4所示，可以通过单击3D调板上的工具按钮进行3D工具选择，并选择相对应的3D元素进行操作。

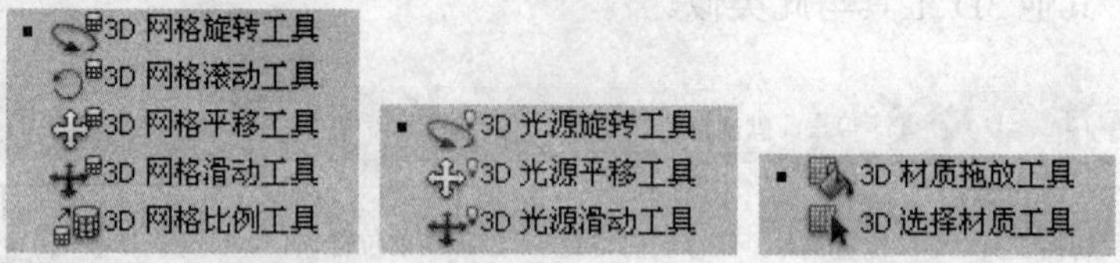

图9-4　3D调板工具区中的3D网格、3D光源、3D材质工具

3. 3D轴

3D轴显示3D空间中模型、相机、光源和网格的当前X轴、Y轴和Z轴的方向，如图9-5所示。选择任意3D工具时，都会显示3D轴，从而提供了另一种操作选定项目的方式。

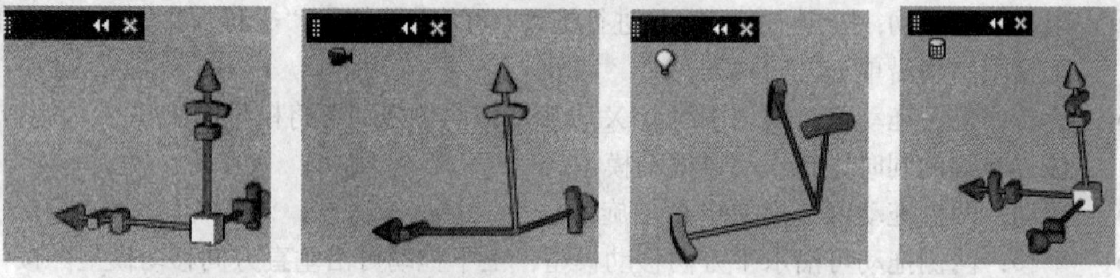

对象模型的3D轴　　相机的3D轴　　光源的3D轴　　网格的3D轴

图9-5　3D轴

必须在执行“编辑”|“首选项”|“性能”命令弹出的对话框中启用OpenGL，然后执行“视图”|“显示”|“3D轴”命令即可显示3D轴。

OpenGL是一种软件和硬件标准，可在处理大型或复杂图像（如3D文件）时加速视频处理过程。在支持OpenGL的系统上打开、移动和编辑3D模型时，性能将显著提高。如果OpenGL不可用，则Photoshop会使用基于软件的光线跟踪渲染来显示3D文件。

9.1.4　3D场景设置

3D场景表现3D对象的整体效果，可以单击3D调板中的“场景”按钮，然后在面板选择区的列表中选择“场景”条目，具体操作步骤如下：

（1）打开素材文件：素材\模块9\3D场景设置.psd

（2）单击3D调板的“场景”按钮，可更改渲染模式或选择要绘制的纹理或创建横截面，如图9-6所示。

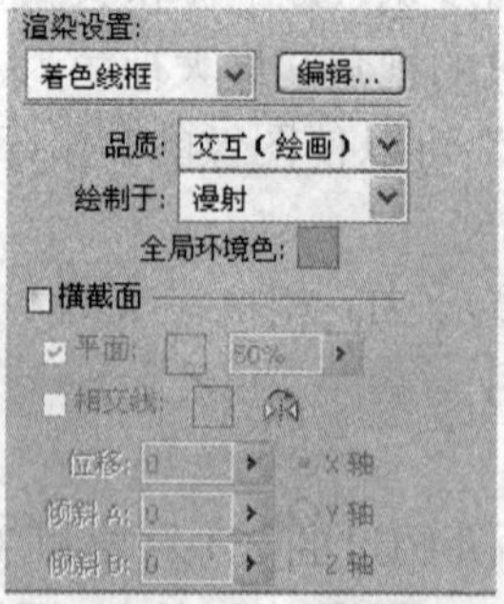

图9-6　3D场景设置

3D 场景面板中各选项的意义如下：

- 渲染设置：在“渲染设置”下拉列表框中有多种渲染预设，通过选择这些渲染预设可使图像产生不同的渲染效果，常用渲染预设效果如图 9-7 所示（其渲染品质设置为“交互”），单击 3D 调板上的“编辑”按钮可以进行更详细的设置。

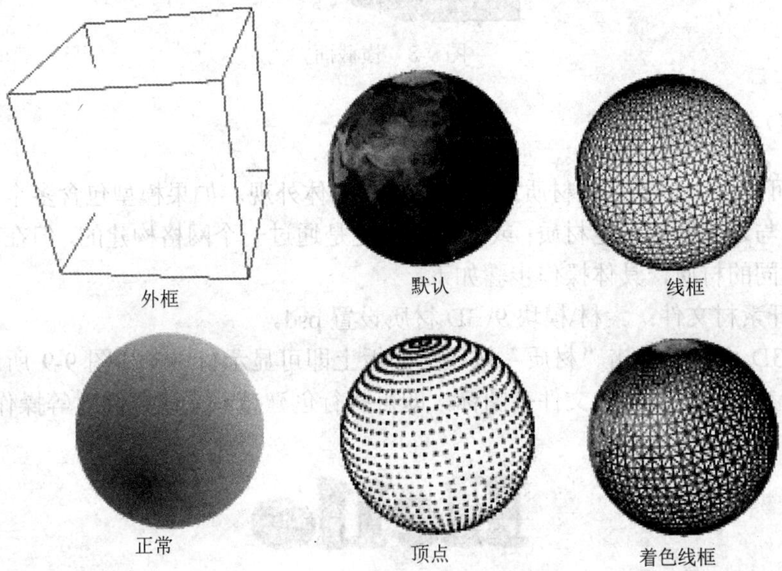

图 9-7　常用渲染预设效果

- 品质：选择该设置，可在保持优良性能的同时呈现最佳的显示品质。其中“交互（绘画）”使用 OpenGL 进行渲染，可以利用视频卡上的 GPU 产生高品质的效果，但缺乏细节的反射和阴影。对于大多数系统来说，此选项最适于进行编辑。“光线跟踪草图”使用计算机主板上的 CPU 进行渲染，具有草图品质的反射和阴影。如果系统有功能强大的显卡，则“交互”选项可以产生更快的结果。“光线跟踪最终效果”可以完全渲染反射和阴影，最适用于最终输出。

注意　“光线跟踪”渲染过程中会临时在图像上绘制拼贴，一般来说处理速度较慢，如果要中断渲染过程，可在画面中单击鼠标或按空格键。如果更改拼贴的次数以牺牲处理速度来获得高品质，可更改“3D 首选项”中的“高品质阈值”。

- 绘制于：直接在 3D 模型上绘画时，请使用该菜单选择要在其上绘制的纹理映射。
- 全局环境色：设置在反射表面上可见的全局环境光的颜色。该颜色与用于特定材质的环境色相互作用。
- 横截面：勾选该选项可创建与模型相交的平面横截面。这样可以切入模型内部，查看里面的内容。其中“平面”用来显示创建横截面的相交平面，可以选择平面颜色和不透明度。“相交线”选择以高亮显示横截面平面相交的模型区域；“翻转横截面”将模型的显示区域更改为相交平面的反面；“位移和倾斜”可设置截面平面的位置和角度，如图 9-8 所示。

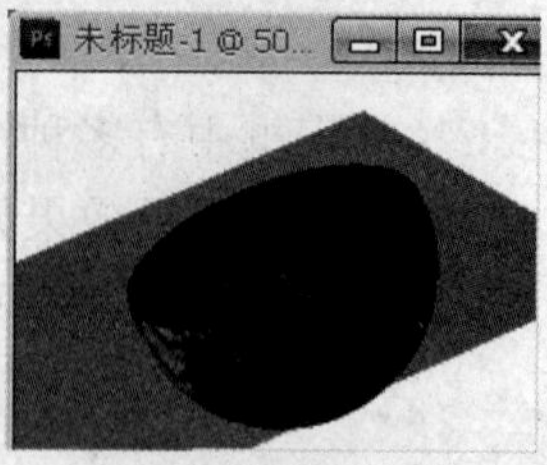

图 9-8　横截面

9.1.5　3D 材质设置

3D 对象可使用一种或多种材质来创建模型的整体外观。如果模型包含多个网格，则每个网格可能会有与之关联的特定材质；或者模型可能是通过一个网格构建的，但在模型的不同区域中使用了不同的材质，具体操作步骤如下：

（1）打开素材文件：素材\模块 9\ 3D 材质设置.psd。

（2）在 3D 面板中单击“材质”按钮，面板上即可显示材质，如图 9-9 所示。单击纹理映射类型材质参数设置旁边的文件夹图标，即可执行创建或载入纹理映射等操作。

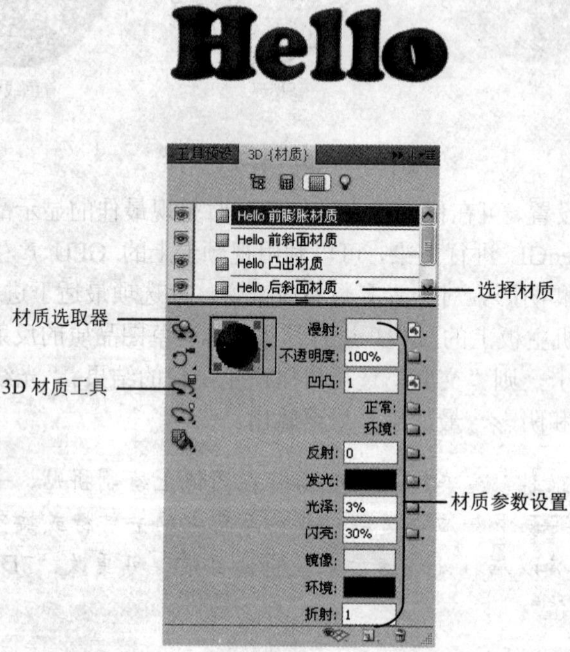

图 9-9　3D 材质

3D 材质面板上各项的设置如下：

- 漫射：材质的颜色。漫射映射可以是实色或任意 2D 内容。如果移去漫射纹理映射图，则“漫射”色板值会设置漫射颜色。还可以通过直接在模型上绘画来创建漫射映射。
- 不透明度：增加或减少材质的不透明度（在 0～100%范围内）。可以使用纹理映射图来控制不透明度。纹理映射的灰度值控制材质的不透明度，纹理图中的白色区域创建完全的不透明度，而黑色区域创建完全的透明度。

- 凹凸：在材质表面创建凹凸，无需改变底层网格。凹凸映射是一种灰度图像，其中较亮区域使表面区域突出，较暗区域使表面区域平坦。凹凸映射文件可以创建或载入，或通过在模型上绘画来自动创建。凹凸数值代表增加或减少崎岖度。只有存在凹凸映射时才会激活，从正面观看时，崎岖度最明显。
- 正常：如同凹凸映射纹理一样，正常映射会增加表面细节。与基于单通道灰度图像的凹凸纹理映射不同，正常映射基于多通道（RGB）图像，其颜色通道的值代表模型表面上正常映射的 x、y 和 z 分量。
- 环境：设置 3D 模型周围环境的图像。环境映射会作为球面全景来应用，可以在模型的反射区域中看到环境映射的内容，设置反射值会影响环境纹理的清晰程度。
- 反射：设置 3D 场景、环境映射和材质表面上其他对象的反射。
- 发光：定义不依赖于光照即可显示的颜色，创建从内部照亮 3D 对象的效果。
- 光泽：定义来自光源的光线经表面反射折回到人眼中的光线数量，设置数值可调整光泽度。如果创建单独的光泽度映射，则映射中的颜色强度控制材质中的光泽度。黑色区域创建完全的光泽度，白色区域去除所有光泽度，而中间值减少高光大小。
- 闪亮：定义“光泽”设置所产生的反射光的散射。低反光度（高散射）产生更明显的光照，而焦点不足；高反光度（低散射）产生较不明显、更亮、更耀眼的高光。
- 镜像：为镜面显示的颜色（如高光光泽度和反光度）。
- 环境：设置在反射表面上可见的环境光的颜色。该颜色与用于整个场景的全局环境色相互作用。
- 折射：在场景“品质”设置为“光线跟踪”且“折射”选项已在“3D>渲染设置”中选中时，设置折射。两种折射率不同的介质 （如空气和水）相交时，光线方向发生改变，即产生折射。默认值是 1.0（空气的近似值）。
- 取样并将材质应用于对象：首先在 3D 面板中选择 3D 材质拖放工具，然后将指针移动到 3D 对象上。当要取样的材质出现外框时，按住 Alt 键并单击；移动指针，当要更改的材质出现外框时单击鼠标。

注意 材质所使用的纹理映射作为纹理出现在“图层”调板中，它们按纹理映射类别编组。将鼠标悬停在“图层”调板中的纹理名称上方即可查看纹理映射图像的缩览图。

9.1.6 3D 光源设置

精美的模型、真实的材质、完美的动画，如果没有光源的照射，一切都是看不到的，所以 3D 光源设置是很重要的一环，光源从不同角度照亮模型，从而添加逼真的立体感和阴影。

单击 3D 调板中的“光源”按钮即可显示光源，如图 9-10 所示。

1. 添加或删除各个光源

单击“创建新光源”按钮，然后选取光源类型。

- 点光：像灯泡一样向各个方向照射。
- 聚光灯：照射出可调整的锥形光线。
- 无限光：像太阳光，从一个方向平面照射。
- 基于图像的光源：将发光的图像映射在 3D 场景之中。

要删除光源，可从列表中选择光源，然后单击面板底部的“删除”按钮。

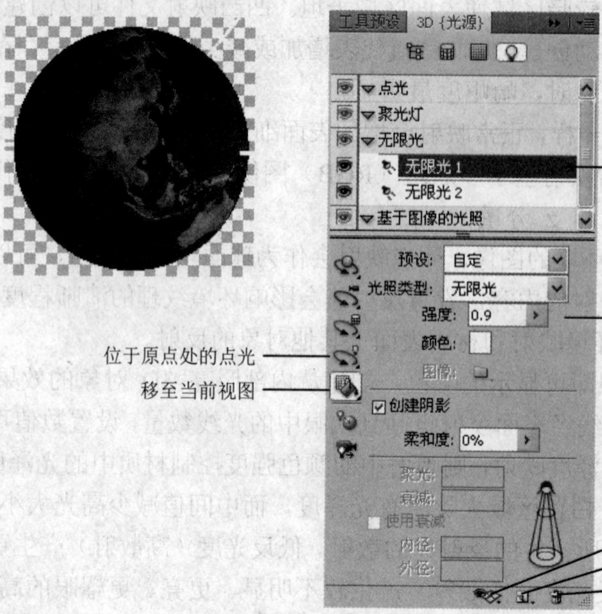

图 9-10 3D 光源

2. 调整光源属性

在 3D 面板的光源列表中选择光源，然后设置以下选项：

- 预设：应用存储的预定义光源组合。
- 光照类型：可选择点光、聚光灯、无限光和基于图像的光源。
- 强度：调整亮度。
- 颜色：定义光源的颜色。
- 图像：针对基于图像的光源，需要指定位图或 3D 文件。
- 创建阴影：从前景表面到背景表面、从单一网格到其自身或从一个网格到另一个网格的投影。禁用此选项可稍微改善性能。
- 软化度：模糊阴影边缘，产生逐渐的衰减。
- 对于点光源或聚光灯可设置以下附加的选项：
  - 聚光：（仅限聚光灯）设置光源明亮中心的宽度。
  - 衰减：（仅限聚光灯）设置光源的外部宽度。
  - 衰减的内径和外径：决定衰减锥形以及光源强度随对象距离的增加而减弱的速度。对象接近内径限制时，光源强度最大；对象接近外径限制时，光源强度为零；处于中间距离时，光源从最大强度线性衰减为零。
- 将鼠标指针悬停在“聚光”、“衰减”、“内径”和“外径”选项：在右侧显示的红色轮廓处指示受影响的光源元素。

3. 调整光源位置

可以使用 3D 光源工具对光源位置进行设置。

- 旋转：（仅限聚光灯、无限光和基于图像的光源）旋转光源，同时保持其在 3D 空间的位置。

- 平移：（仅限聚光灯和点光）将光源移动到同一个 3D 平面中的其他位置。
- 滑动：（仅限聚光灯和点光）将光源移动到其他 3D 平面。
- 原点处的点光：（仅限聚光灯）使光源正对模型中心。
- 移至当前视图：将光源置于与相机相同的位置。

4. 显示光源参考线

在 3D 面板的底部单击“切换”图标，然后选择“3D 光源”选项。光源参考线为进行调整提供三维参考点。这些参考线反映了每个光源的类型、角度和衰减。点光显示为小球，聚光灯显示为锥形，无限光显示为直线。参考线的颜色可以在“首选项”对话框的 3D 部分中更改。

5. 存储、替换或添加光源组

要存储光源组以供以后使用，可将这些光源组存储为预设。要包含其他项目中的预设，可以添加到现有光源，也可以替换现有光源。

单击 3D 面板右上角的“菜单”按钮可进行光源预设的存储、添加和替换。

- 存储光源预设：将当前光源组存储为预设，这样可以使用下面的命令重新载入。
- 添加光源：对现有光源添加选定的光源预设。
- 替换光源：用选择的预设替换现有光源。

9.2　子模块二　使用 2D 图像来创建 3D 对象

9.2.1　创建 3D 形状

使用 Photoshop CS5 可以很轻松地由 2D 图像创建 3D 对象，并以 3D 图层的形式存储和编辑 3D 模型。

1. 创建 3D 凸纹

凸纹本来是一种金属加工技术，指通过对对象表面朝相反方向进行锻造来对对象表面进行塑形和添加图案。在 Photoshop 中，“凸纹”命令将 2D 对象转换到 3D 网格中，在 3D 空间中精确地进行凸出、膨胀和调整位置。

创建凸纹的具体操作步骤如下：

（1）新建文件，使用文字工具输入字母“A”，并选择该图层（像素选区、文本图层、图层蒙版或工作路径都可以使用“凸纹”）。

（2）执行 3D |“凸纹”|“文本图层”命令，选择上一步中选定的项目，显示如图 9-11 所示的对话框，其各设置选项的意义如下：

- 网格工具：这些工具显示在对话框的左上角，其功能类似于 3D 对象工具。
- 凸纹形状预设：应用一组预定义设置。要从自定设置创建自己的预设，可单击弹出式菜单，然后选取“新建凸纹预设”选项。
- 凸出：在 3D 空间中展开原来的 2D 形状。“深度”控制凸出的长度；“缩放”控制凸出的宽度。为弯曲的凸出选择“弯曲”或为笔直的凸出选择“切变”，然后设置 X 轴和 Y 轴的角度来控制水平和垂直倾斜。根据需要输入扭转角度。单击参考图标上的点可设置弯曲或切变的原点。

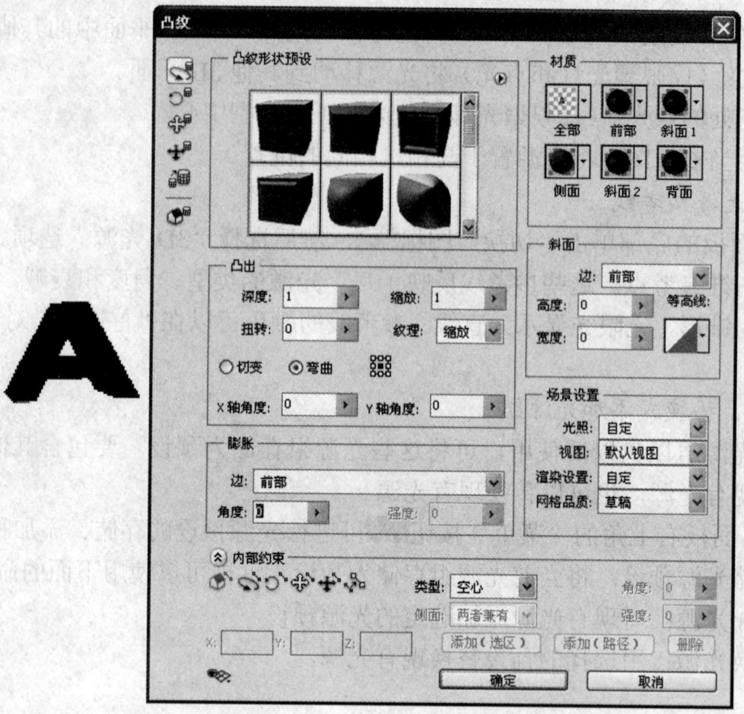

图 9-11 “凸纹”对话框

- 膨胀：凸出或凹陷对象前后的中间部分。角度为正数设置凸出，负数设置凹陷。“强度”控制膨胀的程度。
- 材质：在全局范围内应用材质或将材质应用于对象的各个面。斜面 1 是前斜面；斜面 2 是后斜面。
- 斜角：在对象的前后部应用斜边。“等高线”选项类似于用于图层效果中的“等高线”选项。
- 场景设置：以球面全景照射对象的光源，从菜单中选取光源的样式。“渲染设置”控制对象表面的外观。较高的“网格品质”设置会增加网格的密度，提高外观品质，但会降低处理速度。
- 内部约束：能够提高特定区域中的网格分辨率，精确地改变膨胀或在表面刺孔。例如字母“A”中的孔可以通过“空心约束”来创建。

2. 创建 3D 明信片

创建 3D 明信片会将 2D 图层转换为具有 3D 属性的平面。如果原图层是文本图层，则会保留所有透明度。

创建 3D 明信片的具体操作步骤如下：

（1）打开素材文件：素材\模块 9\ 明信片.jpg，并选择要转换为明信片的背景图层。

（2）执行 3D | “从图层新建 3D 明信片”命令。此时 2D 图层会被转换为“图层”面板中的 3D 图层，如图 9-12 所示。2D 图层内容作为材质应用于明信片两面。原 2D 图层会作为 3D 明信片对象的“漫射”纹理映射出现在“图层”面板中，并且 3D 图层会保留原始 2D 图像的尺寸。

原 2D 图层

创建为明信片的 3D 图层

图 9-12 创建 3D 明信片

3. 创建 3D 形状

我们日常生活中常见的一些形状（如正方体、球体、圆柱体等）可以在 Photoshop 中通过创建 3D 形状来建造。根据所选取的对象类型的不同，得到的 3D 模型有可能包含一个或多个网格。

创建 3D 形状的具体操作步骤如下：

（1）打开或新建一个 2D 图像，选择要转换为 3D 形状的图层。

（2）执行 3D | "从图层新建形状"命令，然后从菜单中选择一个形状。这些形状包括圆环、球面或帽子等单一网格对象，以及锥形、立方体、圆柱体、易拉罐或酒瓶等多网格对象。

此时 2D 图层转换为"图层"面板中的 3D 图层。原 2D 图层作为"漫射"纹理映射显示在"图层"面板中，该纹理可用于新 3D 对象的一个或多个表面。其他表面可能会具有默认颜色设置的默认漫射纹理映射。

注意 可以将自定形状添加到"形状"菜单中。形状是 Collada (.dae) 3D 模型文件。要添加形状，需将 Collada 模型文件放置在 Photoshop 程序文件夹中的 Presets\Meshes 文件夹下。

9.2.2 创建 3D 网格

"从灰度新建网格"命令可将灰度图像转换为深度映射，从而将明度值转换为深度不一的表面。较亮的值生成表面上凸起的区域，较暗的值生成凹陷的区域。Photoshop 将灰度图像深度映射应用于几何形状中，以创建 3D 模型。

从灰度创建 3D 网格的具体操作步骤如下：

（1）打开素材文件：素材\模块 9\ 灰度平面图.jpg，并选择要转换为 3D 网格的图层。

（2）一般应该将图像转换为灰度模式，执行"图像" | "模式" | "灰度"命令。如果将 RGB 图像作为创建网格时的输入，则绿色通道会被用于生成深度映射。如有必要，可调整灰度图像以限制明度值的范围。

（3）执行 3D | "从灰度新建网格"命令，其各选项的意义如下：

- 平面：将深度映射数据应用于平面表面。
- 双面平面：创建两个沿中心轴对称的平面，并将深度映射数据应用于两个平面。
- 圆柱体：从垂直轴中心向外应用深度映射数据。
- 球体：从中心点向外呈放射状地应用深度映射数据。

（4）3D 网格类型选择为“平面”并进行 3D 对象旋转，结果如图 9-13 所示。

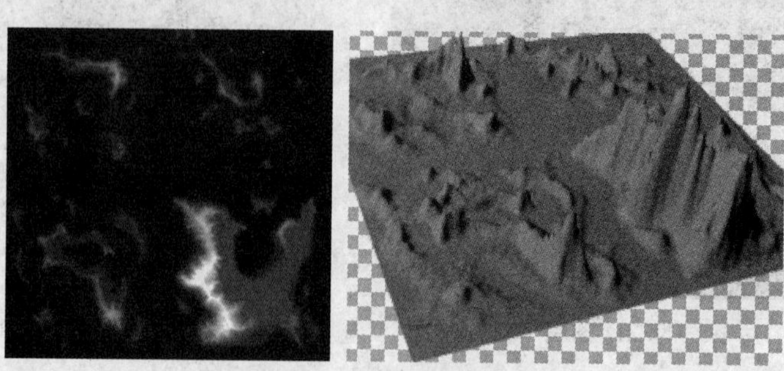

图 9-13 从灰度图像创建 3D 网格

Photoshop 可以创建包含新网格的 3D 图层，还可以使用原始灰度或颜色图层创建 3D 对象的“漫射”、“不透明度”和“平面深度映射”纹理映射。可以将“平面深度映射”作为智能对象重新打开并进行编辑，存储时会重新生成网格。

9.3 子模块三 创建和编辑 3D 对象的纹理

可以使用 Photoshop 的绘画工具和调整工具来编辑 3D 文件中包含的纹理或创建新纹理。纹理作为 2D 文件与 3D 模型一起导入，它们会作为条目显示在“图层”面板中，嵌套于 3D 图层下方并按映射类型编组，如“漫射”、“凹凸”、“光泽度”等。

要查看特定纹理文件的缩览图，可将鼠标指针悬停在“图层”面板中的纹理名称上，同时也会显示图像大小和颜色模式，如图 9-14 所示。

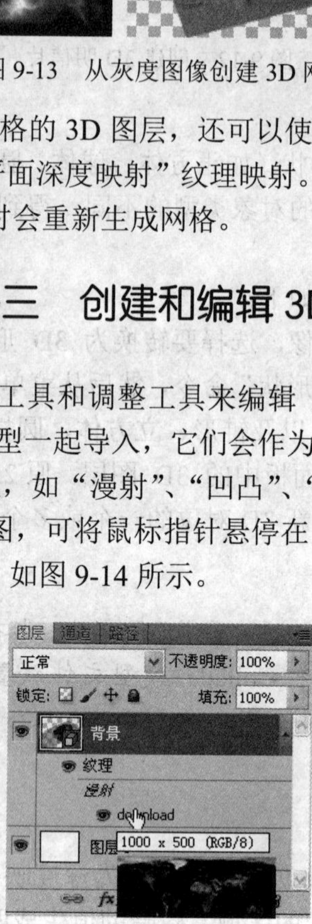

图 9-14 查看 3D 图层的纹理

9.3.1 编辑 2D 格式的纹理

编辑 2D 格式的纹理时，纹理会作为“智能对象”在独立的文档窗口中打开。

编辑纹理的具体操作步骤如下：

（1）双击“图层”面板中的纹理或在“材质”面板中选择包含纹理的材质后在 3D 面板中单击要编辑的纹理的纹理菜单图标，然后选择“打开纹理”选项。

（2）可以使用任意的 Photoshop 工具在纹理上绘画或编辑纹理。编辑之后可以激活包含 3D 模型的窗口来查看应用于模型的已更新纹理。

（3）纹理编辑完成后关闭纹理文档并存储。

9.3.2　显示或隐藏纹理

显示和隐藏纹理可以帮助我们识别应用了纹理的模型区域。

在“图层”调板上，单击“纹理”图层旁边的眼睛图标即可显示和隐藏纹理。要隐藏或显示所有纹理，可单击顶层“纹理”图层旁边的眼睛图标。

9.3.3　创建 UV 叠加

UV 是指 U、V 纹理贴图坐标的简称，它定义了图片上每个点的位置信息。3D 模型上多种材质所使用的漫射纹理文件可将应用于模型上不同表面的多个内容区域编组，这个过程叫做 UV 映射。它将 2D 纹理映射中的坐标与 3D 模型上的特定坐标相匹配。UV 映射使 2D 纹理可以正确地绘制在 3D 模型上。

Photoshop 可以将 UV 叠加创建为参考线，使我们直观地了解 2D 纹理映射如何与 3D 模型表面匹配。在编辑纹理时，这些叠加可作为参考线。

创建 UV 叠加的具体操作步骤如下：

（1）新建图像文件，用前面介绍过的方法创建 3D 球体并新建漫射纹理。

（2）双击“图层”面板中的球体的纹理以打开进行编辑。只有当纹理映射是打开的并且是现用窗口时，才可启用“创建 UV 叠加”。

（3）选择 3D |“创建 UV 叠加”命令，各选项的意义如下：

- 线框：显示 UV 映射的边缘数据。
- 着色：显示使用实色渲染模式的模型区域。
- 正常映射：显示转换为 RGB 值的几何常值，R=X、G=Y、B=Z。

（4）选择“线框”选项并确定后的效果如图 9-15 所示。

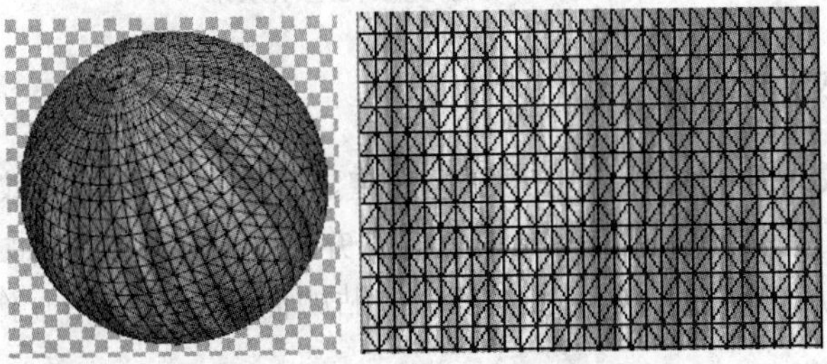

图 9-15　创建球体 UV 叠加

UV 叠加作为附加图层添加到纹理文件的“图层”面板中，可以对 UV 叠加进行显示、隐藏、移动或删除的操作。关闭并存储纹理文件或从纹理文件切换到其所在的 3D 图层时（此时纹理文件自动存储），叠加效果会出现在模型表面。

9.3.4　重新参数化纹理映射

有时纹理不一定能正确映射到 3D 模型上，效果较差的纹理映射会在模型表面外观中产生明显的扭曲，如产生多余的接缝或在纹理图案中产生拉伸或挤压变形。需要直接在模型上绘画时，效果较差的纹理映射还会造成不可预料的结果。要检查纹理参数化情况，可打开要编辑的纹理，然后应用 UV 叠加以查看纹理是如何与模型表面对齐的。

执行“重新参数化”命令可将纹理重新映射到模型上，以校正扭曲或过多的接缝，还可以优化从 2D 图层创建 3D 模型时产生的默认纹理映射，具体操作步骤如下：

（1）打开素材文件：素材\模块 9\纹理重新生成.psd，并选择包含模型的 3D 图层。

（2）执行 3D｜“重新参数化”命令，Photoshop 会提示正在将纹理重新应用于模型，单击“确定”按钮。

（3）在弹出的对话框中选择“重新参数化”选项，效果如图 9-16 所示。

- 低扭曲度：使纹理图案保持不变，但会在模型表面产生较多接缝。
- 较少接缝：会使模型上出现的接缝数量最小化。这会产生更多的纹理拉伸或挤压，具体情况取决于模型。

（4）如果选取的“重新参数化”选项没有创建最佳表面覆盖，则可以执行“编辑”｜“还原”命令进行恢复，然后再选择其他选项进行尝试。

低扭曲度　　较少接缝

图 9-16　重新参数化选项效果

9.3.5　创建重复纹理的拼贴

对于一些常用的纹理效果，可以将其创建为重复纹理拼贴，重复纹理由网格图案中完全相同的拼贴构成。重复纹理可以使模型表面更逼真并减小存储空间，而且可以改善渲染性能。可将任意 2D 文件转换成拼贴绘画。在预览多个拼贴如何在绘画中相互作用之后，可存储一个拼贴作为重复纹理。

创建重复纹理拼贴的具体操作步骤如下：

（1）打开素材文件：素材\模块 9\拼贴 1.jpg，作为纹理的 2D 图像文件。

（2）选择文件中的一个或多个图层，然后执行 3D｜“新建拼贴绘画”命令。这时 2D 图像转换为 3D 平面，其中包含原始内容的 9 个完全相同的拼贴，图像尺寸保持不变。

（3）使用绘画工具、滤镜或其他方法来编辑纹理拼贴。对一个拼贴所做的更改会自动出现在其他拼贴中。

（4）对单个拼贴进行存储，方法是：在 3D 图层中双击纹理名称，然后在打开的纹理文件窗口中选择“文件”｜“存储为”命令进行文件保存。

（5）需要使用该纹理时，可以重复地将纹理载入拼贴，在需要设置纹理的 3D 图层中选择 3D 面板的材质部分，从“漫射”菜单中选择“载入纹理”选项，选择存储的纹理拼贴文件进行载入。

9.4　子模块四　在 3D 对象上绘图

在 Photoshop 中，可以使用任意的绘画工具直接在 3D 模型上绘画，就像在 2D 图层上绘画一样。

执行 3D｜“3D 绘画模式”命令，然后选择一种映射类型进行绘画；或者在 3D 调板中选择“场景”面板，从“绘制于”菜单中选择映射类型。一般是在“漫射”纹理上进行绘画，以便为模型材质添加颜色属性。如有需要也可以在其他纹理映射上绘画，如“凹凸”映射或“不透明度”映射。如果正在绘画的纹理图像还未创建，此时会自动创建纹理映射。

注意　如果绘画工具不能使用，可以检查一下图层调板中 3D 图层的纹理映射是否处于隐藏状态，纹理处于显示状态时才能绘画。

9.4.1　显示需要绘画的表面

为了能够编辑内部受阻挡的视图，根据需要可清除模型区域，从而访问内部或隐藏的部分，以便进行绘画。

去除模型表面区域的具体操作步骤如下：

（1）使用选择工具（如套索工具或选框工具）选择要去除的模型区域。

（2）使用 3D 菜单命令来显示或隐藏模型区域。

- 隐藏最近的表面：只隐藏 2D 选区内的多边形模型的第一个图层。要快速去掉模型表面，可以在保持选区处于激活状态时重复使用此命令。隐藏表面时，如有必要请旋转模型以调整表面的位置，使之与当前视角正交。
- 仅隐藏封闭的多边形：选定该选项后，“隐藏最近的表面”命令只会影响完全包含在选区内的多边形。取消选择后将隐藏选区所接触到的所有多边形。
- 反转可见表面：使当前可见表面不可见，不可见表面可见。
- 显示所有表面：使所有隐藏的表面再次可见。

9.4.2　设置绘图衰减角度

在模型上绘画时，绘画衰减角度控制表面在偏离正面视图弯曲时的油彩使用量。衰减角度是根据“正常”或朝向模型表面突出部分的直线来计算的。例如，在球面模型中，球面正对我们时，球面正中心的衰减角度为 0 度。随着球面的弯曲，衰减角度增大，在球的边缘处达到最大值 90 度。

要设置绘图衰减角度，可执行 3D｜“3D 绘画衰减”命令，然后设置最小和最大角度，如图 9-17 所示。

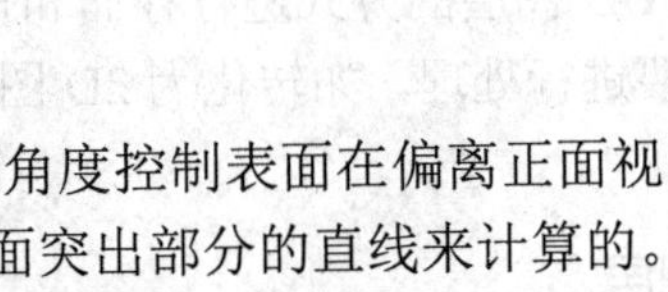

图 9-17　“3D 绘画衰减”对话框

- 最小衰减角度：设置绘画随着接近最大衰减角度而渐隐的范围。例如，最小衰减角度是 45 度，如果最大衰减角度是 55 度，那么在 45 度和 55 度的衰减角度之间，绘画不透明度将会从 100 减少到 0。
- 最大绘画衰减角度：在 0～90 度之间。0 度时，绘画仅应用于正对前方的表面，没有减弱角度；45 度时，绘画区域限制在未弯曲到大于 45 度的球面区域；90 度时，绘画可沿弯曲的表面延伸至其可见边缘。

9.4.3 标识可绘画区域

直接在模型上绘画时，无法明确判断是否可以成功地在某些区域绘画。因为模型视图不能提供与 2D 纹理之间的一一对应，所以直接在模型上绘画与直接在 2D 纹理映射上绘画是不同的。模型上看起来是个小画笔，相对于纹理来说可能实际上是比较大的，这取决于纹理的分辨率或应用绘画时与模型之间的距离。

最佳的绘画区域就是那些能够以最高的一致性和可预见的效果在模型表面应用绘画或调整效果的区域。而在其他非最佳绘画区域中，绘画可能会由于角度或与模型表面之间的距离而出现取样不足或过度取样的意外效果。

要标识可绘画区域，可以执行以下操作之一：

- 执行 3D|“选择可绘画区域”命令。绘画的最佳区域即可以选框的形式出现。
- 在 3D 面板的“场景”部分，从“预设”菜单中选择“绘画蒙版”选项。在“绘画蒙版”模式下，白色显示最佳绘画区域，蓝色显示取样不足的区域，红色显示过度取样的区域。要在模型上绘画，必须将“绘画蒙版”渲染模式更改为支持绘画的渲染模式，如“实色”渲染模式。

可绘画区域与绘画衰减设置有关，较高的绘画衰减设置会增大可绘画区域，较低的设置会缩小可绘画区域。

9.5 子模块五 3D 图层应用

在 Photoshop 中，3D 对象以 3D 图层的方式进行存储和使用，3D 图层和 Photoshop 的其他各种图层一样，也可以根据需要进行处理，如转化为 2D 图层、智能对象，还可以根据需要进行图层的合并。

9.5.1 3D 图层转换为 2D 图层

如果需要将 3D 图层转换为 2D 图层，可将 3D 内容在当前状态下进行栅格化，即在“图层”面板中选择 3D 图层，并执行 3D|“栅格化”命令。

只有不想再编辑 3D 模型时（如 3D 对象的位置、渲染模式、纹理或光源），才将 3D 图层转换为常规图层。栅格化的图像会保留 3D 场景的外观，但格式为平面化的 2D 格式。

9.5.2 3D 图层转换为智能对象

将 3D 图层转换为智能对象是一种比较灵活的方式，因为智能对象可保留包含在 3D 图层中的 3D 信息。转换后，可以将“变换”或“智能滤镜”等其他调整应用于智能对象，并且可以重新打开“智能对象”图层以编辑原始 3D 场景。图层内容会随着智能对象的修改而得到更新。

把 3D 图层转换为智能对象的具体操作步骤如下：

（1）在“图层”面板中选择 3D 图层。

（2）从“图层”面板选项菜单中选择“转换为智能对象”选项。

（3）要重新编辑 3D 内容，双击“图层”面板中的“智能对象”图层。

9.5.3　合并 3D 图层

合并一个场景中的多个 3D 模型可使用合并 3D 图层功能。合并后仍然可以单独处理每个 3D 模型，或者同时在所有模型上使用位置工具和相机工具。

（1）打开素材文件：素材\模块 9\ 合并.psd，其中有两个 3D 图层，名称分别为 a 和 b。

（2）选择 3D 图层 a，并在工具箱中选择 3D 相机工具。

（3）在 3D 相机工具的选项栏中，从“位置”列表中选择图层 b（即匹配两个 3D 图层的相机位置）。

（4）使用 3D 对象工具适当调整对象的位置和尺寸。

（5）在“图层”面板中选择位于上方的图层 b，并在选项菜单中选择“向下合并”选项，执行合并后，两个 3D 图层会合并成一个 3D 图层，每个模型的原点对齐。根据 3D 模型的大小，一个模型有可能会部分或完全嵌入到其他模型中，如图 9-18 所示。

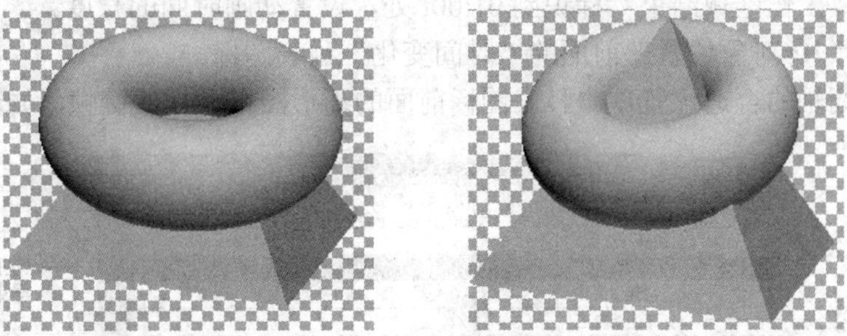

合并前　　合并后

图 9-18　合并 3D 图层

合并两个 3D 模型后，每个 3D 文件的所有网格和材质都包含在目标图层中并显示在 3D 面板中。在合并后的 3D 图层的“网格”面板中，可以使用其 3D 位置工具选择并重新调整各个网格的位置。要在同时移动所有模型和移动图层中的单个模型之间转换，可在进行选择之后在 3D 位置工具和“网格”面板的网格工具之间切换。

9.5.4　合并 3D 图层和 2D 图层

将 3D 图层与一个或多个 2D 图层合并可创建复合效果。例如，可以把模型放置到背景图片中，并更改其位置或查看角度，与 2D 背景图进行融合。

在 2D 文件打开时，执行 3D |“从 3D 文件新建图层”命令并打开 3D 文件，或在 2D 文件和 3D 文件都打开时将 2D 图层或 3D 图层从一个文件拖动到打开的其他文件的文档窗口中。如果不想再编辑 3D 内容，也可以在图层面板中将 2D 图层和 3D 图层同时选中后右击并选择“合并图层”选项（或按 Ctrl+E 组合键）。

9.6 子模块六 创建 3D 动画

使用 Photoshop 动画时间轴（即选择“窗口”|“动画”命令）可以创建 3D 动画，并能在空间中移动 3D 模型并实时改变其显示方式，添加关键帧。

能够进行动画处理的 3D 图层属性如下：

- 3D 对象或相机位置：使用 3D 位置或相机工具可实时移动模型或 3D 相机。Photoshop 可以在位置移动或相机移动之间创建帧过渡，以创建平滑的运动效果。
- 3D 渲染设置：更改渲染模式，从而可以在某些渲染模式之间产生过渡。例如，实时将“垂直”模式逐渐更改为线框，以模拟模型结构中的素描。
- 3D 横截面：旋转相交平面，以实时显示更改的横截面。更改帧之间的横截面设置，在动画中高亮显示不同的模型区域。

制作 3D 动画的具体操作步骤如下：

（1）新建“默认 Photoshop 大小”文件，并执行 3D|“3D 文件新建图层”命令，导入模型文件：素材\模块 9\cat.3ds。

（2）执行“窗口”|“动画”命令打开动画面板并展开 cat 前面的三角图标，此时可以看到所有能够设置动画的对象属性。

（3）拖动“工作区域结束”标识到 01:00f 处，设置动画时间的长度。

（4）打开“3D 对象位置”前面的“时间变化”秒表图标。

（5）在时间轴的合适位置单击秒表图标前面的菱形图标添加关键帧，如图 9-19 所示。

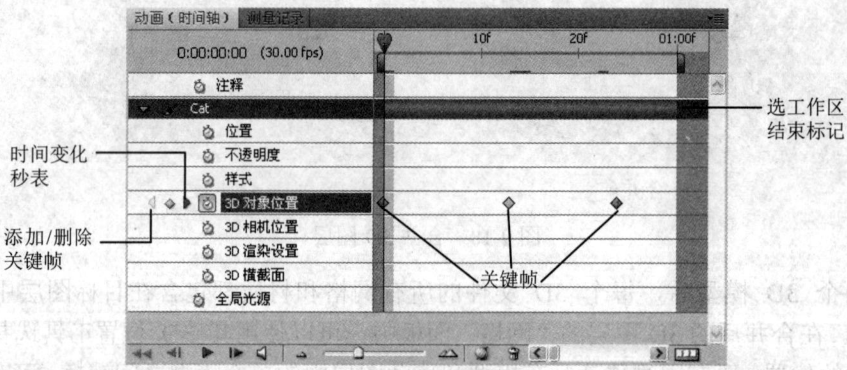

图 9-19 3D 动画时间轴

（6）使用 3D 对象旋转工具修改各个关键帧中 3D 模型的位置，如图 9-20 所示，即完成了 3D 补间动画。

关键帧 1　　关键帧 2　　关键帧 3

图 9-20 修改关键帧的 3D 模型位置

编辑 3D 动画之后，可以单击“动画”面板中的“播放”按钮▶进行预览，满意后可根据需要进行视频的渲染导出，如需导出视频格式（如*.avi 等格式），则需要安装 QuickTime 软件，然后执行“文件”|“导出”|“渲染视频”命令，最后设置导出选项进行视频导出。

9.7　子模块七　3D 对象的渲染和输出

渲染一般来说是 3D 处理的最后一道工序，就是将之前制作好的场景等输出成静态图片或者动画短片。

9.7.1　渲染设置

如果文档包含多个 3D 图层，可为每个图层分别指定不同的渲染设置。渲染设置决定如何绘制 3D 模型。Photoshop 安装了许多常见设置的预设，自定设置可创建自己的预设。

1. 选择渲染预设

一般渲染预设为“默认”，即显示 3D 模型的可见表面。“线框”和“顶点”预设会显示模型底层结构。要合并实色和线框渲染时选择“实色线框”预设，要以反映其最外侧尺寸的简单框来查看模型时则选择“外框”预设。另外，在渲染预设的列表中还有很多其他选项，可以通过选择来查看相应的渲染效果。

设置渲染预设的具体操作步骤如下：

（1）在 3D 面板顶部单击“场景”按钮。

（2）在面板的下半部分根据需要从“预设”菜单中选取选项。

2. 自定渲染设置

预设有时不能达到我们需要的效果，所以在 Photoshop 中也可以自定渲染设置。

自定渲染设置可在“渲染设置”对话框中进行，如图 9-21 所示。显示“渲染设置”对话框有两种方法：

- 在 3D 面板顶部单击“场景”按钮，在“渲染设置 ”菜单右侧单击“编辑”按钮，弹出对话框。
- 执行 3D|“渲染设置”命令。

在使用“渲染设置”对话框的过程中，如需在更改选项后立刻显示新设置的效果，可以勾选“预览”选项。一般来说，勾选了“预览”选项会影响软件的响应速度。

另外模型在设置了“横截面”的情况下，如果要对横截面左右两侧的模型进行不同的渲染设置，可单击对话框顶部的“横截面”按钮进行横截面的选择。

单击对话框左侧的复选框可以启用“表面”、“边缘”、“顶点”、“体积”或“立体”渲染，然后调整以下相关设置：

（1）表面选项。表面选项决定如何显示模型表面。

- 表面样式可设置绘制表面的方式。表面样式列表中各项的意义如下：
    - ➢ 实色：使用 OpenGL 显卡上的 GPU 绘制没有阴影或反射的表面。
    - ➢ 未照亮的纹理：绘制没有光照的表面，而不仅仅显示选中的“纹理”选项（默认情况下选定“漫射”）。
    - ➢ 平滑：对表面的所有顶点应用相同的表面标准，创建刻面外观。
    - ➢ 常数：用当前指定的颜色替换纹理。

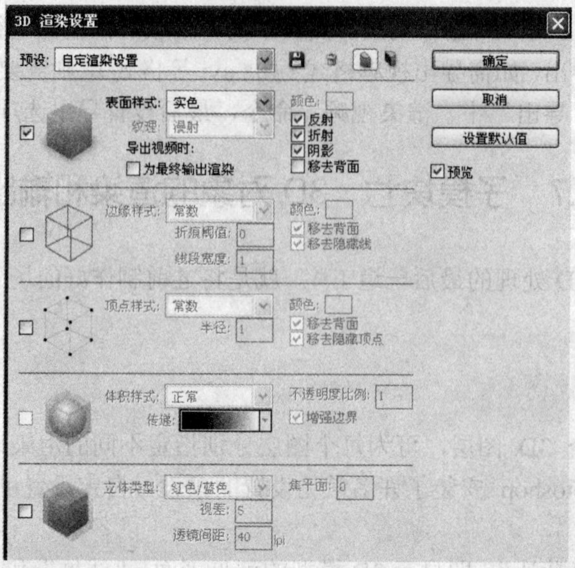

图 9-21 “3D 渲染设置”对话框

- ➢ 外框：显示反映每个组件最外侧尺寸的对话框。
- ➢ 正常：以不同的 RGB 颜色显示表面标准的 X、Y 和 Z 组件。
- ➢ 深度映射：显示灰度模式，使用明度显示深度。
- ➢ 绘画蒙版：可绘制区域用白色显示，过度取样的区域用红色显示，取样不足的区域用蓝色显示。

- 颜色：要调整表面、边缘或顶点颜色，可单击“颜色”框选择颜色。
- 纹理：“表面样式”设置为“未照亮的纹理”时，请指定纹理映射。
- 为最终输出渲染：对已导出的视频动画产生更平滑的阴影和逼真的颜色出血（来自反射的对象和环境）。但是，该选项需要较长的处理时间。
- 反射、折射、阴影：显示或隐藏这些“光线跟踪”渲染功能。
- 移去背面：隐藏双面组件背面的表面。

（2）边缘选项。边缘选项决定线框线条的显示方式。

- 边缘样式：用于以上“表面样式”的“常数”、“平滑”、“实色”和“外框”选项。
- 折痕阈值：调整出现在模型中的结构线条数量。当模型中的两个多边形在某个特定角度相接时会形成一条折痕或线。如果边缘在小于“折痕阈值”设置（0～180）的某个角度相接，则会移去它们形成的线。若设置为 0，则显示整个线框。
- 线段宽度：指定宽度（以像素为单位）。
- 移去背面：隐藏双面组件背面的边缘。
- 移去隐藏线：移去与前景线条重叠的线条。

（3）顶点选项。顶点选项调整顶点（即组成线框模型的多边形相交点）的外观。

- 顶点样式：反映用于以上“表面样式”的“常数”、“平滑”、“实色”和“外框”选项。
- 半径：决定每个顶点的像素半径。
- 移去背面：隐藏双面组件背面的顶点。
- 移去隐藏顶点：移去与前景顶点重叠的顶点。

（4）立体选项。“立体”选项调整图像的设置，该图像将透过红蓝色玻璃查看，或打印成包括透镜镜头的对象。

- 立体类型：为透过彩色玻璃查看的图像指定“红色/蓝色”，或为透镜打印指定“垂直交错”。
- 视差：调整两个立体相机之间的距离。较高的设置会增大三维深度，但会减小景深，使焦点平面前后的物体呈现在焦点之外。
- 透镜间距：对于垂直交错的图像，指定“透镜镜头”每英寸包含多少线条数。
- 焦平面：确定相对于模型外框中心的焦平面位置。输入负值将平面向前移动，输入正值将其向后移动。

3. 存储或删除渲染预设

要存储或删除渲染预设，首先在 3D 面板顶部单击“场景”按钮，然后单击“渲染设置”即可执行以下操作：

- 存储预设：自定设置并单击“存储”按钮。
- 删除预设：从“预设”菜单中选择预设，然后单击“删除”按钮。

9.7.2　渲染 3D 文件

为了进行高品质的显示、打印和输出，在 3D 对象编辑处理之后可创建最终渲染效果，使用最终渲染模式能够增强 3D 场景基于光照和全局环境色的图像、对象反射产生的光照，减少柔和阴影中的杂色等，从而得到最佳的 3D 图像效果。

得到最终渲染效果的具体操作步骤如下：

（1）对模型场景进行必要的调整，包括光照和阴影效果。

（2）在 3D 面板顶部单击“场景”按钮，然后在下面的列表中单击“场景”选项。

（3）从该面板下半部分的“品质”菜单中选择“光线跟踪最终效果”选项。

最终渲染可能需要很长时间，这取决于 3D 场景中的模型、光照和映射等情况。渲染完成后，可拼合 3D 场景以便用其他格式输出并将 3D 场景与 2D 内容复合或直接打印。

9.7.3　存储和导出 3D 文件

要保留文件中的 3D 内容，需要 Photoshop 格式或另一种受支持的图像格式存储文件。还可以用受支持的 3D 文件格式将 3D 图层导出为文件。

1. 存储 3D 文件

要保留 3D 模型的位置、光源、渲染模式和横截面，需要将包含 3D 图层的文件以 PSD、PSB、TIFF 或 PDF 格式存储。具体操作为执行“文件”｜“存储”或“文件”｜“存储为”命令，选择 Photoshop (PSD)、Photoshop PDF 或 TIFF 格式，然后单击“确定”按钮。

2. 导出 3D 图层

可以用以下所有受支持的 3D 格式导出 3D 图层：Collada DAE、Wavefront/OBJ、U3D 和 Google Earth 4 KMZ。

导出 3D 图层的具体操作步骤如下：

（1）执行 3D｜“导出 3D 图层”命令。

（2）选择导出纹理的格式，其中 U3D 和 KMZ 支持 JPEG 或 PNG 作为纹理格式，而 DAE 和 OBJ 支持所有 Photoshop 支持的用于纹理的图像格式。

（3）单击“确定”按钮以导出 3D 图层。

9.8 工作情境一 使用“凸纹”建模并制作动画

9.8.1 工作情境描述及效果

♦ 最终文件：效果\模块 9\建模和动画.psd

1. 工作情境描述

通过制作如图 9-22 所示的动画效果图了解如何在 Photoshop 中用“凸纹”创建 3D 模型和生成动画，通过该案例的制作能够实现 3D 模型的创建和动画的生成。案例要点如表 9-1 所示。

表 9-1 “使用‘凸纹’建模并制作动画”要点分析

案例要点：
◆ 3D“凸纹”命令的应用
◆ 3D 对象工具的使用
◆ 3D 图层的合并
◆ 3D 动画的生成

2. 工作情境最终效果（如图 9-22 所示）

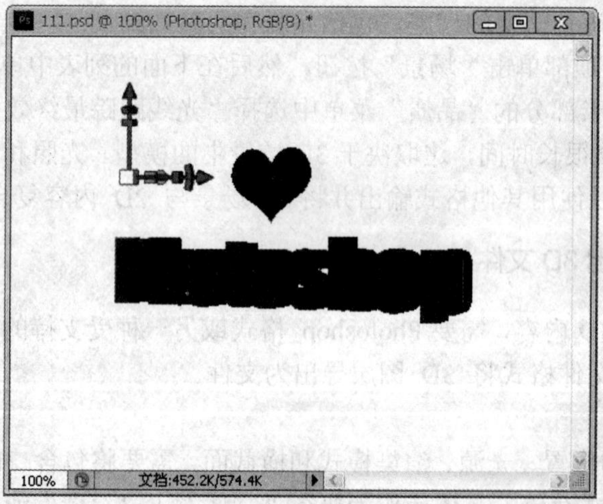

图 9-22 使用“凸纹”建模并制作动画最终效果截图

9.8.2 工作情境详解

（1）新建文件并制作 2D 文字和图形。选择预设为“默认 Photoshop 大小”，如图 9-23 所示。设置前景色为红色，使用文字工具，设置字体为 Impact，字号为 72 点，在画面中输入文字“Photoshop”，此时文字图层名称为 Photoshop。使用自定形状工具，选择形状为心形，在文字上方绘制一个适当大小的心形，如图 9-24 所示。此时图层名称自动为“形状 1”。

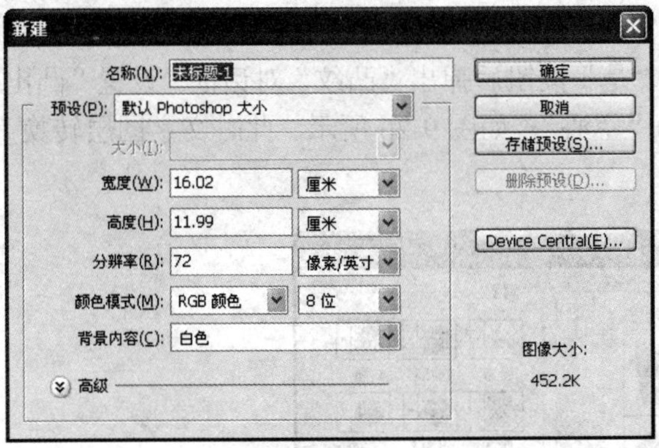

图 9-23　新建文件

图 9-24　创建文字和形状

（2）生成红心 3D 模型：选择心形所在的形状图层“形状 1”，执行 3D｜“凸纹”｜“图层蒙版”命令，提示“是否栅格化形状”，单击“是”按钮后弹出“凸纹”对话框。设置“凸出”的“深度”为 0，“膨胀”的“边”为“前部和背面”，“角度”为 90，“强度”为 0.05，如图 9-25 所示。此时形状图层转换为 3D 图层。

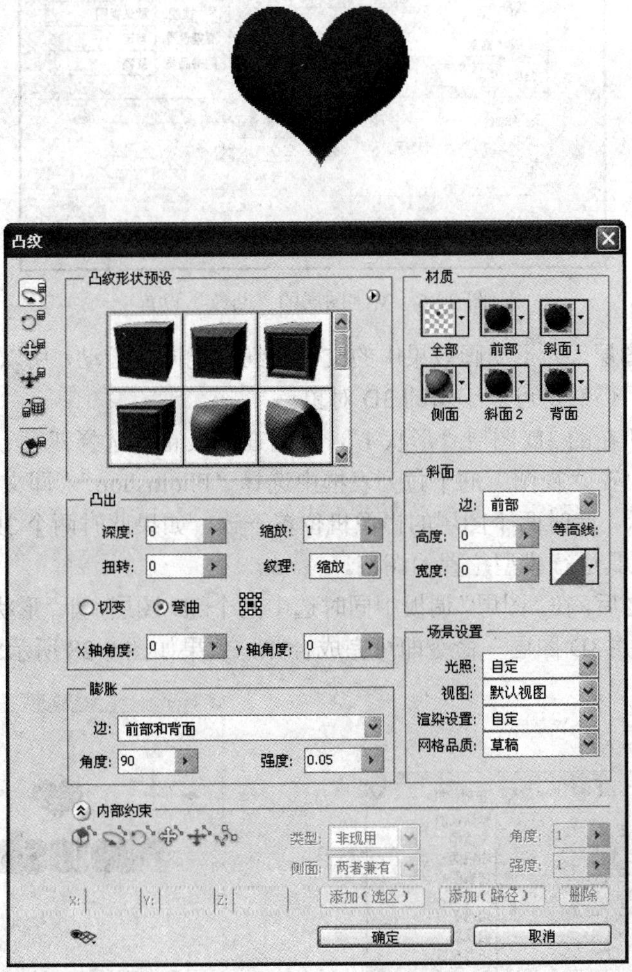

图 9-25　形状层的“凸纹”设置

（3）生成文字 3D 模型。选择文字图层“Photoshop”，执行 3D | “凸纹” | “图层蒙版”命令，弹出“是否栅格化文本”提示框，单击“是”按钮后弹出“凸纹”对话框。设置“凸出”的“深度”为 0.5，“内部约束”的“类型”为“空心”，如图 9-26 所示。此时文字图层转换为 3D 图层。

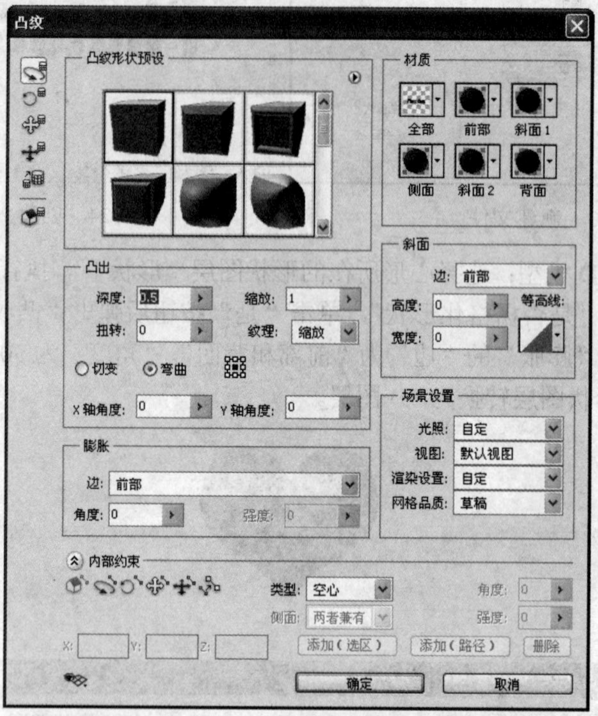

图 9-26 文字图层的“凸纹”设置

（4）合并 3D 图层。为了动画效果中的文字和红心能同时运动，所以需要对这两个 3D 图层进行合并，合并后仍然是可以编辑的 3D 对象。

首先选定红心所在的 3D 图层“形状 1”，然后在工具箱中选择任意一种 3D 摄像机工具，在工具的选项栏中，在“视图”的下拉列表框中选择“Photoshop”（即文字所在的 3D 图层名称），如图 9-27 所示。此时两个图层的摄像机位置一致，如果此时两个 3D 对象位置不合适，可以使用 3D 对象工具进行模型位置的调整。

确认对象位置之后，在“图层”调板中同时选中两个 3D 图层，即“形状 1”和“Photoshop”，然后执行 3D | “合并 3D 图层”命令即可完成合并，效果如图 9-28 所示。

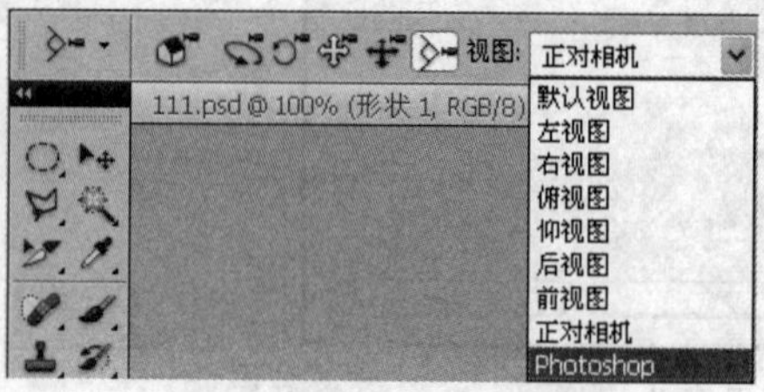

图 9-27 设置相机视图

图 9-28 合并后的效果

（5）显示“动画”面板和各种动画属性。执行“窗口”｜“动画”命令，在“动画”窗口中拖动“Photoshop”图层的时间轴右侧的“工作区结束”标志到 01:00f 处（即在默认情况下设置动画总帧数为 30），如图 9-29 所示。然后单击“Photoshop”图层前的三角按钮，展开动画属性，如图 9-30 所示。

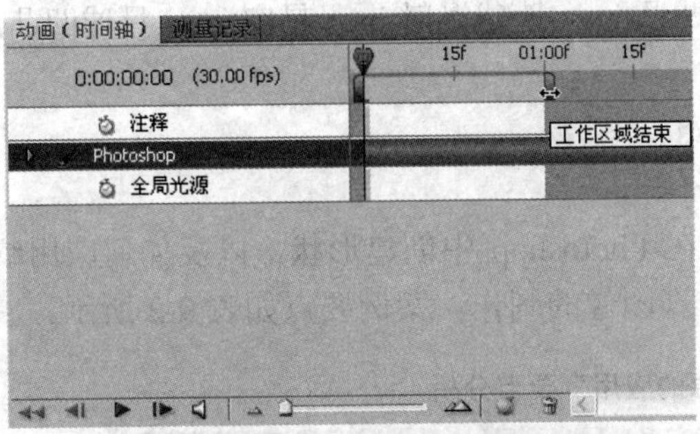

图 9-29　设置“工作区结束”标志

图 9-30　展开动画属性

（6）制作动画。在动画面板“Photoshop”时间轴的下方选中“3D 对象位置”前面的“时间变化秒表”按钮 ，然后分别把“当前时间指示器”定位在第 1 帧和第 30 帧，单击菱形“添加关键帧”按钮◆添加关键帧，如图 9-31 所示。最后将“当前时间指示器”定位在第 30 帧，在工具箱中选择“3D 对象旋转工具”，在选项栏中设置“方向”中的 z 值为 360，如图 9-32 所示，即将第 30 帧（关键帧）上的模型向纵深方向旋转 1 周。此时模型旋转动画已经生成，可单击“播放”按钮预览动画。

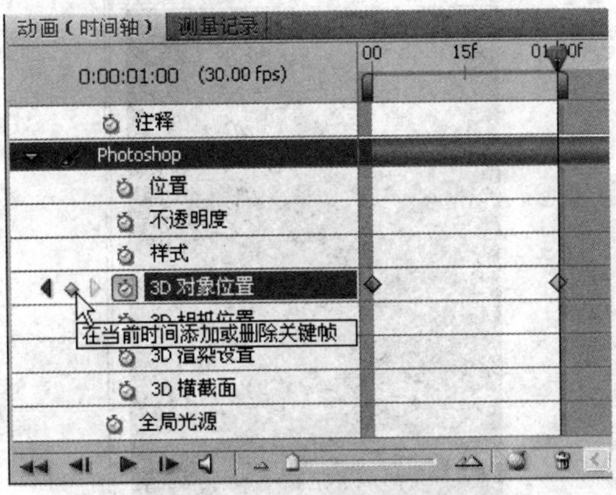

图 9-31　添加关键帧

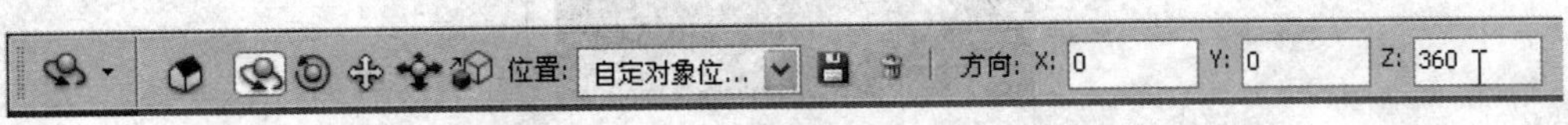

图 9-32　第 30 帧 3D 对象旋转角度设置

（7）存储和导出文件。存储文件为 PSD 格式，并可执行“文件”｜“存储为 Web 和设备所用格式”命令，选择 Gif 格式动画进行存储；也可执行“文件”｜“导出”｜“渲染视频”命令导出常见的视频格式。

9.9 工作情境二 纹理和光源的应用

9.9.1 工作情境描述及效果

- 原始文件：素材\模块 9\星球纹理\地球凹凸.jpg、地球漫射.jpg、星空.jpg、月球凹凸.jpg及月球漫射.jpg
- 最终文件：效果\模块 9\纹理和光源.psd

1. 工作情境描述

通过制作如图 9-33 所示的效果图了解如何在 Photoshop 中创建形状，以及如何应用纹理映射和灯光。通过该案例的制作能够实现 3D 仿真图像的制作。案例要点如表 9-2 所示。

表 9-2 “纹理和光源的应用”要点分析

案例要点：

- 3D“从图层新建形状”命令的应用
- 3D 摄像、3D 光源工具的使用
- 3D 纹理和光源的应用

2. 工作情境最终效果（如图 9-33 所示）

图 9-33 纹理和光源的应用最终效果

9.9.2 工作情境详解

（1）建立地球和月亮球体模型。新建文档并设置“宽度”为 350，“高度”为 600，“单位”为“像素”，详细设置如图 9-34 所示。选中背景层，执行 3D｜“从图层新建形状”｜“球体”命令，此时生成球体模型，同时背景层被转换为名为“背景”的 3D 图层。按 Ctrl+J 组合键对“背景层”进行复制，并使用 3D 平移相机工具和 3D 缩放相机工具调整两个球体的距离和位置，如图 9-35 所示。其中上层为大球体“背景副本”，下层为小球体“背景”。

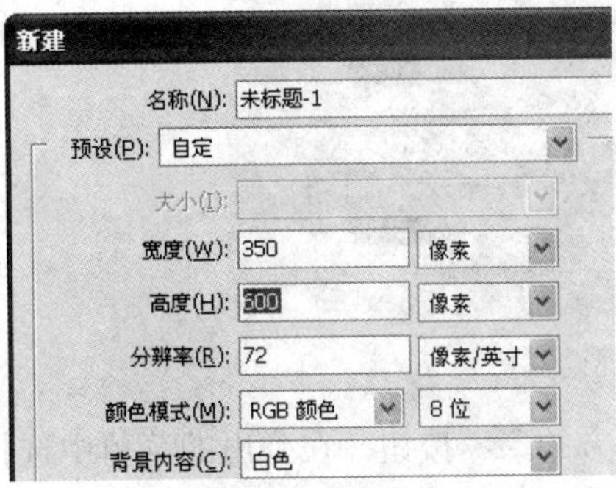

图 9-34　新建文件

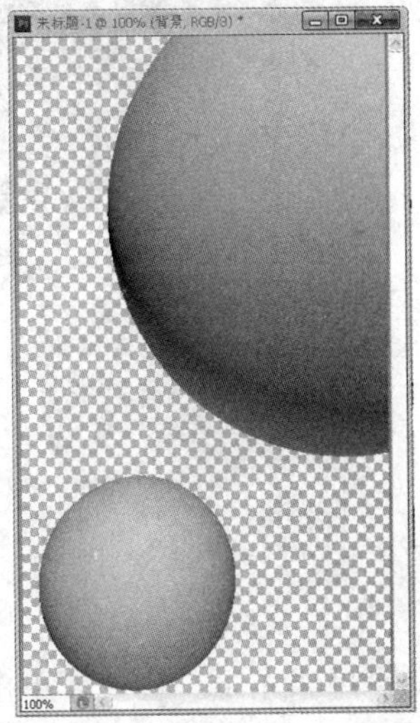

图 9-35　建立两个球体模型并调整位置

（2）设置月球材质。选中“背景副本”层，在 3D 调板的“场景”选择区中选择“球体材质”选项，单击“漫射”后面的图标按钮，选择“载入纹理”选项，再选择文件“月球漫射.jpg”；单击“凹凸”后面的图标按钮，载入纹理文件“月球凹凸.jpg”，如图 9-36 所示，月球纹理设置完成。若文档中纹理未显示，可检查图层面板中“纹理”前面的眼睛图标是否打开。

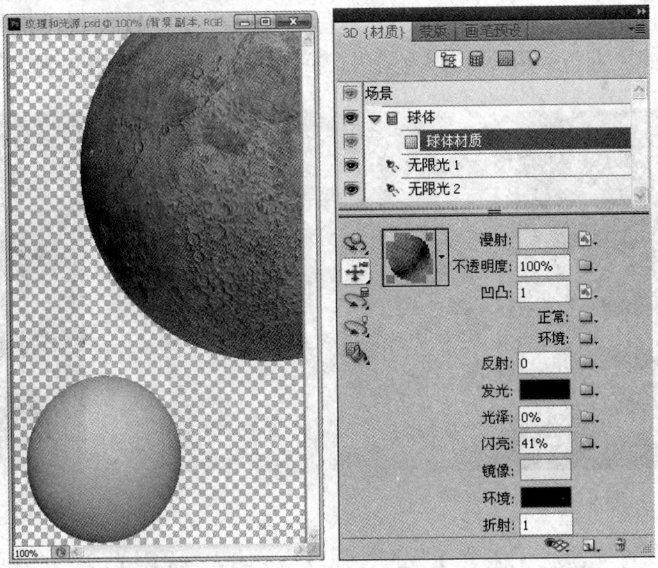

图 9-36　设置月球纹理

（3）设置地球材质。选中“背景”层，设置地球“漫射”纹理为“地球漫射.jpg”，“凹凸”纹理为“地球凹凸.jpg”，设置方法同上，如图 9-37 所示。同样注意检查图层面板中“纹理”前面的眼睛图标是否打开，否则在文档中看不到材质纹理。

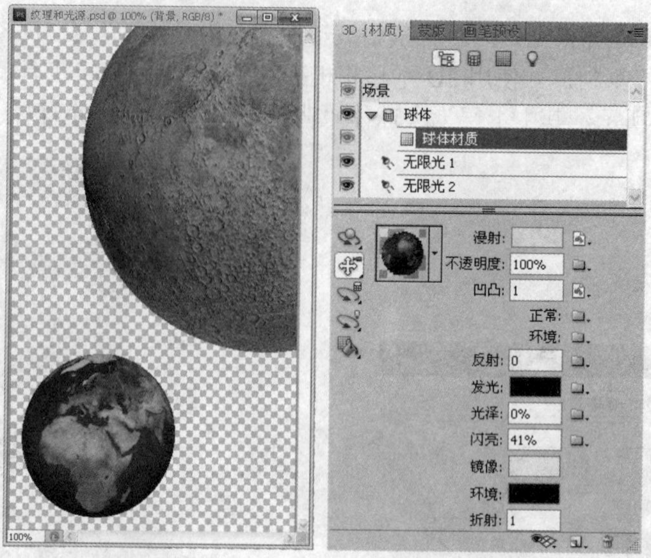

图 9-37 地球纹理设置

（4）设置月球光源。首先，单击 3D 面板最下方的按钮，在弹出的菜单中选择“3D 光源”和“3D 轴”，此时光源和 3D 轴会在文档区中显示。

选择月球所在的“背景副本”图层，在 3D 面板中选择 3D 光源旋转工具，并结合 3D 轴来调整“无限光 1”（左方）和“无限光 2”（右方）的位置，如图 9-38 所示。在 3D 面板中选择光源名称，设置“无限光 1”的“强度”为 1.2，“颜色”为“浅黄色”；“无限光 2”的“强度”为 0.05。最后设置场景渲染的“品质”为“光线跟踪最终效果”。光线跟踪最终效果在渲染时花费时间较多，但效果最好，所以一般来说，当所有 3D 设置都完成后再进行选择。

（5）设置地球光源。选择地球所在的“背景”图层，在 3D 面板中选择 3D 光源旋转工具调整“无限光 1”（上方）和“无限光 2”（下方）的位置，如图 9-39 所示。

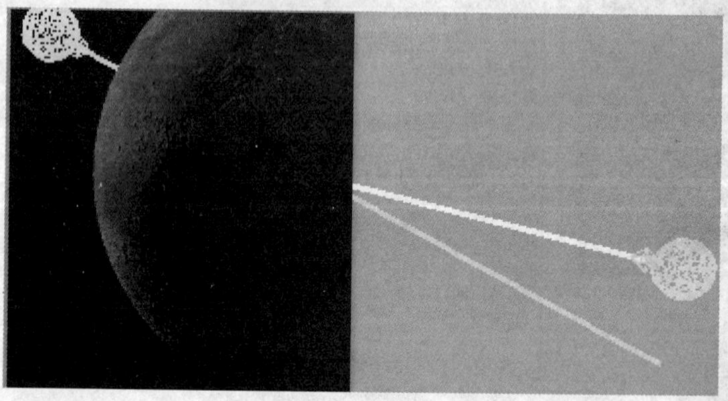

图 9-38 月球光源设置

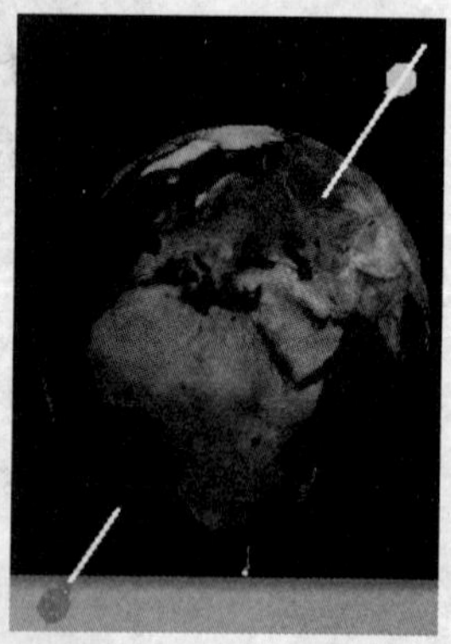

图 9-39 地球光源设置

在 3D 面板中设置光源“无限光 1”的“强度”为 1，“无限光 2”的“强度”为 0.2。最后设置场景渲染的“品质”为“光线跟踪最终效果”。

（6）添加背景图并设置眩光效果。执行“文件”|“置入”命令，在弹出的对话框中选择“星空.jpg”文件，设置合适的尺寸后按 Enter 键确认置入，并将该图层置于最下方。

按 Ctrl+Shift+Alt+E 组合键盖印图层，选择新生成的盖印图层，执行“滤镜”|“渲染”|

“镜头光晕”命令，设置“亮度”为 150，“镜头类型”为“50-300 毫米变焦”，如图 9-40 所示，图片制作完成，最后保存为 PSD 格式。

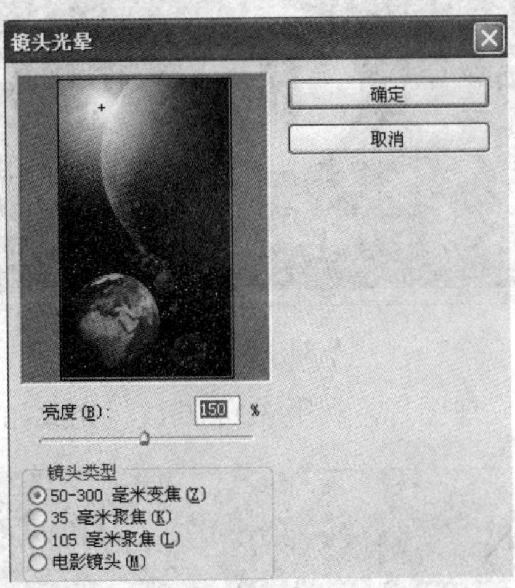

图 9-40　镜头光晕设置

9.10　模块小结

本模块主要讲解 Photoshop CS5 中 3D 的有关概念，并介绍了 3D 建模、3D 工具、3D 材质和光源等各项功能，使大家能够领会 Photoshop 中 3D 对象的处理方法。3D 可以说是 Photoshop 新版本中一个非常实用的新功能，掌握本模块的内容可以大大扩展我们的视野，从而把图像处理推向极致，制作出更绚丽、更意想不到的作品。

9.11　模块训练九

1．制作如图 9-41 所示的 3D 图像，使用的漫射纹理如图 9-42 所示，注意材质、光源、渲染方式的设置。

图 9-41　制作 3D 图像

图 9-42　漫射纹理

2. 使用如图 9-43 所示的纹理图片，利用 3D“凸纹”完成如图 9-44 所示的 3D 文字效果。

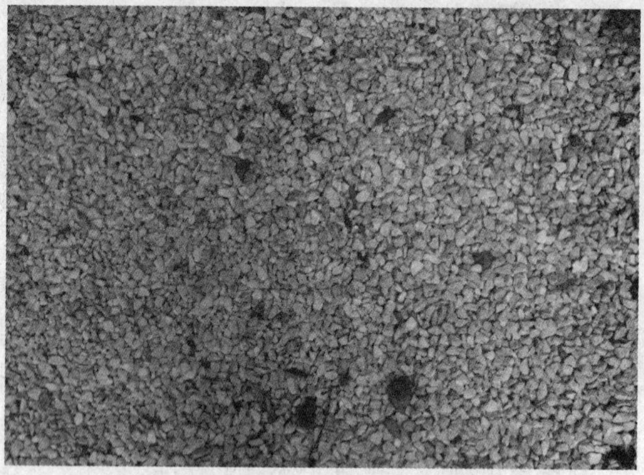

图 9-43　漫射纹理

图 9-44　3D 文字

模块 10　制作动画与视频

动画和视频是 Photoshop CS5 处理图像过程中的一大特色，起着桥梁和纽带的作用。但在以往的实际工作中，人们往往忽略了动画和视频的制作，使 Photoshop CS5 的功能得不到充分发挥。通过本章的学习，可以创建动画和编辑视频。充分理解动画和视频的特点并掌握其用法，可以使 Photoshop CS5 的动画与视频功能得到更好地发挥。

重点提示：

- 动画。
- 视频。

10.1　子模块一　动画

在 Photoshop CS5 中，动画是在某段时间内展现的一系列图像或帧，当帧与帧的前后顺序发生变化播放时，这些帧的连续快速的展示形成动感的视觉效果。

10.1.1　帧模式动画调板

执行“窗口”｜“动画”命令，弹出“动画”面板，如果当前面板为“动画（时间轴）”面板，可单击“转换为帧动画”按钮转换至，切换为“动画帧“面板。如图 10-1 所示，“动画帧”面板将显示动画中每个帧的缩略图，使用面板底部的工具可以浏览各个帧，设置各个参数选项，添加、删除以及预览动画。

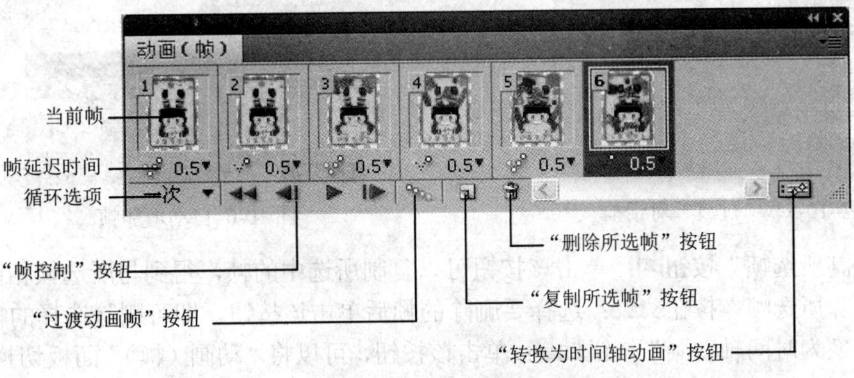

图 10-1　“动画（帧）”面板

- 当前帧：当前所选择的帧。选中该帧后，即可对该帧上的动画进行操作处理，并且实时显示动画帧效果。
- 帧延迟时间：该选项用于设置帧在回放过程中的持续时间，单击该选项可以弹出下拉菜单，在菜单中可以选择一个帧延迟时间，如图 10-2 所示。
- 循环选项：该选项用于设置动画在作为 GIF 文件导出时的播放次数。单击该选项可以弹出下拉菜单，在菜单中可以选择一个循环选项。如果选择“其他”选项，将弹出“设置循环次数”对话框，如图 10-3 所示。在“其他”选项中，用户可以自定义循环的次数，如图 10-4 所示。

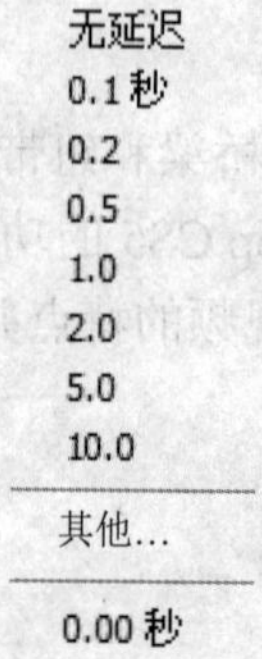

图 10-2 帧延迟时间下拉菜单

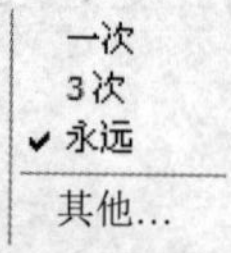

图 10-3 循环选项下拉菜单

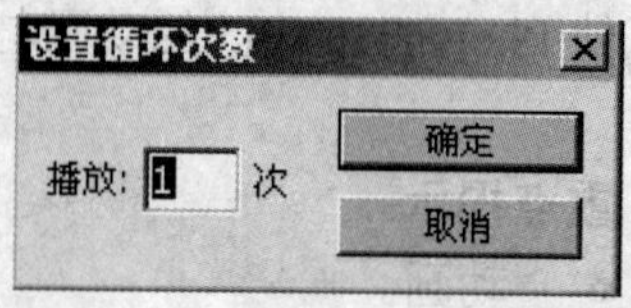

图 10-4 “设置循环次数”对话框

- “帧控制”按钮：该部分共有 4 个按钮，主要用于对动画帧进行控制。单击“选择第一帧”按钮，可自动选择序列中的第一个帧作为当前帧；单击“选择上一帧”按钮，可以选择当前帧的前一帧；单击“播放动画”按钮，可以在窗口中播放动画，再次单击则停止播放；单击“选择下一帧”按钮，可以选择当前帧的下一帧。
- “过渡动画帧”按钮：如果要在两个现有帧之间添加一系列帧，并让新帧之间的图层属性均匀变化，可单击该按钮打开“过渡”对话框进行设置，如图 10-5 所示，单击“确定”按钮，在“动画（帧）”面板中自动增加动画帧，如图 10-6 所示。

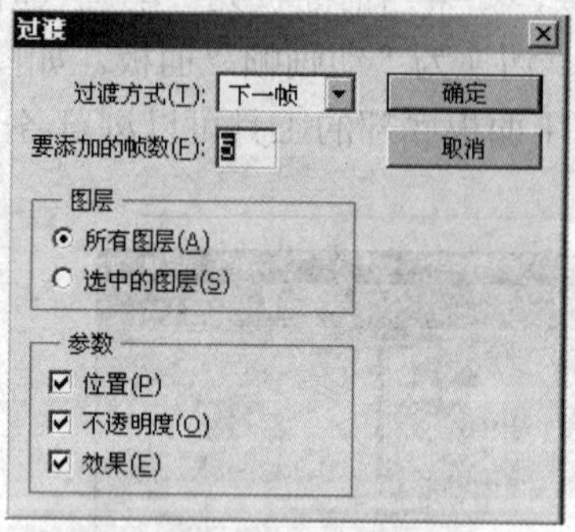

图 10-5 “过渡”对话框

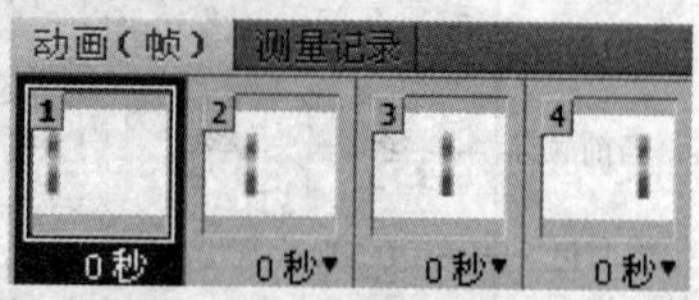

图 10-6 自动增加帧

- “复制所选帧”按钮：单击该按钮可以复制所选中的帧，得到与所选帧相同的帧。
- “删除所选帧”按钮：选择要删除的帧后单击该按钮，即可删除选择的帧。
- “转换为时间轴动画”按钮：单击该按钮，可以将“动画（帧）”面板切换至“动画（时间轴）”面板。

10.1.2 时间轴模式动画调板

执行“窗口”|“动画”命令，打开“动画”面板，如果打开的是“动画（帧）”面板，单击“转换为时间轴动画”按钮可以切换为“动画（时间轴）”面板，如图 10-7 所示。

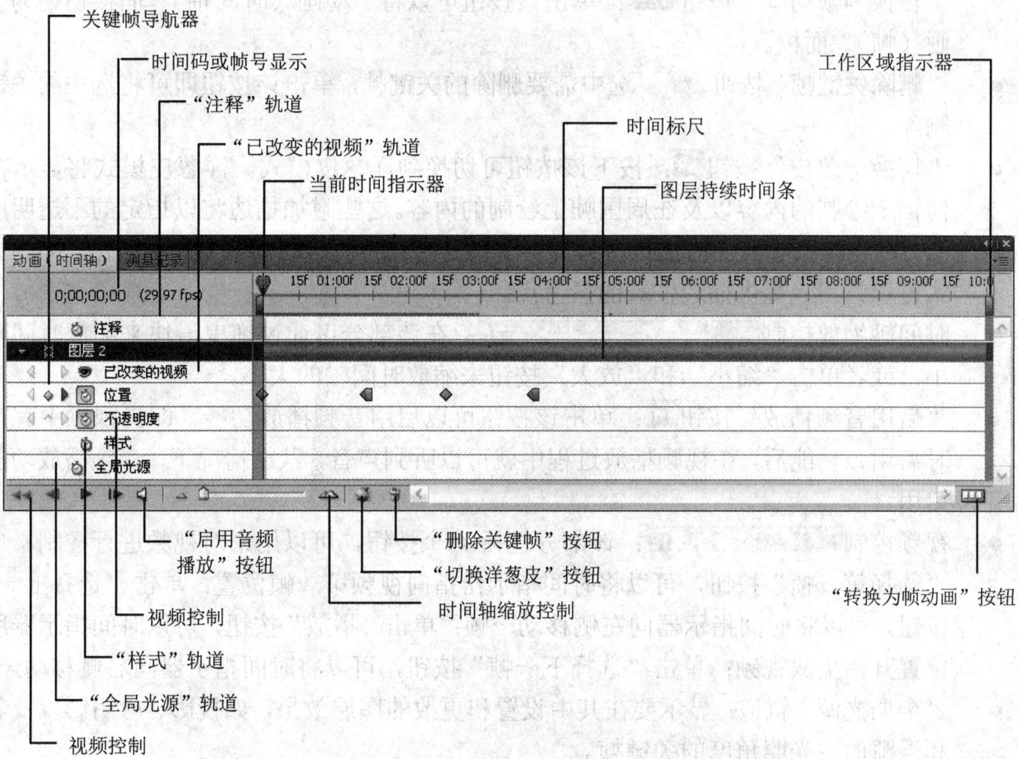

图 10-7　“动画（时间轴）”面板

- 动画（时间轴）中的时间码或帧号显示 0:00:03:18 (24.00 fps)：在该处显示的是当前帧的时间码或帧号（取决于面板选项），默认情况下显示为当前帧的时间码，括号中显示的为该视频文件的帧频。
- 动画（时间轴）中的“注释”轨道 注释：单击“编辑时间轴注释”图标可添加或清除注释，从“面板”菜单中选择“编辑时间轴注释”命令可以在当前时间处插入注释显示成图标。注释在注释轨道中显示为 ■ 状态图标，当指针移动到图标上方时作为工具提示出现。
- 动画（时间轴）中的“已改变的视频”轨道 已改变的视频：单击“眼睛”图标可设置“显示”或“隐藏”，对于视频图层，为已改变的每个帧显示一个关键帧图标。要跳转到已改变的帧，应该使用轨道标签左侧的关键导航器。
- 当前时间指示器：拖曳当前的时间指示器可以导航帧或更改当前时间或帧。
- 时间标尺：根据文档的持续时间和帧速率，水平测量持续时间或帧计数。从“面板”菜单中选择“文档设置”命令可更改持续时间或帧速率，刻度线和数字沿标尺出现，并且其间距会随时间轴的缩放设置的变化而改变。
- 动画（时间轴）中的图层持续时间条：指定图层在视频或动画中的时间位置。要将图层移动到其他时间位置，可拖曳该时间条。要调整图层的持续时间，可拖曳该时间条的任一端。
- 工作区域指示器：拖曳位于顶部轨道任意一端的蓝色标签，可标记要预览或导出的动画或视频的特定部分。

- “转换为帧动画”按钮：单击该按钮可以将“动画（时间轴）”面板切换为“动画（帧）”面板。
- “删除关键帧”按钮：选中需要删除的关键帧，单击该按钮即可将选中的关键帧删除。
- “切换洋葱皮”按钮：按下该按钮可切换到洋葱皮模式。洋葱皮模式将显示在当前帧上绘制的内容以及在周围帧上绘制的内容。这些附加描边将以指定的不透明度显示，以便与当前帧上的描边区分开。洋葱皮模式对于绘制逐帧动画很有用，因为该模式可以为用户提供描边位置的参考点。
- 时间轴缩放控制：在该部分可通过拖曳滑块来缩放时间轴大小，或者单击“缩小”和“放大”按钮来缩放时间轴的大小。
- “启用音频播放”按钮：单击该按钮可以启用音频播放功能，即当视频中有声音时启用该功能后，在视频播放过程中就可以听到声音，默认情况下，音频播放功能未启用。
- 视频控制：该部分包括 4 个按钮，可以用来对视频进行控制。单击“选择第一帧”按钮，可以将时间指示器指向视频第一帧位置；单击“选择上一帧”按钮，可以将时间指示器向左侧移动一帧；单击“播放”按钮，可以时间指示器所在位置开始播放视频；单击“选择下一帧”按钮，可以将时间指示器向右侧移动一帧。
- “全局光源”轨道：显示要在其中设置和更改的图层效果，如投影、内阴影以及斜面和浮雕的主光照角度的关键帧。
- 动画（时间轴）中的“样式”轨道：样式中可设置图层的“投影”和“描边”等效果。
- 时间—变化秒表：启用或停用图层属性的关键帧设置。选择此选项可插入关键帧并启用图层属性的关键帧设置，取消选择可移去所有关键帧并停用图层属性的关键帧设置。
- 关键帧导航器◀ ◆ ▶：选择此选项可插入关键帧并启用图层属性的关键帧设置，取消选择可移去当前关键帧并停用图层属性的关键帧设置。也可将当前时间指示器从当前位置移动到上一个或下一个关键帧。

10.2 子模块二 视频

是 Photoshop CS5 新增的功能，可以对视频的各个帧和图像序列文件进行编辑，包括使用任意 Photoshop CS5 工具在视频上进行编辑和绘制、应用滤镜、蒙版、变换、图层样式和混合模式。

10.2.1 创建视频图层

下面介绍创建视频图层的几种方法。

1. 通过新建视频图层

在已打开的文件中，执行“图层”|“视频图层”|“新建空白视频图层”命令，可以新建一个空白的视频图层，如图 10-8 所示。

2. 直接打开视频文件导入

执行“文件”|“打开”命令，选择一个视频文件，单击“打开”按钮可将视频打开。

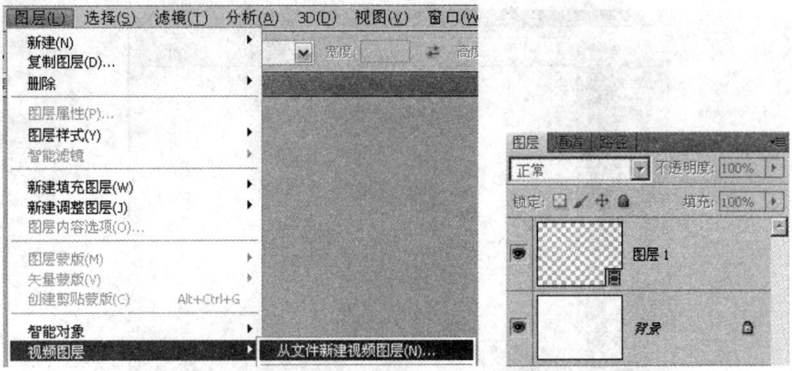

图 10-8　新建空白视频图层

3. 通过“从文件新建视频图层”导入

执行“图层”|“视频图层”|“从文件新建视频图层”命令，可将视频导入到打开的文档中。

4. 创建视频图层

执行“文件”|“新建”命令，在弹出的“新建”对话框中选择“预设”下拉列表框中的“胶片和视频”选项，如图 10-9 所示；在“大小”下拉列表框中选择一个文件大小项（如图 10-10 所示）即可创建一个空白的视频图像文件。

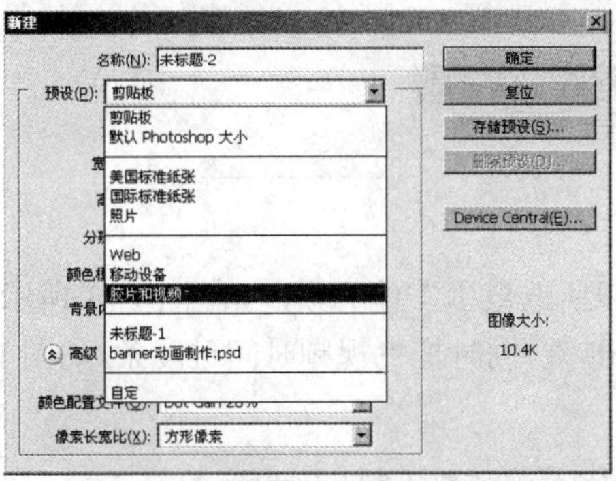

图 10-9　选择“胶片和视频”选项

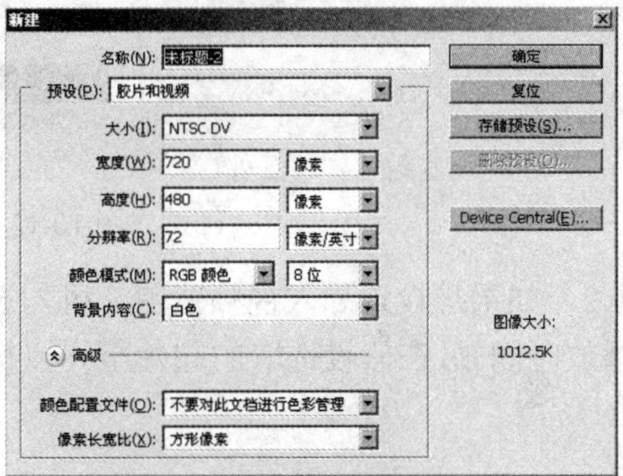

图 10-10　选择一个文件大小

注意

在 Photoshop CS5 中如果要正常处理视频，必须在计算机上安装 QuickTime 7.1 或更高版本的播放软件。支持的视频格式包括 MPEG-1、MPEG-4、MOV 或 AVI。如果计算机上安装过 Adobe Flash 8 及更高版本，则可支持 QuickTime 的 FLV 格式。如果安装过 MPEG-2 编码器，则可支持 MPEG-2 格式。

10.2.2　导入视频到图层

Photoshop CS5 中提供可将视频帧导入图层的功能，导入后视频文件将以帧的形式自动分层处理。

（1）执行“文件”|“导入”|“视频帧到图层”命令，在弹出的“载入”对话框中（如图 10-11 所示）将视频文件载入。单击“载入”按钮，弹出“将视频导入图层”对话框，如果要导入全部视频，可保持默认选择“从开始到结束”单选项，如图 10-12 所示。

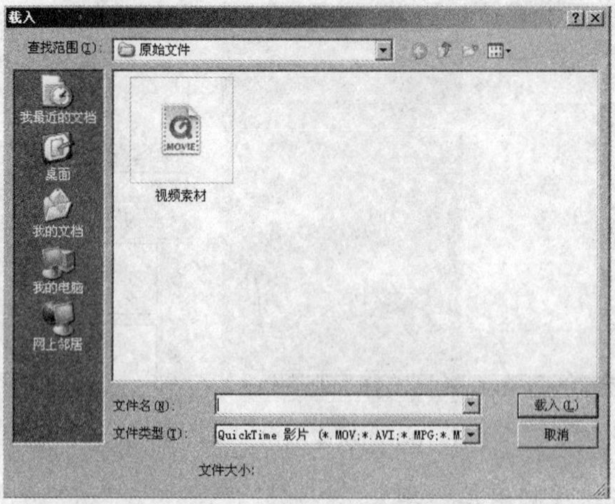

图 10-11 “载入”对话框

图 10-12 导入全部视频

（2）如果想设置导入视频范围，可勾选“仅限所选范围”单选项，如图 10-13 所示，并单击播放时间轴，在假设选取的起始至终点按住 Shift 键，同时拖曳视频时间进度条，如图 10-14 所示。

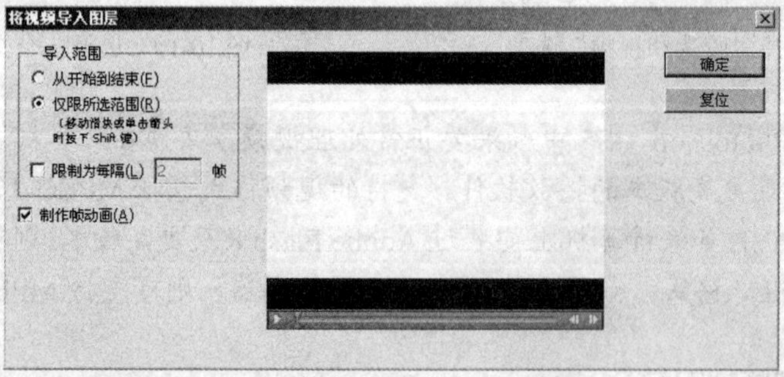

图 10-13 设置导入视频范围

（3）单击“确定”按钮将视频帧导入到图层中，“动画（帧）”面板效果如图 10-15 所示，“图层”面板效果如图 10-16 所示。

10.2.3 修改视频的混合模式及透明度

下面通过一个简单的实例来介绍如何在视频图层中使用不透明度和混合模式。

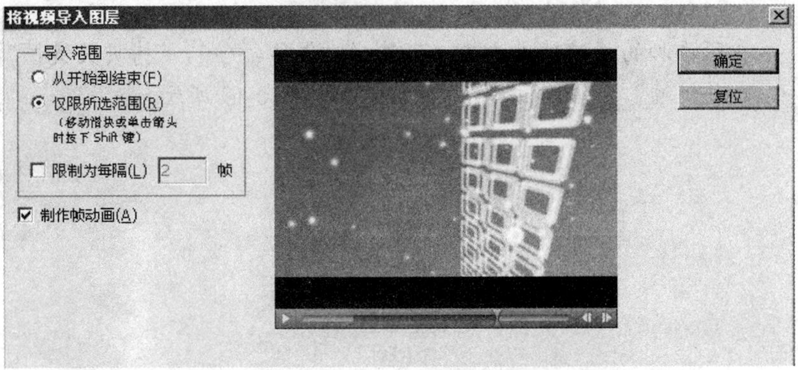

图 10-14　拖曳视频时间进度条

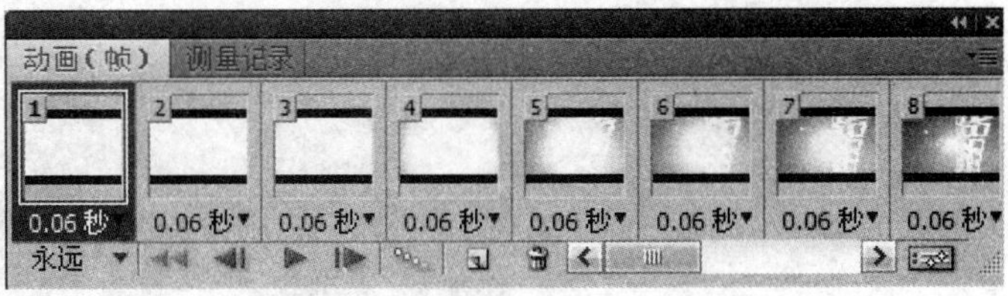

图 10-15　“动画（帧）”面板效果

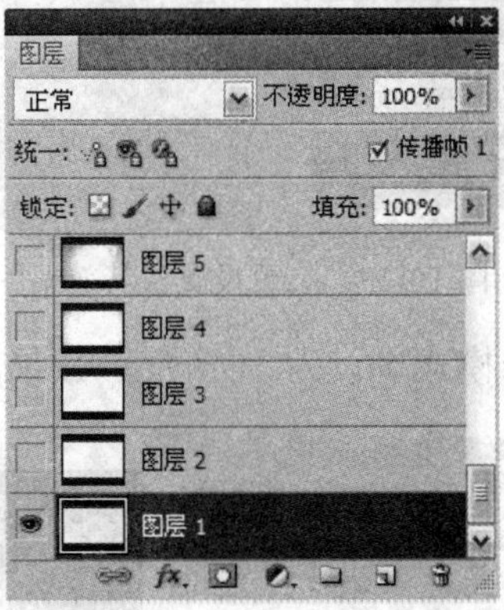

图 10-16　“图层”面板效果

（1）打开素材文件：素材\模块 10\视频素材 1.mov，如图 10-17 所示。打开“动画”面板，展开“视频图层 1”列表，单击“不透明度”轨道前的时间－变化秒表，显示出关键帧导航器并添加一个关键帧，将当前指示器拖曳到如图 10-18 所示的位置。

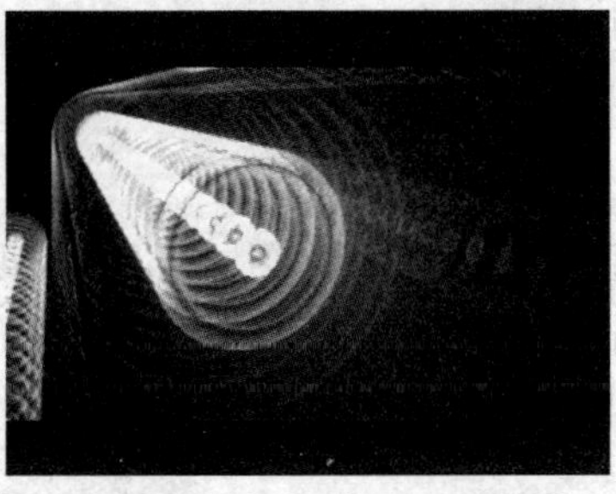

图 10-17　视频素材

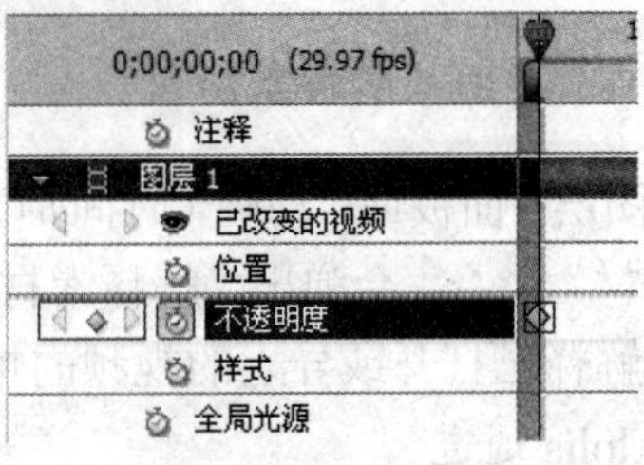

图 10-18　添加一个关键帧

注意 在所添加的关键帧上右击，可选择“保留插值”、“拷贝关键帧”、“删除、粘贴关键帧”、“编辑注释”等选项，如图 10-19 所示。

图 10-19　右键快捷菜单

（2）选择插入的关键帧位置，在“图层”面板中设置“图层 1”的“不透明度”值为 59%，如图 10-20 所示。

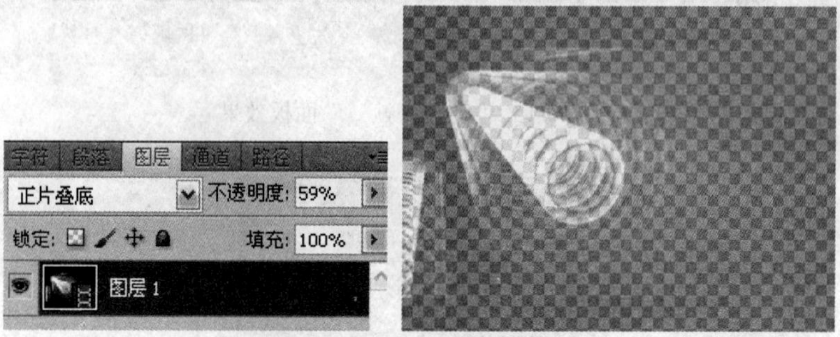

图 10-20　参数设置及其效果图

（3）将“图层 1”的“混合模式”设为“光泽”，效果如图 10-21 所示。

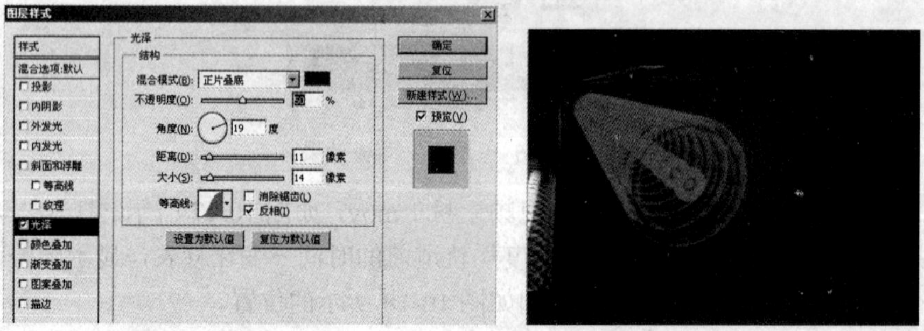

图 10-21　参数设置及其效果图

10.2.4　了解“解释素材”

在“图层”面板或“动画（时间轴）”面板上选择视频图层，执行“图层”|“视频图层”|“解释素材”命令，会弹出“解释素材”对话框，如图 10-22 所示。在其中可以指定 Photoshop CS5 如何解释已打开或导入的视频的帧速率和 Alpha 通道。

1. Alpha 通道

当某些视频包含 Alpha 通道时，可通过此项指定 Alpha 通道的解释方法。选中“忽略”单选项，表示忽略 Alpha 通道；“直接-无杂边”单选项表示将 Alpha 通道解释为直接 Alpha；“预先正片叠加-杂边”单选项表示 Alpha 通道解释为用彩色、黑色或白色预先进行正片叠底。

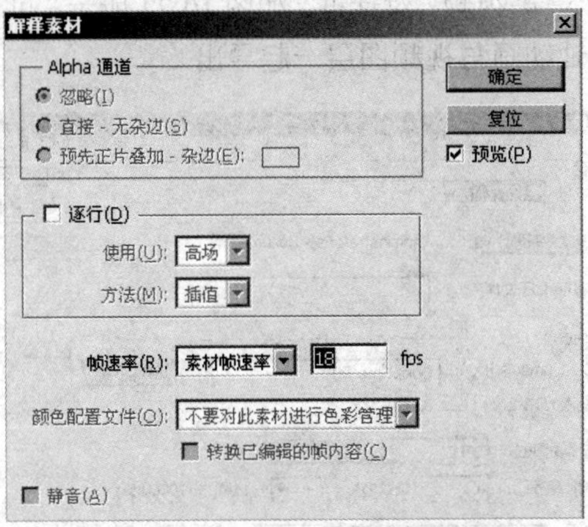

图 10-22 “解释素材”对话框

2. 帧速率

用以指定每秒播放的视频帧数。文本框中显示的是当前该视频的帧速率，也可以直接在此文本框中输入所需要的帧速率值。

10.2.5 替换视频素材

在 Photoshop CS5 中对源视频编辑时会保持源文件与视频图层间的链接，如果由于某种原因导致之间的链接被损坏，如删除、重命名等，Photoshop CS5 会中断此文件与视频图层的链接，并在图层面板中显示警告图标。出现这种情况时，可以在“图层”面板或“动画（时间轴）”面板中选择重新链接到源文件或替换内容的视频图层，然后执行“图层” | “视频图层” | “替换素材”命令，在打开的“替换素材”对话框中选择视频或图像序列文件，单击“打开”按钮重新建立链接。

10.2.6 了解视频的其他操作方法

1. 导出视频预览

将显示设备（如视频播放器）连接到计算机，打开一个文档，然后执行“文件” | “导出” | “视频预览”命令，在弹出的“视频预览”对话框中设置选项，如图 10-23 所示。将文档导出到设备显示，实现在视频播放器上预览文档。

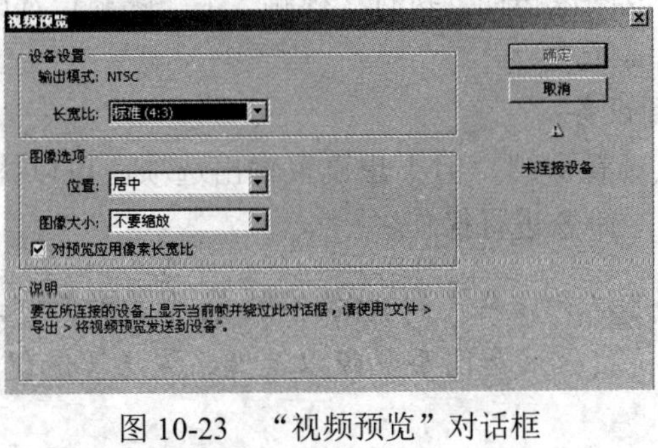

图 10-23 “视频预览”对话框

2. 渲染视频

要将制作好的视频渲染输出，首先要安装 QuickTime 软件，然后执行“文件”|“导出”|“渲染视频”命令，弹出“渲染视频”对话框，如图 10-24 所示。可以将视频导出为 QuickTime 影片格式，还可以将时间轴动画与视频图层一起导出。

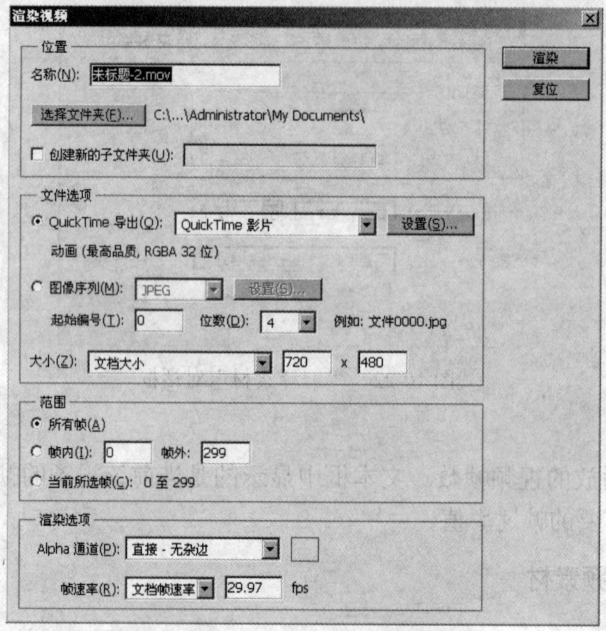

图 10-24 “渲染视频”对话框

3. 在视频图层中恢复帧

有时候要放弃对帧的视频图层和空白视频图层所做的编辑，可以在“动画（时间轴）”面板中选择视频图层，然后将当前时间指示器移动到特定的视频帧上，再执行“图层”|“视频图层”|“恢复帧”命令即可恢复特定的帧。如果要恢复视频图层或空白视频图层中的所有帧，可执行“图层”|“视频图层”|“恢复所有帧”命令。

4. 视频文件保存

对视频图层编辑后，可以将文档存储为 PSD 文件格式。该文件可以在其他类似于 After Effects 和 PremierePro 的 Adobe 软件程序中播放，或在其他应用程序中作为静态文件进行访问。

5. 视频像素长宽比校正

电脑显示器上的图像是由方形像素组成的，而视频编码则是由非方形像素组成的，因此导致它们之间的交换会造成图像扭曲。执行“视频”|“像素长宽比校正”命令，可以按特定的长宽显示图像，解决扭曲问题。

6. 将视频预览发送到设备

如果要在视频设备上查看文档，但不想设置输出选项，可以执行“文件”|“导出”|“将视频预览发送到设备”命令进行操作。

注意 PSD 文件可以直接导入到 After Effects 中，并且可以选择保留各个图层、图层样式、透明区域和图层蒙版以及调整图层（保留动画的各个元素）。

10.3 工作情境一 制作动画

10.3.1 工作情境描述及效果

- 原始文件：素材\模块 10 \banner 动画制作\banner 动画制作.gif
- 最终文件：效果\模块 10 \banner 动画制作\banner 动画制作.psd

1. 工作情境描述

通过制作如图 10-25 所示的效果图了解如何在“动画（帧）”面板中制作动画，通过该案例的制作能够实现制作简单的网页 banner 广告条动画。案例要点如表 10-1 所示。

表 10-1 “制作动画”要点分析

案例要点：
- “动画（帧）”面板的使用
- 过渡动画帧的使用
- 动画的发布

2. 工作情境最终效果（如图 10-25 所示）

图 10-25 动画制作的最终效果

10.3.2 工作情境详解

（1）新建一个 PSD 文档，按 banner 标准尺寸中的 468×60 像素设置文档的宽度与高度，“分辨率”设为 72 像素，如图 10-26 所示。分别新建两个广告背景图层，命名为“背景层 1”（如图 10-27 所示）和“背景层 2”（如图 10-28 所示），用渐变工具绘制背景图像，图层顺序如图 10-29 所示。

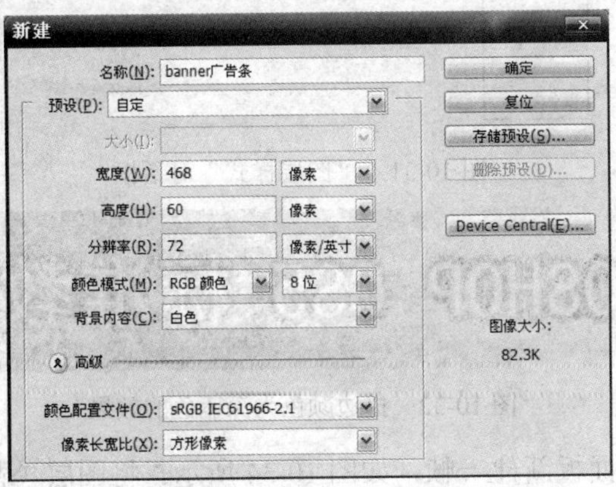

图 10-26 “新建”对话框

图 10-27　绘制背景 1

图 10-28　绘制背景 2

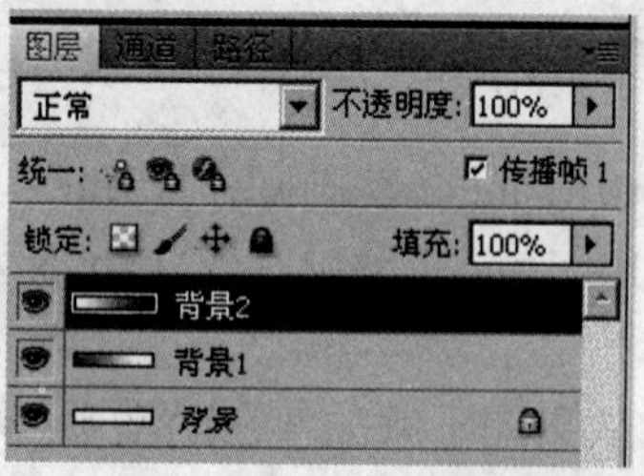

图 10-29　图层顺序

（2）新建广告文字图层，命名为“正常文字”，如图 10-30 所示，用于制作广告文字，输入文字“PHOTOSHOP CS5 标准教程”，复制此文字图层，命名为“描边文字”，在“描边文字”图层上右击，在弹出的快捷菜单中选择“混合选项”选项，弹出“图层样式”对话框，如图 10-31 所示。设置“文字样式”为“描边”，“描边颜色”为“深蓝色”，完成后单击“确定”按钮，如图 10-32 所示，“图层”面板如图 10-33 所示。

图 10-30　“正常文字”图层

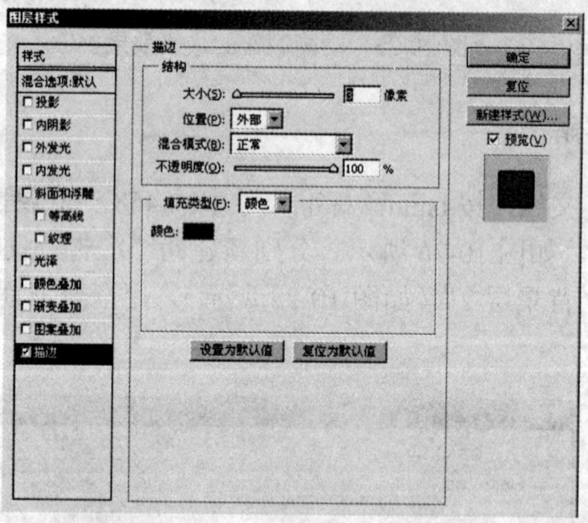

图 10-31　“图层样式”对话框

图 10-32　描边颜色为深蓝色的效果

（3）在时间轴动画面板新建一帧，如图 10-34 所示。将图层（背景 2）隐藏，如图 10-35 所示。在“动画（帧）”面板上，按住 Ctrl 键，单击选中第一帧和第二帧，如图 10-36 所示。

单击“过渡动画”按钮，弹出“过渡”对话框，如图 10-37 所示。共生成 7 帧，如图 10-38 所示。选择第 7 帧，新添加一帧（第 8 帧），如图 10-39 所示。在第 8 帧上显示背景 2，同时选中第 7 帧和第 8 帧，单击“过渡动画”按钮，继续生成动画帧共 13 帧，背景动画完成，设置如图 10-40 所示。

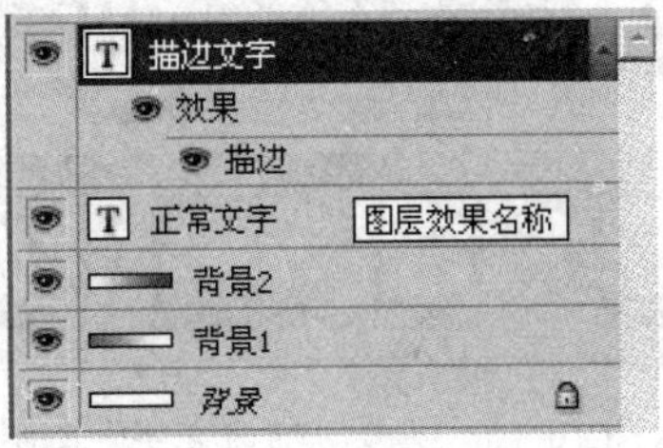

图 10-33　“图层”面板

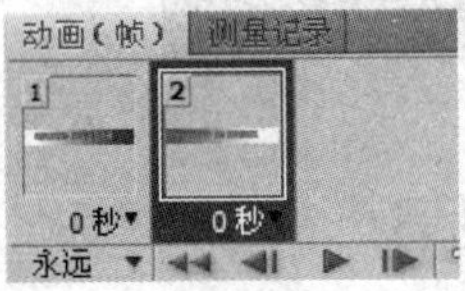

图 10-34　新建一帧

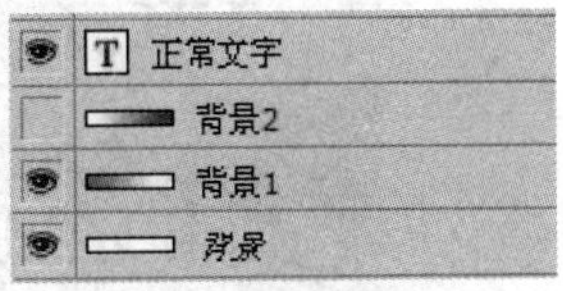

图 10-35　隐藏背景 2

图 10-36　按 Ctrl 键并单击选中第一帧和第二帧

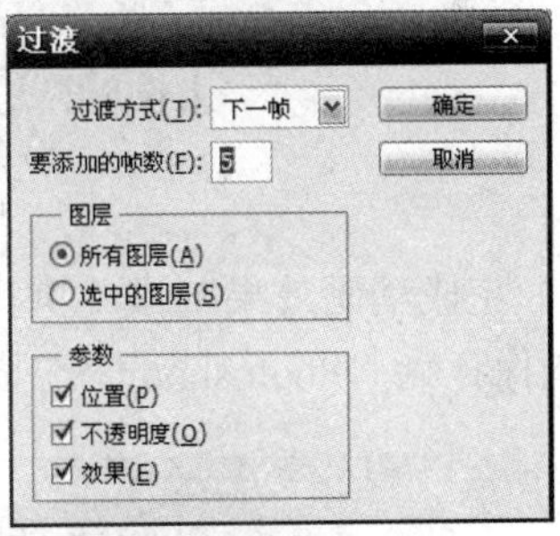

图 10-37　“过渡”对话框

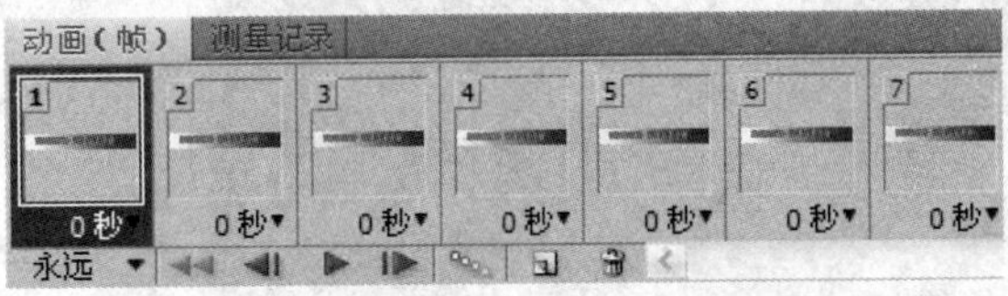

图 10-38　生成 7 帧

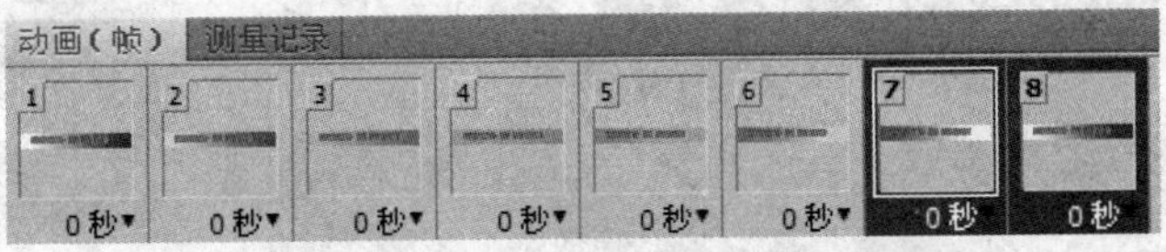

图 10-39　在第 7 帧后新添加第 8 帧

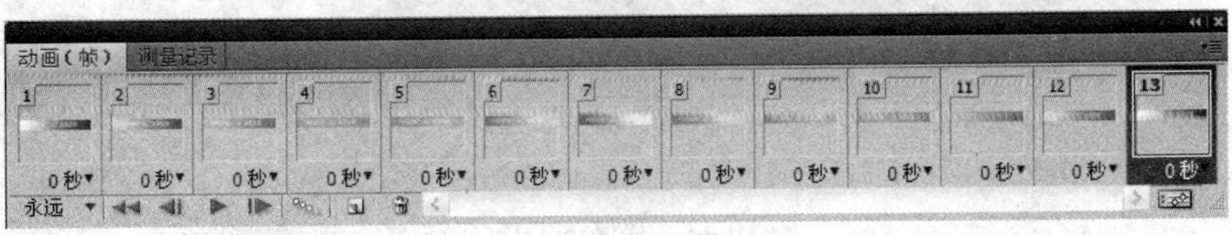

图 10-40　设置情况

（4）制作文字闪烁动画，按住 Ctrl 键，同时选中第 1、3、5、7、9、11、13 帧，隐藏“描边文字”图层，如图 10-41 所示，完成文字动画。单击“播放动画”按钮，预览动画效果，如图 10-42 所示。

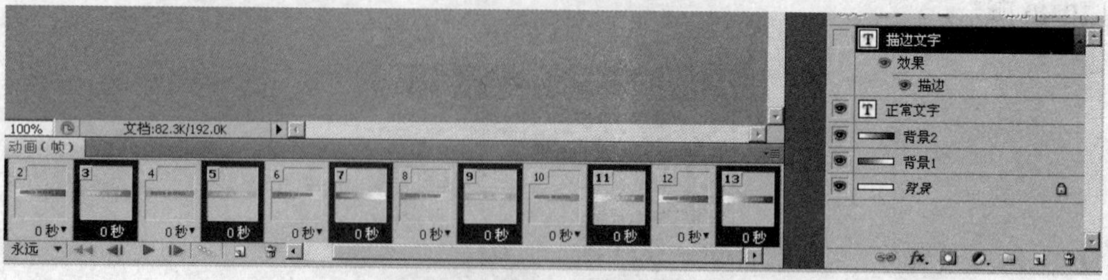

图 10-41　隐藏“描边文字”图层

图 10-42　最终动画效果片段

（5）完成动画效果制作，执行“文件”｜“存储为”命令，如图 10-43 所示，将处理完成的动画保存为“Photoshop CS5\模块 10 素材\最终文件\banner 动画”。

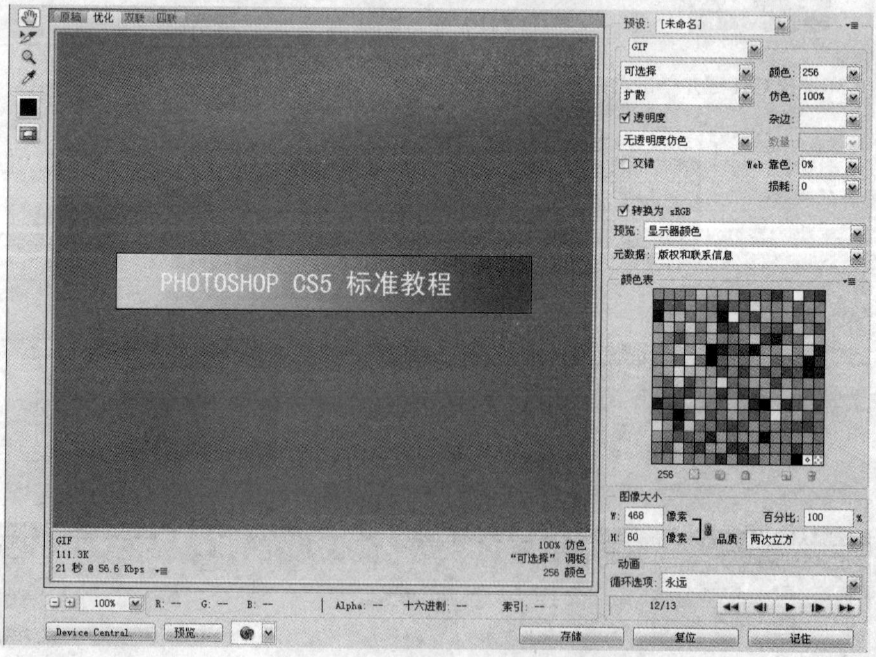

图 10-43　存储为 GIF 文件

10.4　工作情境二　制作视频

10.4.1　工作情境描述及效果

- 原始文件：素材\模块 10\制作视频.mov
- 最终文件：效果\模块 10\制作视频.psd

1. 工作情境描述

通过制作如图 10-44 所示的效果图可以掌握视频图层的创建及其图层的不透明度设置。案例要点如表 10-2 所示。

表 10-2　制作视频要点分析

案例要点：
◆　创建视频、导入视频到图层
◆　视频图层的不透明度设置

2. 工作情境最终效果（如图 10-44 所示）

图 10-44　视频最终效果

10.4.2　工作情境详解

（1）打开一个视频文件“视频素材”，如图 10-45 所示。打开视频文件后，在“图层”面板中会自动创建视频图层，如图 10-46 所示。

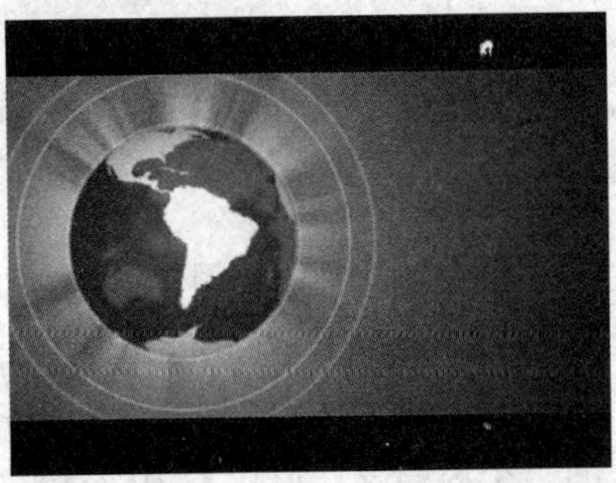

图 10-45　视频素材

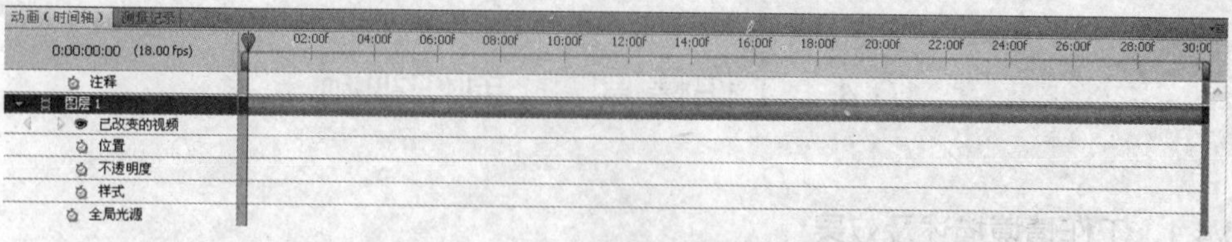

图 10-46 自动创建视频图层

（2）新建图层 2，使用“横排文字工具”在图层上输入文字内容“国际新闻”，如图 10-47 所示。设置“字体”为“白色”，单击“添加图层样式”按钮，如图 10-48 所示。设置文字图层样式“混合选项”为“描边”，颜色为天蓝色，代码为#043d64，字号为 48 点，如图 10-49 所示。

图 10-47 输入文字内容“国际新闻”

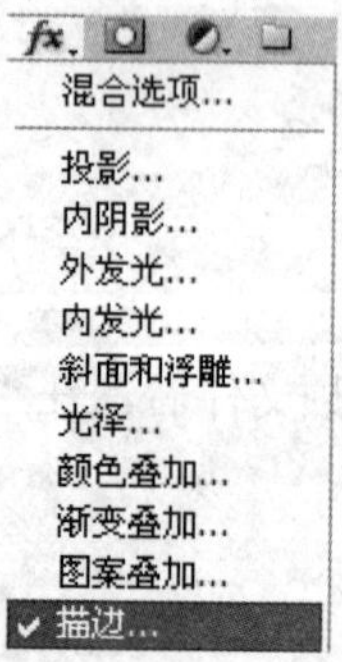

图 10-48 单击“添加图层样式”按钮的下拉菜单

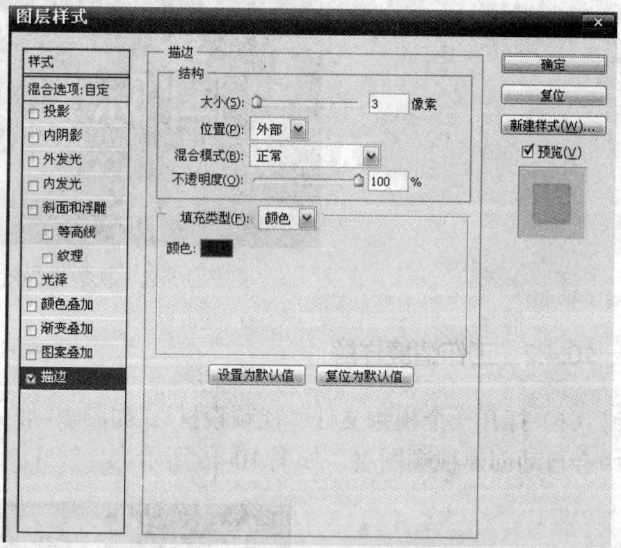

图 10-49 设置文字“描边”样式

（3）单击“动画（时间轴）”面板上“国际新闻”图层前面的展开按钮展开列表，如图 10-50 所示。将当前指标器拖曳到如图 10-51 所示的位置。单击“不透明度”轨道前的时间—变化秒表，显示出关键导航器◆并添加一个关键帧，如图 10-52 所示。

（4）将“国际新闻”图层的“不透明度”值设为 20%，此处是将文字设为半透明状态，如图 10-53 所示。

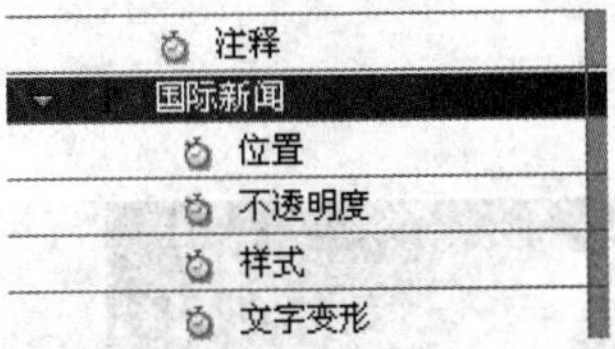

图 10-50　展开按钮展开列表

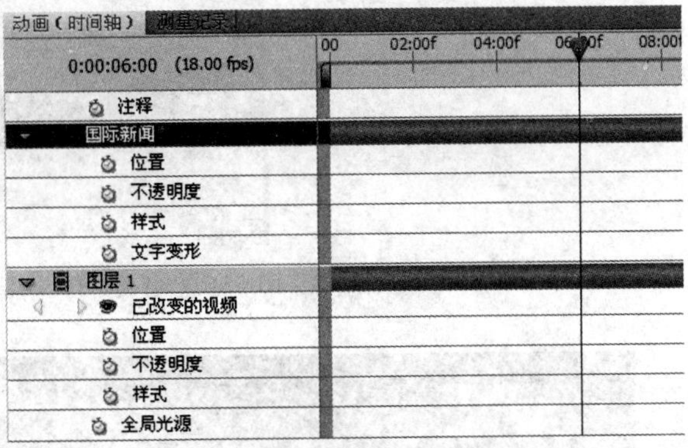

图 10-51　拖曳指示器

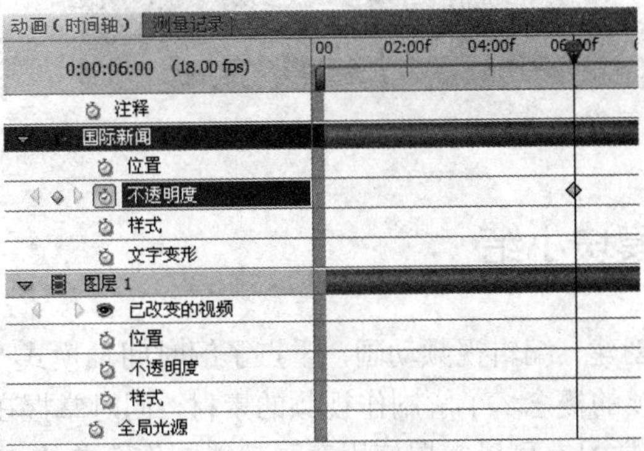

图 10-52　显示出关键导航器◆并添加一个关键帧

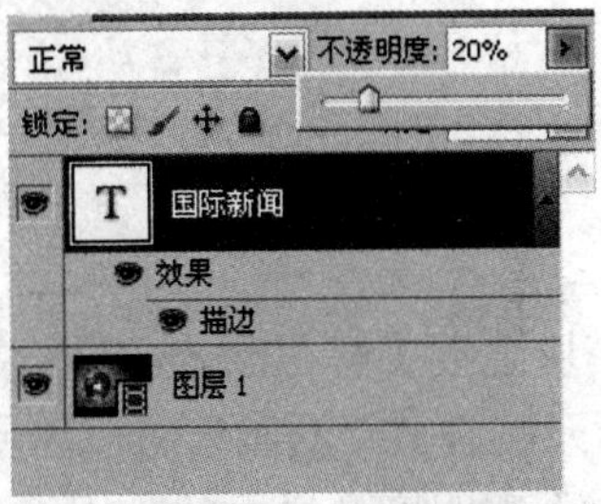

图 10-53　设置“不透明度”值

（5）再将当前指示器拖曳到需要的位置，单击“在当前时间添加或删除关键帧”按钮在当前指标器位置插入关键帧，同理添加多个关键帧，如图 10-54 所示。分别设置“国际新闻”图层的“不透明度”值为 10%和 100%，以实现文字渐隐渐现效果，如图 10-55 所示。

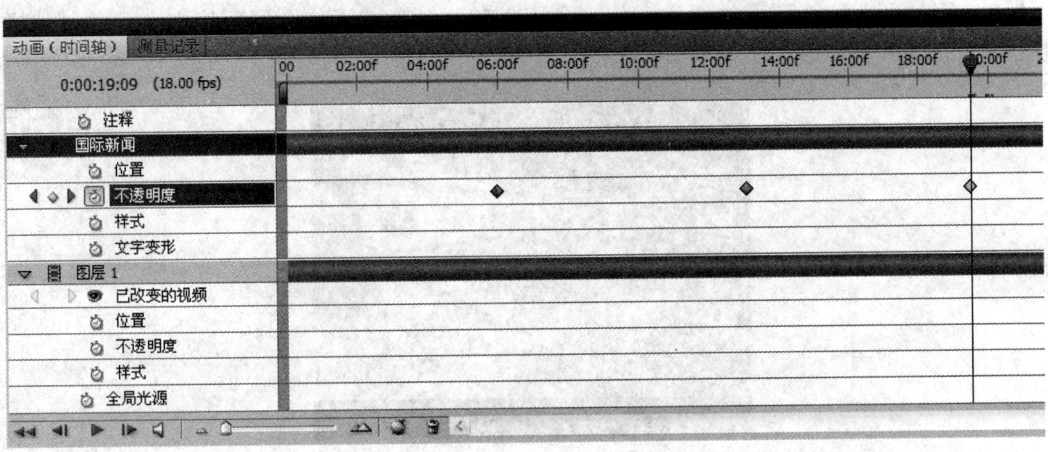

图 10-54　添加多个关键帧

（6）完成动画的制作，单击“选择第一帧”按钮切换到视频的起始点，单击“播放”按钮播放视频文件，如图 10-56 所示。

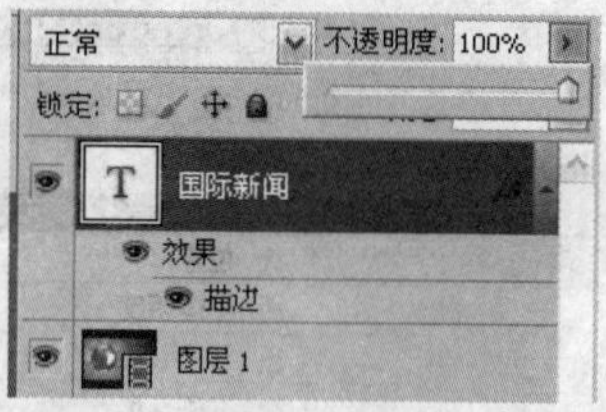

图 10-55 “不透明度”值设为 100%

图 10-56 最终效果

10.5 模块小结

本模块主要讲解在 Photoshop CS5 中如何创建、编辑视频动画，重点了解时间轴模式“动画”面板及帧模式“动画”面板的使用。掌握帧的概念，了解制作视频的素材，同时掌握在视频编辑中不透明度及样式的应用，通过本章的学习，可以掌握使用动画功能制作简单的 Web 动画的方法，希望读者能够举一反三，将其应用到实际工作中。

10.6 模块训练十

1．使用如图 10-57 所示的原始文件，利用创建视频功能添加图层新建文字，并创建样式效果。

图 10-57 素材视频

2. 使用 Photoshop CS5 中的动画功能制作网页中经常用到的 Logo，素材由自己设计。

模块 11　动作与任务自动化

动作是指在单个文件或一批文件上执行的一系列任务。动作功能类似于 Word 里面的宏功能，可以将 Photoshop CS5 中的某几个操作录制宏一样记录下来，这样可以使较繁琐的工作变得简单易行，使用动作处理相同的、重复性的操作可以节省时间。自动功能还可以对多个文件进行批处理，从而大幅度提高工作效率。

重点提示：

- “动作”面板。
- 记录动作。
- 批处理。

11.1 子模块一　“动作”面板

“动作”面板中可以记录、编辑、播放、删除各个动作。打开“动作”面板的方法是执行“窗口”｜“动作”命令或按 Alt+F9 组合键，如图 11-1 所示。

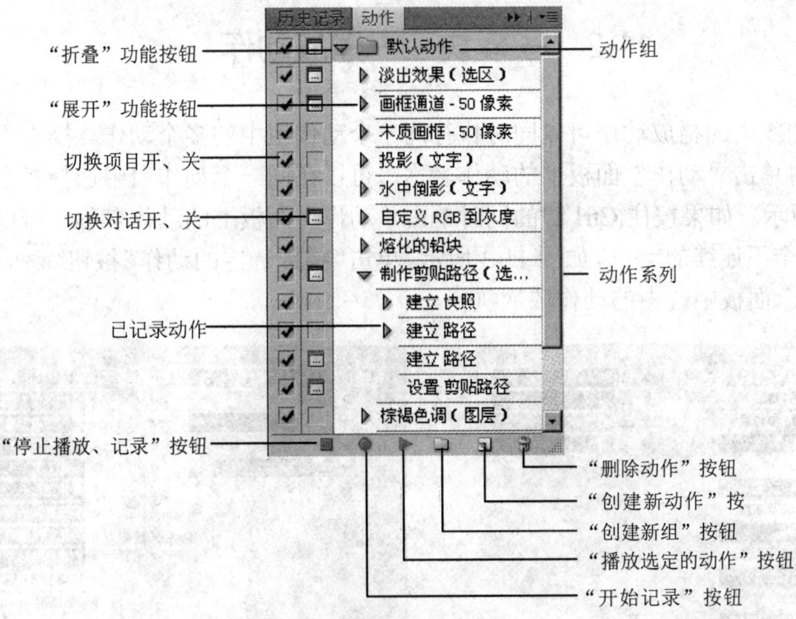

图 11-1　“动作”面板

- “折叠”功能按钮 ▼：单击动作中的“折叠”按钮可以折叠记录命令，只显示动作；单击记录命令中的“折叠”按钮可以折叠动作，只显示记录命令；单击动作组中的“折叠”按钮可以折叠动作，只显示动作组。
- “展开”功能按钮 ▶：单击动作组中的“展开”按钮，可以展开动作组中的所有动作；

单击动作中的“展开”按钮，可以展开动作中的所有记录命令。

- 切换项目开、关：若动作组、动作和记录命令前显示该标志并呈黑色显示时，说明这个动作组、动作和记录命令可以执行；若标志呈红色显示时，则说明动作组中的部分动作或记录命令不能执行；若动作组、动作和记录命令前不显示该标志，则动作组中的所有动作都不能被执行。
- 切换对话开、关：若记录命令前显示该标志，表示在执行动作过程中会暂停并打开相应的对话框，这时可修改记录命令的参数，单击“确定”按钮后才能继续执行后面的动作。
- 已记录动作：该列表中记录了动作所执行的命令。
- 停止播放、记录：用于停止播放或记录操作。只有在播放或记录动作时才可以使用该按钮。
- “开始记录”按钮：用于创建一个新的动作。处于记录状态时，该按钮呈红色显示。
- “播放选定的动作”按钮：选择一个动作后，单击该按钮可播放该动作。
- “创建新组”按钮：可创建一个动作组并保存新建的动作。
- “创建新动作”按钮：可创建新的动作，创建后的动作会显示在“动作”面板中。
- “删除动作”按钮：选择动作组、动作或记录命令后单击该按钮，即可将其删除。
- 动作系列：动作系列是一系列操作命令的集合。
- 动作组：默认设置下只有一个默认动作组，动作组是一系列动作的集合。

11.2 子模块二 播放动作

Photoshop CS5 中的播放动作可以同时执行同一个动作组中的多个动作。操作方法是：按住 Shift 键的同时单击“动作”面板上的动作名称，可以在同一个动作组中选择多个连续的动作，如图 11-2 所示。如果按住 Ctrl 键的同时单击“动作”面板上的动作名称，可以在同一个动作组中选择多个不连续的动作，如图 11-3 所示。单击“播放选定的动作”按钮，Photoshop CS5 会对“动作”面板中选中的动作依次执行。

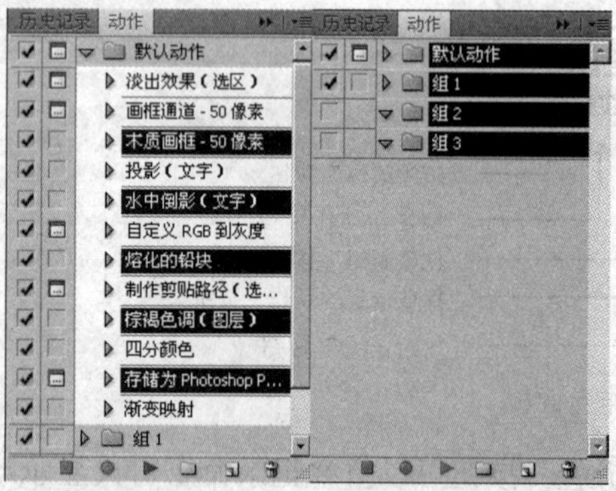

图 11-2 在同一个动作组中选择多个连续的动作

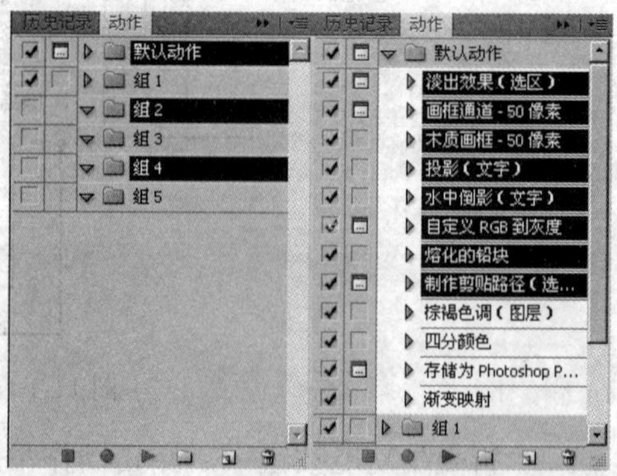

图 11-3 在同一个动作组中选择多个不连续的动作

注意 对于动作组，不论是单选还是连续多选，都不能执行“播放”动作按钮。

（1）打开素材文件：素材\模块 11\播放动作.jpg，如图 11-4 所示，在“动作”面板中选择一个默认动作“棕褐色调（图层）”，如图 11-5 所示。

（2）单击“动作”面板上的“播放选定的动作”按钮，如图 11-6 所示，执行默认动作后 Photoshop CS5 开始执行动作中的命令，执行完毕后即可得到该动作的效果，如图 11-7 所示。

图 11-4　素材图片

图 11-5　“动作”面作

图 11-6　“播放选定的动作”按钮

图 11-7　动作效果

11.3　子模块三　记录动作

创建记录动作时，首先应新建一个动作组，以便将动作保存在该组中。如果没有创建新的动作组，则录制的动作会保存在当前选择的动作组中。

打开素材文件：素材\模块 11\记录动作.jpg，如图 11-8 所示，打开“动作”面板，单击“创建新组”按钮，如图 11-9 所示。弹出“新建组”对话框，如图 11-10 所示。在“名称”文本框中可以输入动作组的名称，单击“确定”按钮新建一个动作组，如图 11-11 所示。

单击“创建新动作”按钮，弹出“新建动作”对话框，在其中可以设置动作的相关属性，如图 11-12 所示。

- 名称：用于设置新动作的名称。
- 组：在此选项的下拉列表框中显示了面板中的所有动作组。如果在弹出该对话框时已经选定要设置的动作组，则在“组”下拉列表框中会自动显示所选择的序列组名称。

图 11-8　图片素材

图 11-9　新建组

图 11-10　“新建组”对话框

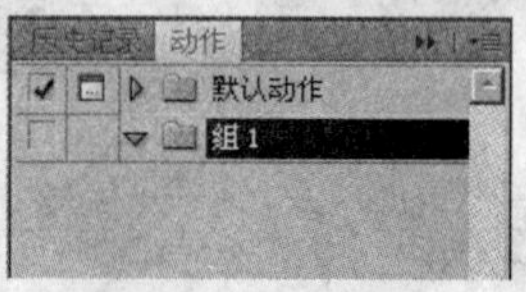

图 11-11　创建新动作组

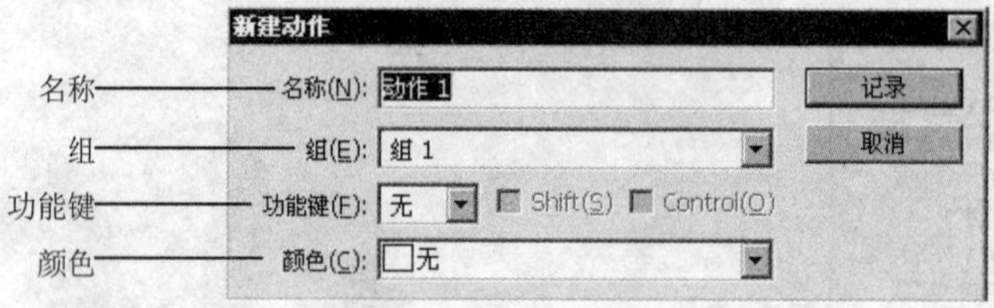

图 11-12　“新建动作”对话框

- 功能键：用来设置执行动作时的快捷键。选择任一项后，其后的“Shift”与“Control”复选框就会被启用，如图 11-13 所示。

图 11-13　动作快捷键

- 颜色：用来调协面板“按钮模式”下动作的显示颜色背景。

> **注意**
>
> 单击“动作”面板右上角的小三角按钮，在弹出的下拉菜单中选择“按钮模式”命令，如图 11-14 所示，即可切换到按钮模式，如图 11-15 所示。
>
> 按钮模式的显示方式主要是为了方便选择动作的功能。在这种模式下，只需单击需要使用的动作就可以执行它的功能，但在这种模式下，不能进行任何记录、删除、修改动作的操作。

11.3.1　动作的记录

（1）在记录前应先打开或创建一幅图像，否则 Photoshop CS5 会将打开图像或创建图像的操作一起记录。打开素材文件：素材\模块 11\记录动作 1.jpg，如图 11-16 所示，在“动作”面板上单击“创建新组”按钮，在弹出的“新建组”对话框中输入名称“图片调整”，如图 11-17 所示，单击“确定”按钮创建一个新动作组。

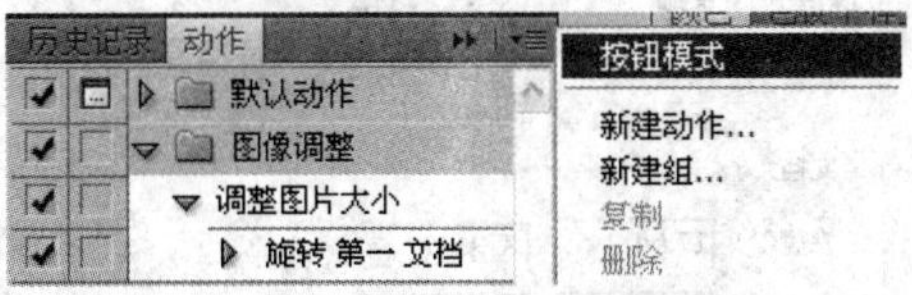

图 11-14　按钮模式的使用

图 11-15　切换到按钮模式

图 11-16　素材图片

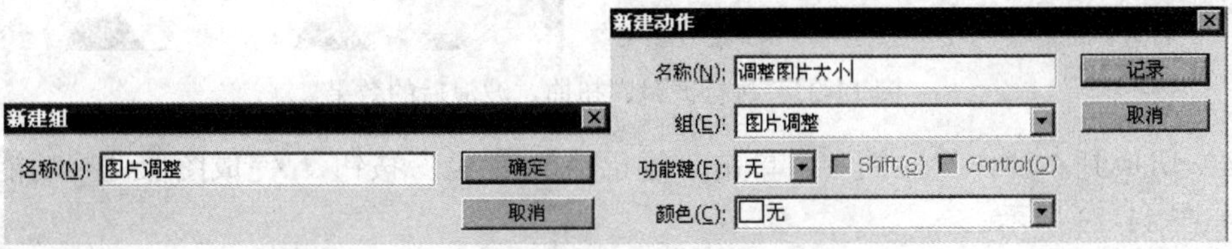

图 11-17　新建组

（2）单击“创建新动作”按钮，弹出“新建动作”对话框，设置“名称”为“调整图片大小”，组默认为“图片调整”组，如图 11-18 所示，单击“记录”按钮开始记录动作，此时“开始记录”按钮以红色显示，如图 11-19 所示。

图 11-18　“图片调整”组

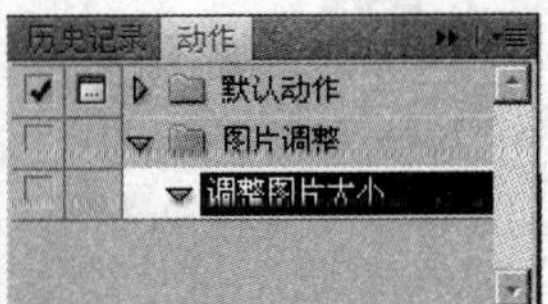

图 11-19　记录动作

（3）执行“图像”|“图像大小”命令，弹出“图像大小”对话框，如图 11-20 所示，重新设置“宽度”和“高度”属性值，设置“宽度”为 500，如图 11-21 所示，单击“确定”按钮完成图像大小设置。此时，图像已放大到 500×400 的大小，继续执行“滤镜”|“扭曲”|“波浪”命令，效果如图 11-22 所示。

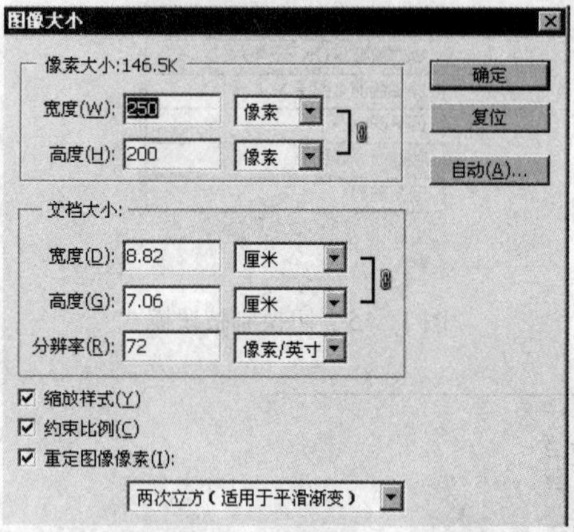

图 11-20 调整图像大小前

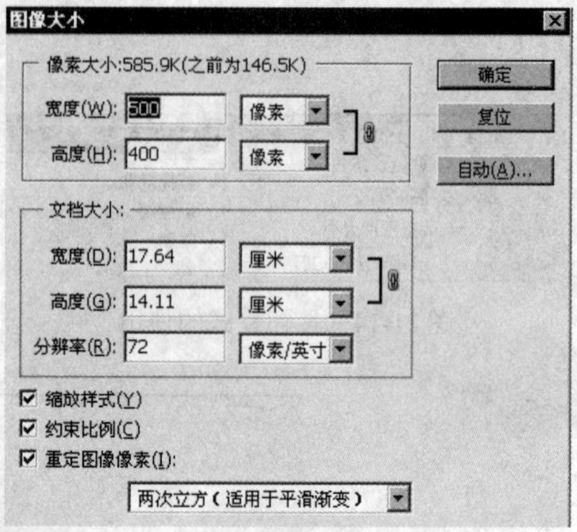

图 11-21 调整图像大小后

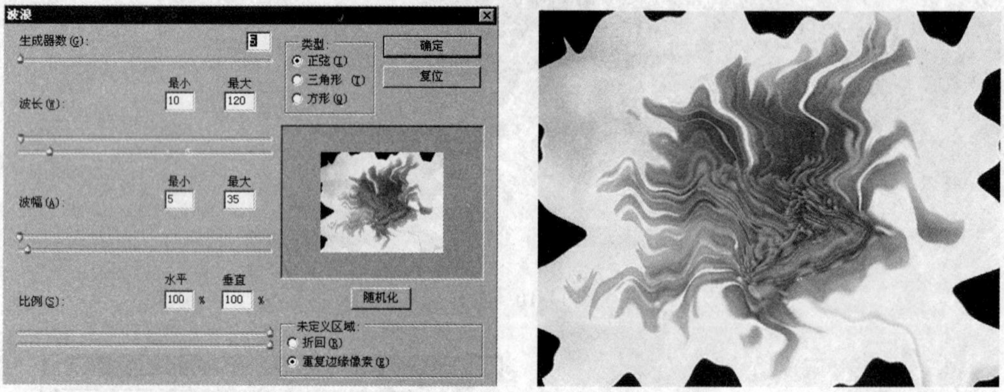

图 11-22 执行滤镜、扭曲、波浪后的效果

（4）切换到“动作”面板中，单击“停止播放/记录”按钮完成图像调整功能动作的记录，如图 11-23 所示。

（5）将记录好的动作应用到其他需要调整的图像上，效果如图 11-24 所示。

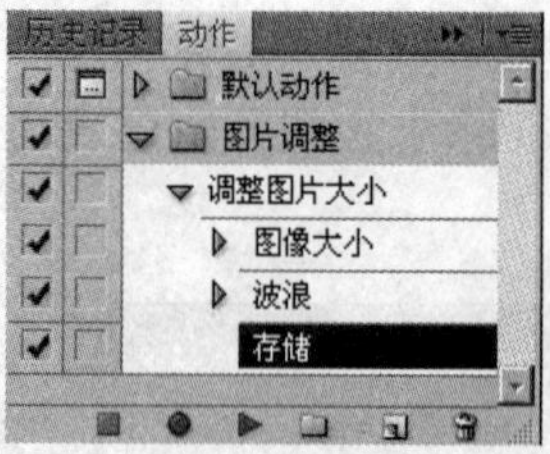

图 11-23 完成动作记录

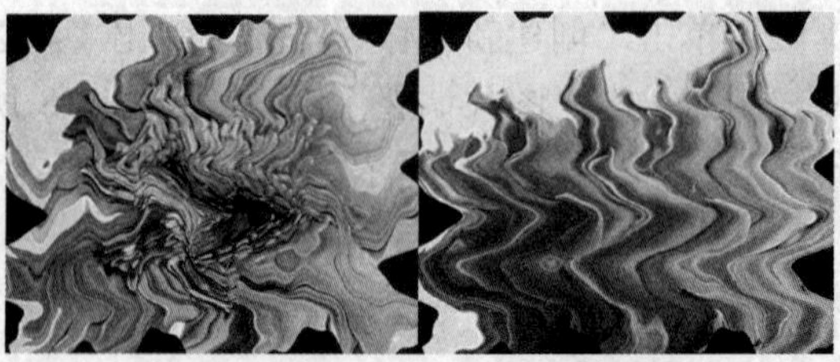

图 11-24 应用动作到其他图像

11.4　子模块四　编辑动作

Photoshop CS5 可以对动作进行名称或内容的编辑，如果要修改动作组或动作的名称，先将其选中，如图 11-25 所示。双击“动作”面板中的动作名称即可在文本框中修改名称，或单击“动作”面板右上角的小三角按钮，在弹出的下拉菜单中选择“动作选项”命令，弹出“动作选项”对话框，如图 11-26 所示，在其中可以进行相应的设置。

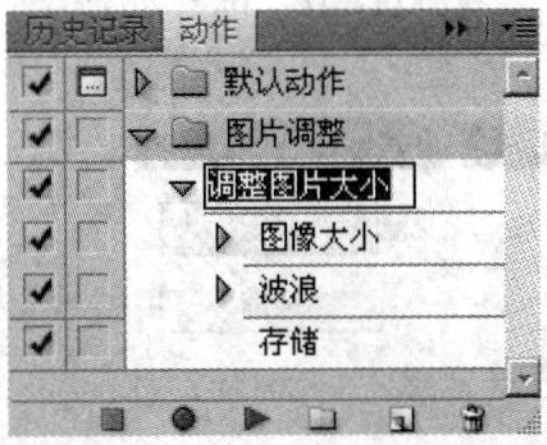

图 11-25　修改动作名称

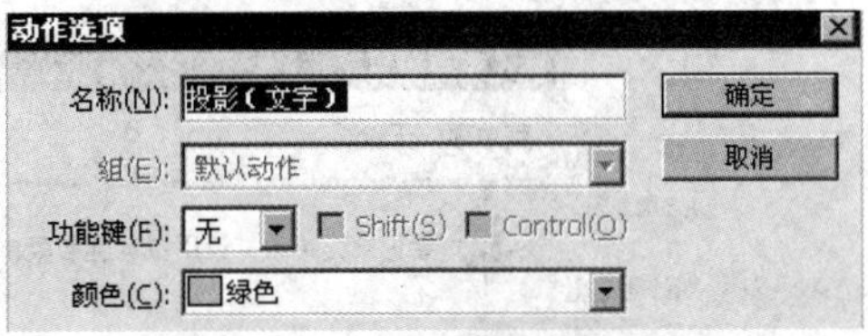

图 11-26　“动作选项”对话框

如果要修改动作中记录命令的参数，可以双击该记录命令，如图 11-27 所示，弹出该命令的对话框并在其中修改参数，如图 11-28 所示。

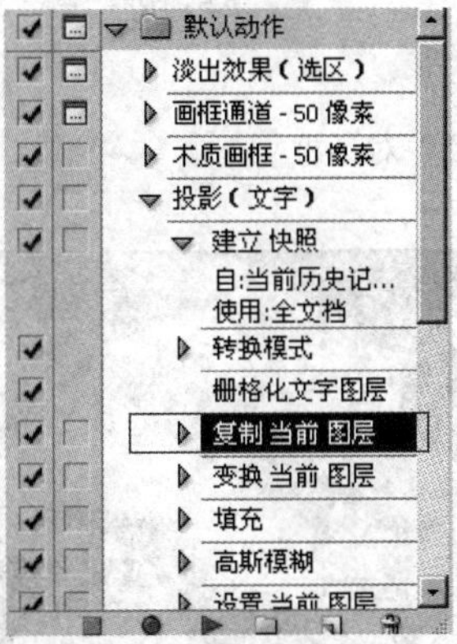

图 11-27　双击记录命令

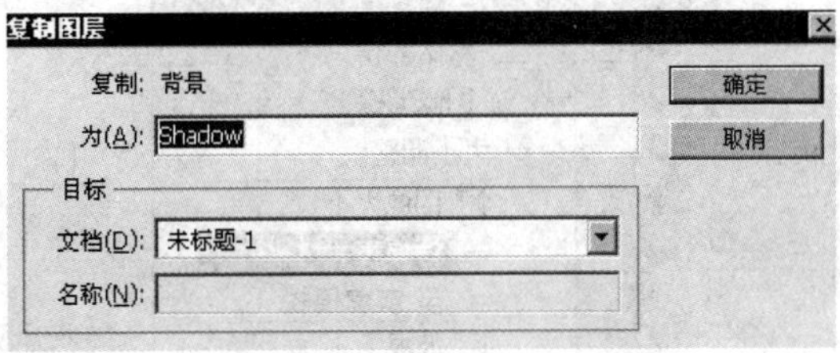

图 11-28　修改记录参数

11.4.1　插入菜单项目

单击“动作”面板右上角的小三角按钮 ，在弹出的下拉菜单中选择“插入菜单项目”命令后，可以在动作中插入菜单中的命令，这样就可以将许多不能记录的命令插入到动作中，如工具选项、“视图”菜单、“窗口”菜单、绘画和色调工具中的命令等。

打开素材文件：素材\模块 11\插入菜单项目.jpg，如图 11-29 所示，单击“动作”面板中“图片调整”组下的“图像大小”命令将其选中，如图 11-30 所示，单击“动作”面板右上角的小三角按钮，在弹出的下拉菜单中选择“插入菜单项目”命令，弹出“插入菜单项目”对话框，如图 11-31 所示。执行“图像”|“模式”|“灰度”命令，“插入菜单项目”对话框的显示如图 11-32 所示。

此时“插入菜单项目”对话框中的“菜单项”为“模式：灰度”，单击“确定”按钮，“切换标尺菜单项目”命令便可以插入到动作中，如图 11-33 所示，单击“播放选定的动作”按钮，图像效果如图 11-34 所示。

图 11-29 素材图片

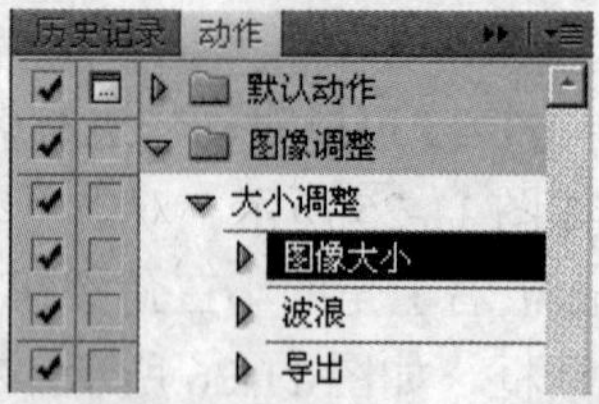

图 11-30 选择动作

图 11-31 “插入菜单项目”对话框

图 11-32 修改后的“插入菜单项目”对话框

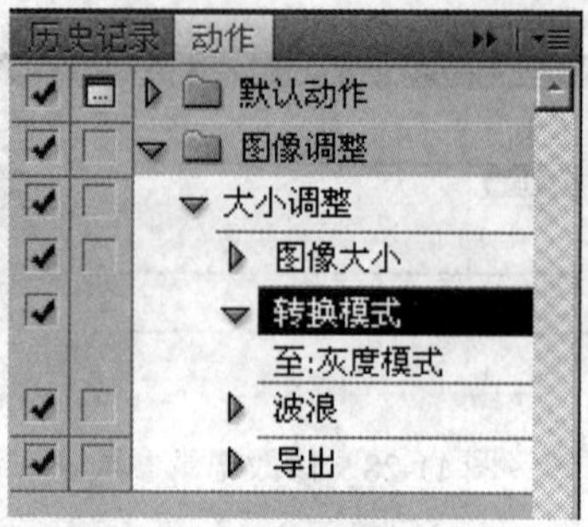

图 11-33 插入动作效果

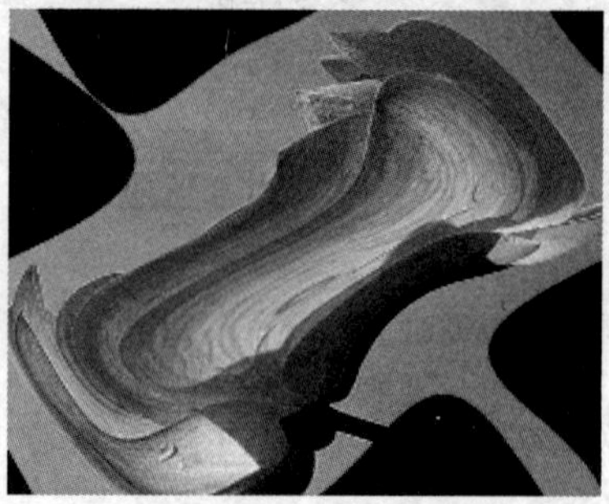

图 11-34 播放动作效果

11.4.2 指定回放速度

回放速度指在动作命令中使执行速度按三个选项改变，从“动作”面板菜单中选择“回放选项”命令，弹出“回放选项”对话框，如图 11-35 所示。

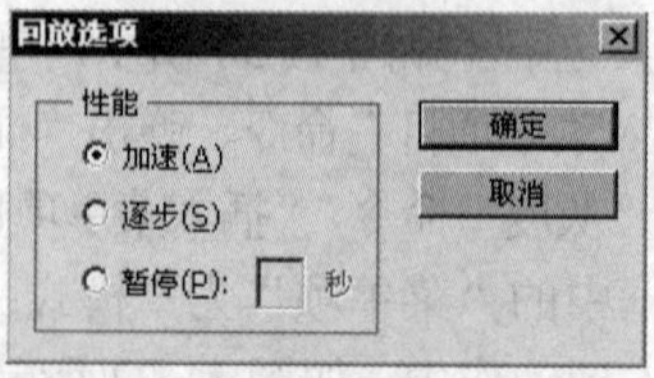

图 11-35 “回放选项”对话框

- 加速：以正常的速度播放动作（默认设置）。

> **注意** 在加速播放动作时，屏幕可能不会在动作执行的过程中更新——文件可能不曾在屏幕上出现就进行了“打开”、“修改”、“存储”和“关闭”操作，从而使动作得以更加快速地执行。如果要在动作执行的过程中查看屏幕上的文件，请改为指定“逐步”速度。

- 逐步：完成每个命令并重绘图像，然后再执行动作中的下一个命令。
- 暂停：指定应用程序在执行动作中的每个命令之间应暂停的时间量。

11.5　子模块五　批处理

“批处理”命令是指将指定的动作应用于所有的目标文件，从而实现图像处理的自动化。文件用批处理操作可简化对图像的处理流程，提高工作效率。

执行“文件”|“自动”|“批处理”命令，弹出“批处理”对话框，如图 11-36 所示。

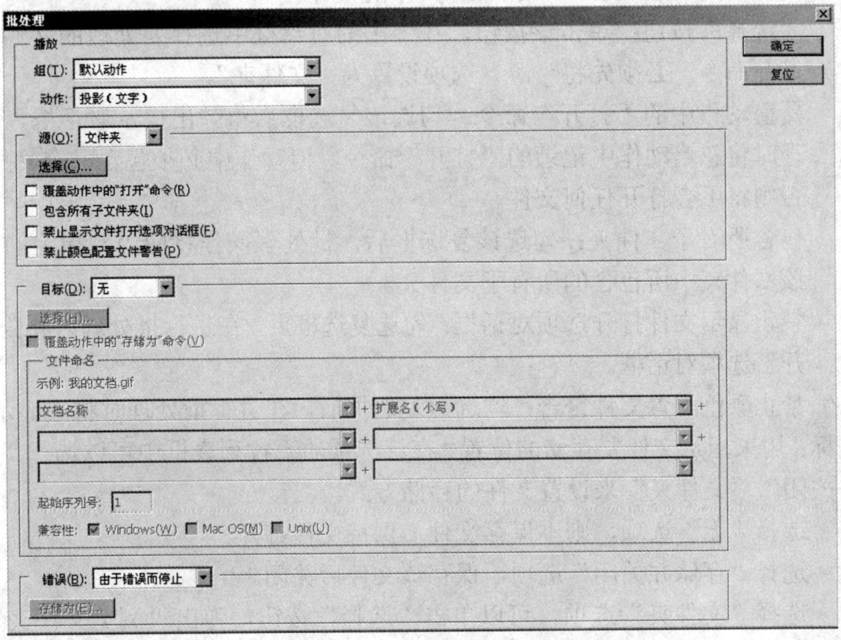

图 11-36　“批处理”对话框

- 播放：用来设置播放的组和动作组。
- 组：在该选项的下拉列表框中会显示“动作”面板中的所有动作组，从中选择要执行的动作组，如图 11-37 所示。
- 动作组：在该选项的下拉列表框中会显示“动作”面板中的所有动作，从中选择要执行的动作，如图 11-38 所示。

图 11-37　选择执行动作组

- 源：用来设置要选取处理的文件。在该选项的下拉列表框中可以选择需要进行批处理的文件来源，分别是“文件夹”、“导入”、“打开文件”和 Bridge。

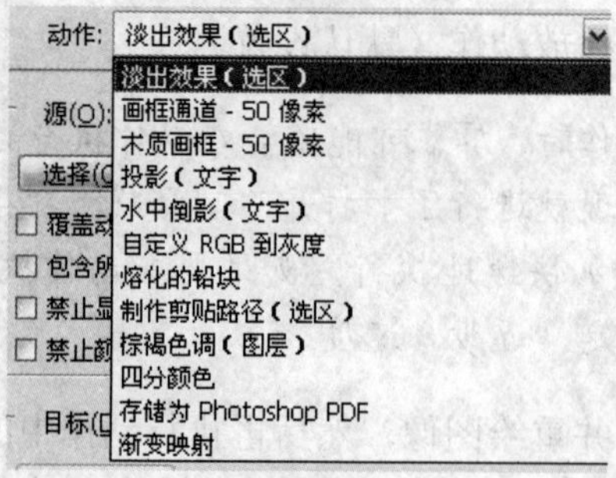

图 11-38　选择执行动作

- ➢ 选择“文件夹”选项，可以单击下面的“选择”按钮，弹出“浏览文件夹”对话框。从对话框中查找并选取批处理文件夹。
- ➢ 选择“导入”选项，可以处理来自数据相机、扫描仪或 PDF 文档的图像。
- ➢ 选择“打开文件”选项，将处理所有打开的文件。
- ➢ 选择“Bridge”选项，将处理 Bridge 中选中的文件，如果没有在 Bridge 中选择文件，则处理当前 Bridge 文件夹中的文件。
- ➢ “选择”按钮：单击该按钮，在弹出的对话框中选择要处理的文件夹，若要执行此命令，必须先将“源”选项设置为“文件夹”。
- ➢ 覆盖动作中的“打开”命令：勾选该复选框后将弹出提示对话框，在进行批处理时将忽略动作中记录的“打开”命令，但动作中必须包含一个“打开”命令，否则将不会打开任何文件。
- ➢ 包含所有子文件夹：勾选该复选框后，批处理操作将应用到指定的文件夹以及该文件夹中所包含的所有子文件夹。
- ➢ 禁止显示文件打开选项对话框：勾选复选框后，在进行批处理时将隐藏文件“打开”选项对话框。
- ➢ 禁止颜色配置文件警告：勾选该复选框后，在进行批处理时将不显示颜色信息。

- ● 目标：用来指定文件要存储的位置。在该选项的下拉列表框中可以选择“无”、“存储并关闭”、“文件夹”来设置文件的存储方式。
    - ➢ 选择“无”选项，则不保存文件，保持文件打开。
    - ➢ 选择“存储并关闭”选项，保存该文件后关闭。
    - ➢ 选择“文件夹”选项，可以单击“选择”按钮，弹出“浏览文件夹”对话框，为处理过的文件指定一个保存的位置，也就是选择一个目标文件夹。
    - ➢ 覆盖动作中的“存储”命令：勾选该复选框后，将弹出提示对话框，在进行批处理时将忽略动作中记录的“存储”命令，但动作中必须包含一个“存储”命令，否则将不会打开任何文件。
    - ➢ 文件命名：将“目标”选项设置为“文件夹”后，可以在该选项组的 6 个选项中设置文件名各部分的顺序和格式。每个文件必须至少有一个唯一字段以防止文件相互覆盖。“起始序列号”为所有序列号，第一个文件的连续字母总是从字母 A 开始。“兼容性”用于使文件名与其他操作系统兼容。
- ● 错误：指定出现错误时的处理方法。在该选项的下拉列表框中可以选择“由于错误而停止”、“将错误记录到文件”来设置出现错误时的处理方法。

- ➢ 选择“由于错误而停止”选项，在批处理过程中出现错误提示时中止向下执行。
- ➢ 选择“将错误记录到文件”选项，则 Photoshop CS5 将会在批处理操作时将出现的错误信息记录下来并保存到文件中。

- “存储为”按钮：将“错误”选项设置为“将错误记录到文件”后，可以单击该按钮，弹出“存储为”对话框，指定一个保存的文件名和位置。

11.6 工作情境一　批处理图像

11.6.1 工作情境描述及效果

- 原始文件：素材\模块 11 \原始文件\批处理图像 1.jpg～批处理图像 8.jpg
- 最终文件：效果\模块 11 \最终文件\批处理图像 1.psd～批处理图像 8.psd

1. 工作情境描述

通过制作如图 11-39 所示的效果图了解如何创建动作相关功能，扩展批处理在 Photoshop CS5 中的应用，熟练掌握应用技巧。案例要点如表 11-1 所示。

表 11-1 “批处理图像”要点分析

案例要点：
- ◆ 动作的基本使用
- ◆ 批处理的使用
- ◆ 快捷批处理的创建

2. 工作情境最终效果（如图 11-39 所示）

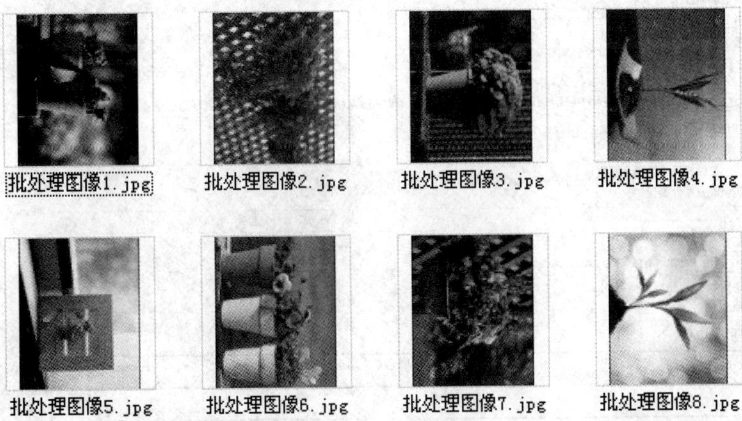

图 11-39　最终效果

11.6.2 工作情境详解

（1）在进行批处理操作前，先将图像存储到单独的一个文件夹中，如图 11-40 所示。执行“窗口”｜“动作”命令，打开“动作”面板，选择“图像调整”（动作中将会使图像顺时针旋转 90°）命令，如图 11-41 所示。

图 11-40　单独文件夹

（2）执行“文件”｜“自动”｜“批处理”命令，弹出“批处理”对话框，单击“选择”按钮，弹出“浏览文件夹”对话框，选择图像所在的文件夹。单击“确定”按钮，关闭“浏览文件夹”对话框。

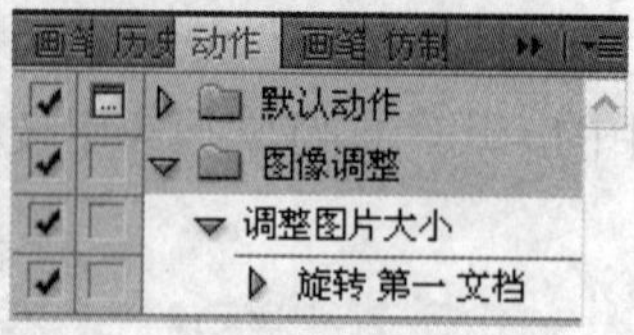

图 11-41　已做好的调整图片大小动作

（3）在“目标”下拉列表框中选择“文件夹”选项，单击“选择”按钮，弹出“浏览文件夹”对话框。单击“确定”按钮，关闭“浏览文件夹”对话框。

（4）此时，“批处理”对话框如图 11-42 所示。单击“确定”按钮，即可对指定的文件进行批处理操作，处理后的文件会保存到指定的目标文件夹中，如图 11-43 所示。在批处理过程中如需中止操作，可以按 Esc 键。

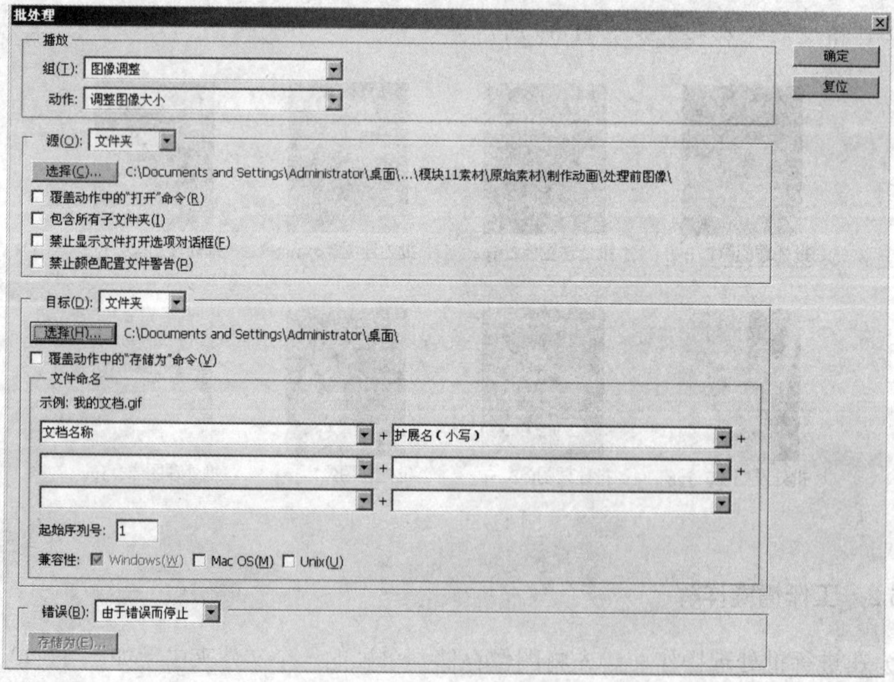

图 11-42　“批处理”对话框

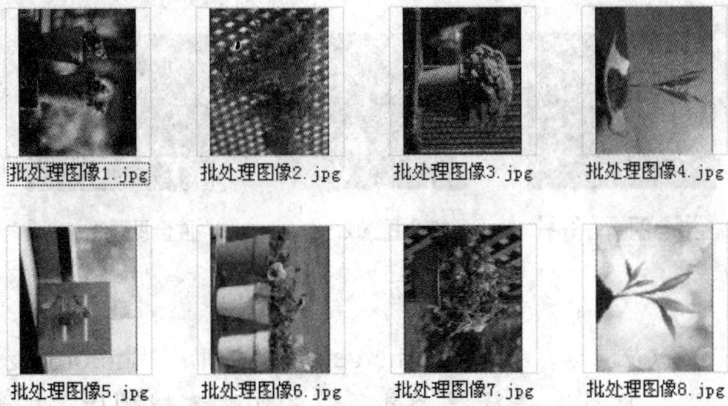

图 11-43　所有图片顺时针旋转 90°

11.7　工作情境二　自动拼合图像

11.7.1　工作情境描述及效果

- 原始文件：素材\模块 11 \原始文件\拼合图像 1.jpg～拼合图像 3.jpg
- 最终文件：效果\模块 11 \最终文件\拼合图像.psd

1. 工作情境描述

利用 Photoshop CS5 新增的 Photomerge（图像合并）功能将分别拍摄的全景图片合并成一幅全景图，制作如图 11-44 所示的效果图。案例要点如表 11-2 所示。

表 11-2　“自动拼合图像”要点分析

案例要点：

- 自动 Photomerge 功能的使用
- 对 Photomerge 的了解

2. 工作情境最终效果（如图 11-44 所示）

图 11-44　最终效果

11.7.2　工作情境详解

（1）准备 3 张素材图片：素材\模块 11\拼合图像 1.jpg～拼合图像 3.jpg，如图 11-45 所示。

图 11-45　素材图片

（2）执行“文件”｜“自动”｜Photomerge 命令，弹出 Photomerge 对话框，如图 11-46 所示。在其中单击“浏览”按钮，选择已经准备好的 3 张素材图片添加到列表中。

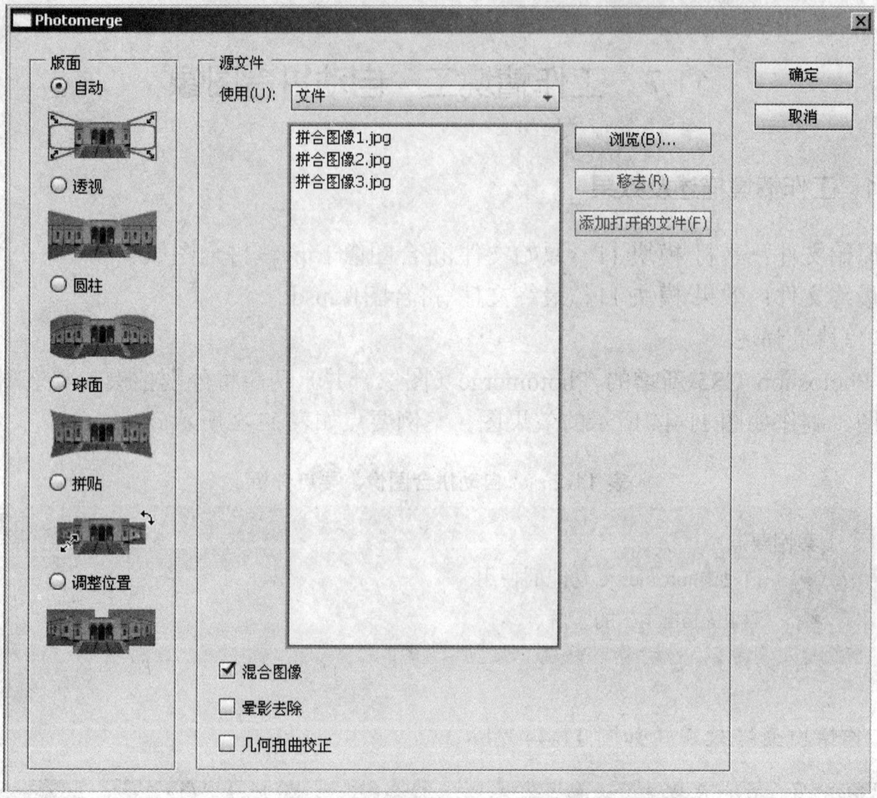

图 11-46　将 3 张素材图片添加到列表中

（3）面板框中默认为“自动”，单击“确定”按钮，系统自动对齐拼合图像并添加相应的图层蒙版，“图层”面板效果如图 11-47 所示，拼合后效果如图 11-48 所示。

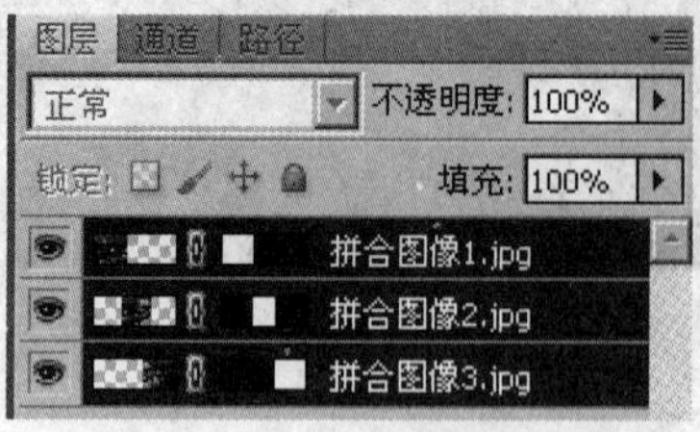

图 11-47　“图层”面板效果

图 11-48　拼合后的效果

（4）如有空白处，可以使用裁剪工具将其裁去。

11.8　模块小结

本模块主要讲解 Photoshop CS5 中动作与自动化的相关使用方法。通过学习本章内容，可以了解动作的基本概念及功能，懂得创建动作及其使用的方法。熟悉并掌握动作的使用要领后，可以利用其完成一些重复性的操作。

Photoshop CS5 中的自动化命令主要是针对批量文件的处理，可以大大节省工作时间，从而提高工作效率。

11.9　模块训练十一

1. 使用如图 11-49 所示的原始文件，利用“动作”将所有图片进行图像大小调整。

图 11-49　素材图像

2. 使用如图 11-50 所示的原始文件，利用自动 Photomerge 功能实现全景图合成。

图 11-50　素材图像

模块 12　Photoshop CS5 应用实战

本模块通过一些典型的综合实例贴近社会、贴近工作、贴近生活，通过本模块的学习，充分运用 Photoshop CS5 的各种命令功能进行实际操作设计，在实际工作中，满足从事平面设计、包装设计和爱好动画制作的人们的需要。

重点提示：

- 海报设计。
- 包装设计。
- 动画设计。

12.1　综合应用一　海报设计

海报设计是一种信息传递艺术，是一种大众化的宣传工具。海报又称招贴画，是贴在街头墙上、挂在橱窗里的大幅画作，以其醒目的画面吸引路人的注意。海报按其应用的不同大致可以分为商业海报、文化海报、电影海报和公益海报等。海报设计的总的要求是使人一目了然，是对图像、文字、色彩、版面、图形等表达广告的元素进行平面艺术创意性的一种设计活动或过程创作。

12.1.1　综合应用描述及效果

- 原始文件：素材\模块 12\童真.jpg、童稚.jpg、童乐.jpg、童趣.jpg
- 最终文件：效果\模块 12\六一儿童节海报设计.psd

1. 综合应用描述

通过进行设计如图 12-1 所示的效果，了解如何根据所给题材和图形，按照要求进行海报设计，通过六一儿童节海报案例的设计与制作能够掌握 Photoshop CS5 中常用工具的使用要领，在实际生活中根据需要举一反三，案例要点如表 12-1 所示。

表 12-1　“海报设计”要点分析

案例要点：
◆ 渐变工具的使用，绘制气球
◆ 钢笔工具的使用，绘制彩色飘带
◆ 椭圆形选区的使用，绘制彩色装饰点
◆ 4 幅图片的版面安排
◆ 文字工具的使用

2. 工作情境最终效果（如图 12-1 所示）

图 12-1　六一儿童节海报设计的最终效果

12.1.2　综合应用情境详解

（1）执行“文件”｜“新建”命令，弹出“新建”对话框，设置“宽度”为 297 毫米，“高度”为 210 毫米，“分辨率”为 150，“颜色模式”为 RGB，单击“确定”按钮，新建一个空白文档，命名为“六一儿童节海报设计”，如图 12-2 所示。

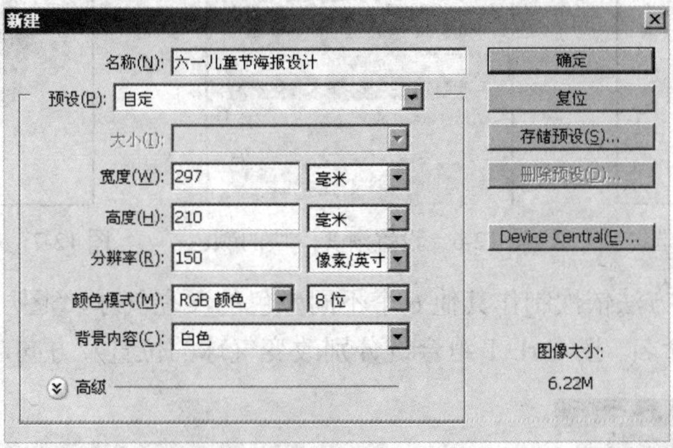

图 12-2　“新建”对话框

（2）分别打开原始文件“童真”、“童稚”、“童乐”、“童趣”4 幅图像，如图 12-3 所示。选择工具箱中的移动工具，分别将 4 幅图像拖曳到刚才新建的文档中，在“图层”面板中自动生成“图层 1”、“图层 2”、“图层 3”、“图层 4”，将图层名称对应地重新命名为“童真”、“童稚”、“童乐”、“童趣”，如图 12-3 所示。

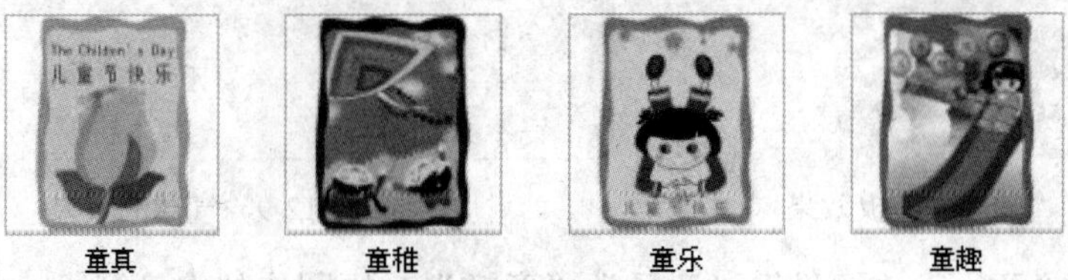

图 12-3　素材图像

图 12-4 “图层”面板

（3）在“童真”图层上方新建图层并命名为“黄色气球”，选择椭圆形选区工具绘制气球形状的椭圆形选区，如图 12-5 所示，将“前景色”和“背景色”分别设置成柠檬黄与橘色，选择渐变工具打开“渐变编辑器”对话框，从左至右分别设置渐变滑块两端的颜色，效果如图 12-6 所示。单击“确定”按钮，在选区中拖曳鼠标填充球形渐变，效果如图 12-7 所示。

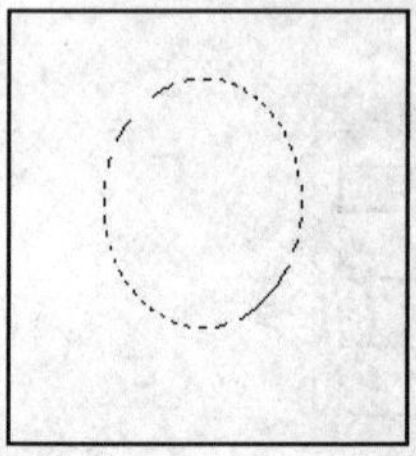

图 12-5 绘制选区

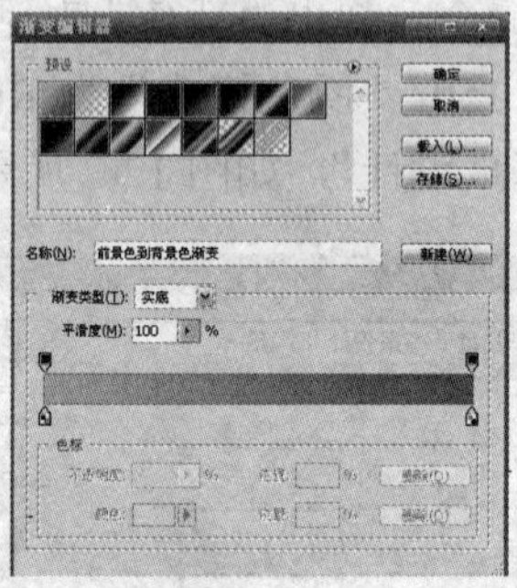

图 12-6 设置渐变滑块的颜色

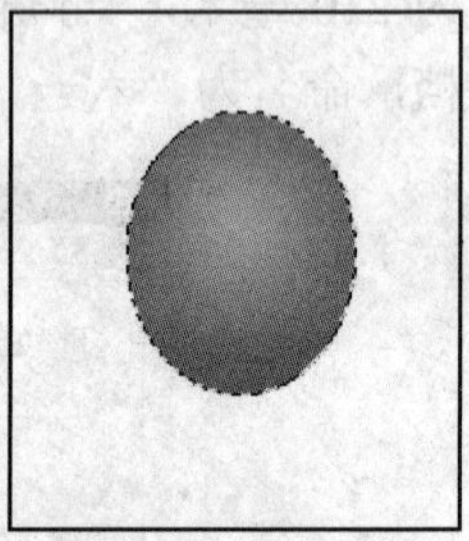

图 12-7 填充渐变效果图

（4）使用同样的方法依次制作其他 6 个不同颜色的漂亮气球，“图层”面板效果如图 12-8 所示。按不同的颜色命名，按 Ctrl+T 组合键分别改变气球的位置及方向，效果如图 12-9 所示。

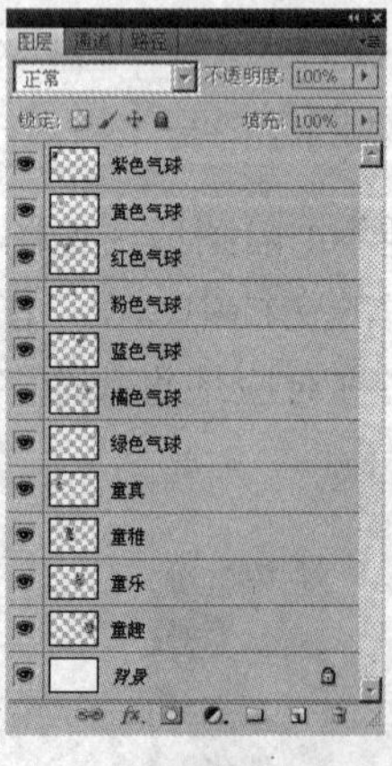

图 12-8 “图层”面板效果

图 12-9 气球的效果

（5）分别为“童真”、“童稚”、“童乐”、“童趣”4 幅图片制作风筝线，前景色为棕色，在 6 个气球图层上方新建 4 个图层，分别命名为“线 1”、“线 2”、“线 3”、“线 4”，与其图片相对应，“图层”面板效果如图 12-10 所示。将 4 幅图像分别用画笔工具组中的铅笔工具绘制风筝线的效果，如图 12-11 所示。

注意　可根据个人需要为风筝线加一些装饰（如蝴蝶结，将每个风筝线的交叉点放上蝴蝶结作为装饰），使版面的整体视觉效果更美观。

图 12-10　“图层”面板效果

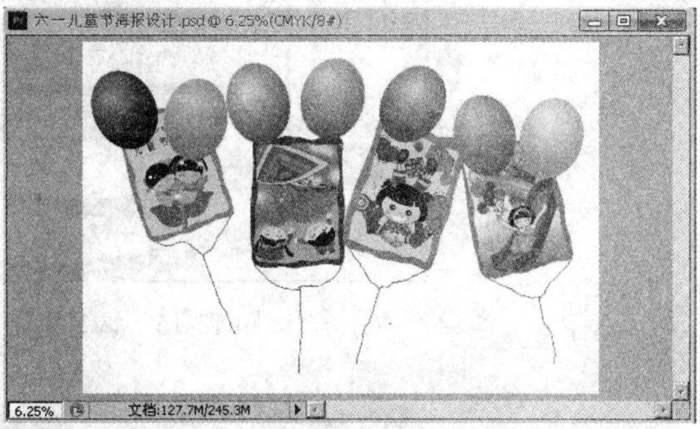

图 12-11　4 幅图像风筝线的效果

（6）绘制彩色装饰点。选择工具箱中的椭圆形工具，在“线 1”图层上方新建图层，命名为“装饰点”，“图层”面板效果如图 12-12 所示。填充各种颜色，适当调整点颜色的不透明度，形成虚实对比的点，如图 12-13 所示。

图 12-12　“图层”面板效果

图 12-13　填充颜色效果

（7）绘制彩色飘带。选择工具箱中的钢笔工具，选择标题栏中的第二项路径线，绘制曲线路径。到“路径”调板中选择底部第二项，将路径转为选区，在“装饰点”图层上方新建图层，命名为“飘带”，按住 Alt 键的同时按 Delete 键或者按住 Alt 键的同时按 Backspace 键，填充红颜色，制作过程如图 12-14 所示。依次复制几条飘带，执行“图像”|“调整”|“色相饱和度”命令，如图 12-15 所示。改变飘带颜色的同时适当调整飘带大小，形成多种颜色对比的视觉效果，分别分布在画面的右上和左下，增强海报画面美感，如图 12-16 所示。

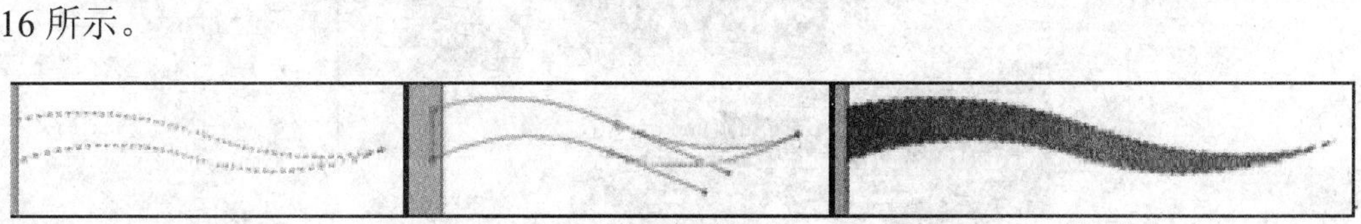

图 12-14　绘制飘带的过程

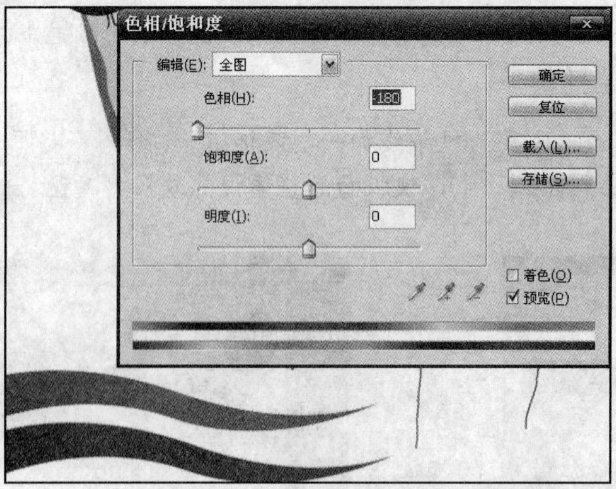

图 12-15　调整飘带色相的过程

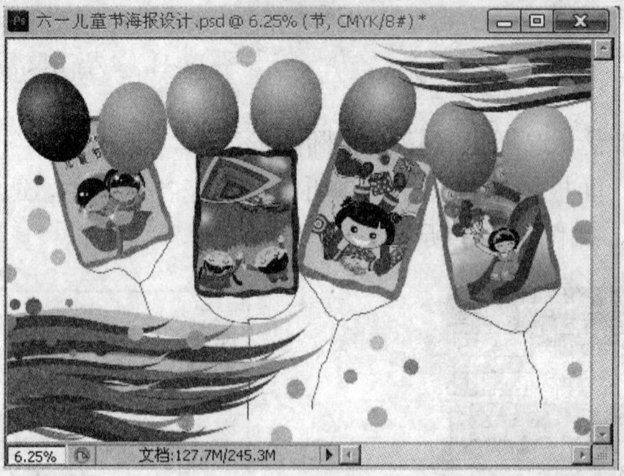

图 12-16　飘带分布在画面的右上和左下位置

（8）选择工具箱中的文字工具，分别在彩色气球上从左到右依次输入“六”、“一”、“儿”、“童”、“节”、“快”、“乐”7 个字，并自动新建 7 个图层。字的颜色为白色，字体根据自己的喜好选择，使用自由变换工具将文字的方向跟随气球的方向适当调整，最终效果如图 12-17 所示。

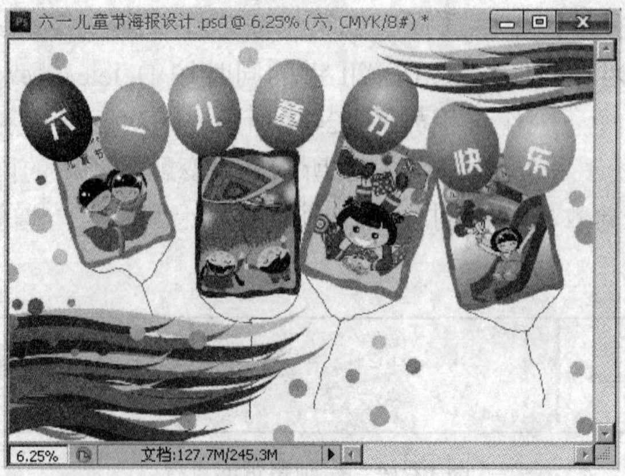

图 12-17　在彩色气球上分别打上一个字

12.2　综合应用二　包装设计

包装设计是指选用合适的包装材料，运用巧妙的工艺手段，为包装商品进行容器结构造型和包装的美化装饰设计。包装是品牌理念、产品特性、消费心理的综合反映，它直接影响到消费者的购买欲。我们深信，包装是建立产品与消费者亲和力的有力手段。包装的功能是保护商品、传达商品信息、方便使用、方便运输、促进销售、提高产品附加值。包装作为一门综合性学科，具有商品和艺术相结合的双重性。

12.2.1　综合应用描述及效果

- 原始文件：素材\模块 12 \香水包装设计.jpg
- 最终文件：效果\模块 12 \香水包装设计.psd

1. 工作情境描述

通过制作如图 12-18 所示的效果掌握包装的设计与制作方法，案例要点如表 12-2 所示。

表 12-2　“香水包装设计”要点分析

案例要点：
◆ 渐变工具的使用
◆ 钢笔绘制香水瓶路径
◆ 画笔喷绘磨砂玻璃效果

2. 工作情境最终效果（如图 12-18 所示）

图 12-18　香水瓶最终效果

12.2.2 综合应用情景详解

（1）新建高和宽 80×120 毫米、分辨率为 200 像素的文件，“图层”面板效果如图 12-19 所示，把背景填充渐变，如图 12-20 所示。

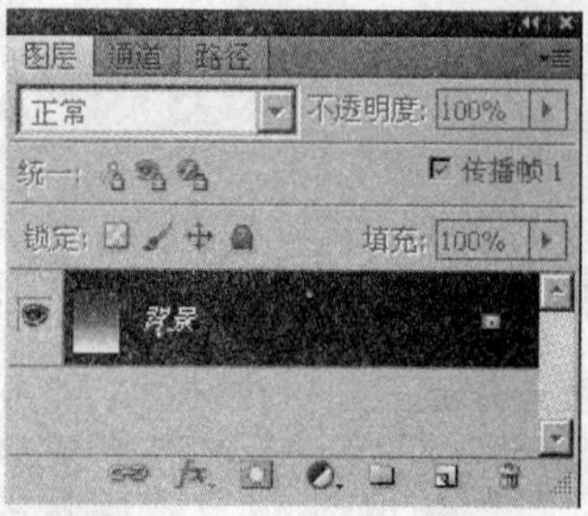

图 12-19 “图层”面板效果

图 12-20 背景渐变效果

（2）选择工具箱中的钢笔工具，如图 12-21 所示。在标题栏中选择“绘制路径线”工具，用钢笔工具绘制瓶身的左半侧形状，如图 12-22 所示。选择工具箱中的路径选择工具，按住 Alt 键和鼠标左键，将绘制好的左半侧路径线复制出来，同时按住 Shift 键将复制的路径线水平移到右边，如图 12-23 所示。

图 12-21 钢笔工具标题栏

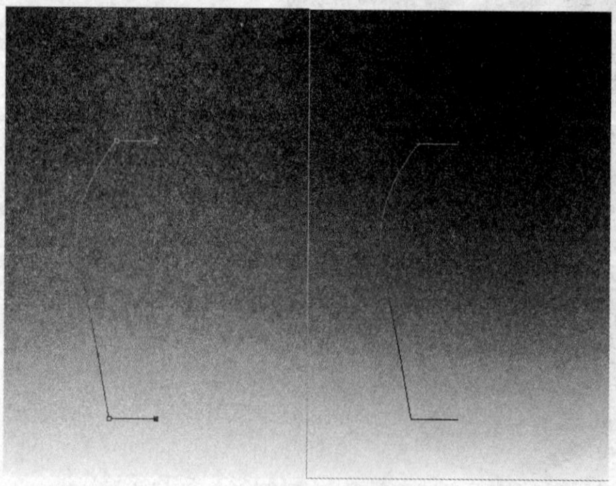

图 12-22 按香水瓶的形状绘制路径线

图 12-23 复制后水平移到右边

（3）在已复制的路径线上按 Ctrl+T 组合键并右击，在弹出的快捷菜单中选择“水平翻转”

选项，完成香水瓶右侧的绘制，效果如图 12-24 所示。

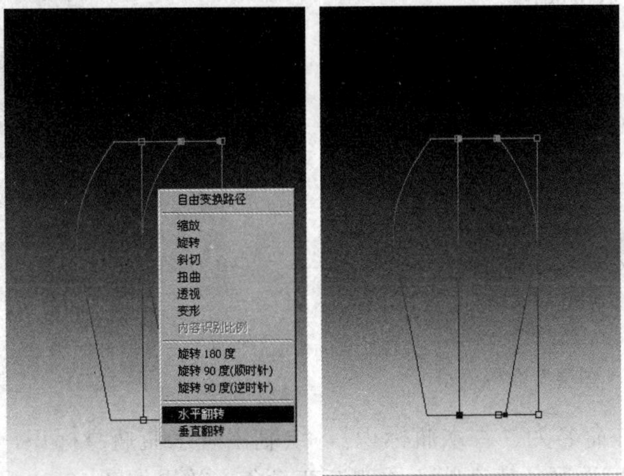

图 12-24 “复制的路径线”水平翻转

（4）选择工具箱中的钢笔工具，连接上下两端有空隙的锚点，形成封闭的路径线，如图 12-25 所示。转换到“路径”面板，将路径存储并命名为“香水瓶路径”，如图 12-26 所示。按 Ctrl+Enter 组合键将路径转换为选区，如图 12-27 所示。

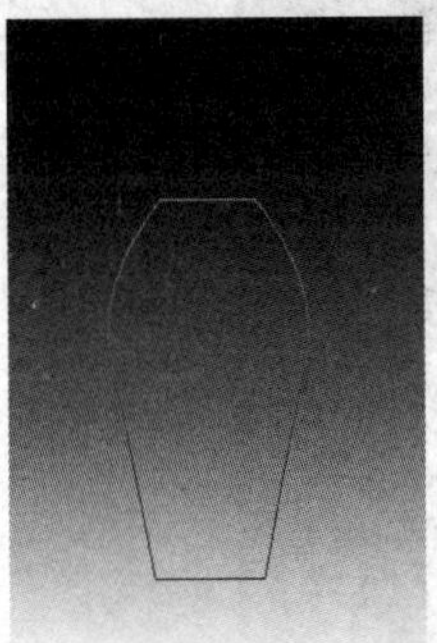

图 12-25 形成封闭的路径线

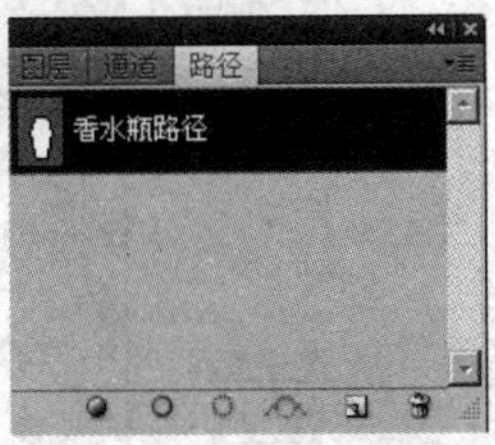

图 12-26 命令为“香水瓶路径”

图 12-27 路径转换为选区

（5）选择工具箱中的画笔工具，在“画笔”面板中选择笔刷头为柔角、大小为 150 像素的笔刷头样式，如图 12-28 所示。在标题栏中将画笔的不透明度调整为 60%，如图 12-29 所示。

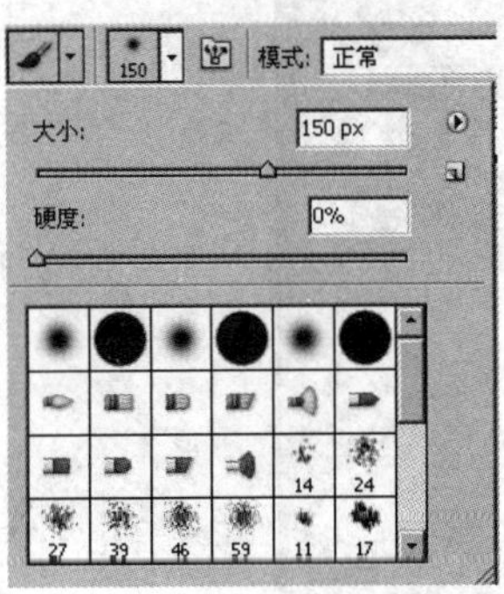

图 12-28 画笔的大小

图 12-29 画笔的不透明度

（6）新建图层并命名为“瓶身”，“前景色”设为“白色”，如图 12-30 所示。用刚才调整好的画笔在选区边缘喷绘白色，绘制瓶身的立体效果如图 12-31 所示。在绘制的时候注意控制笔刷头的压力和不透明度。

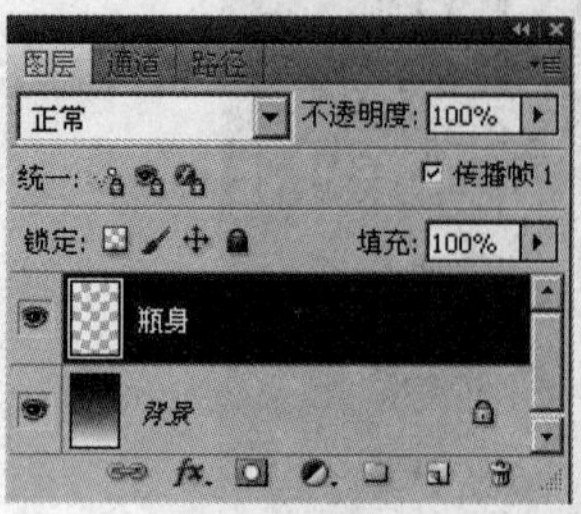

图 12-30 “图层”面板效果

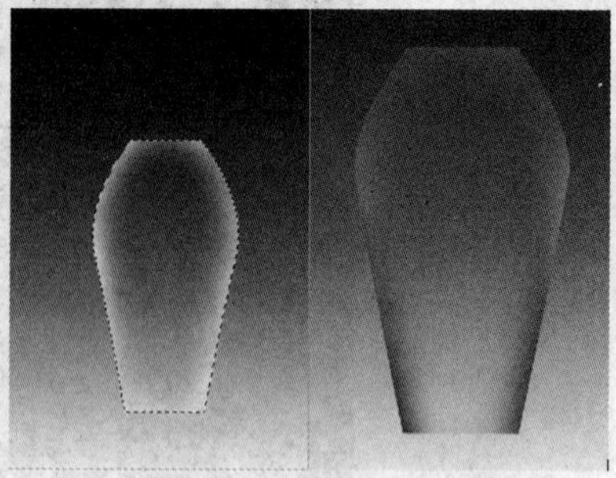

图 12-31 瓶身的绘制

（7）新建图层并命名为“香水瓶标识”，绘制出香水瓶瓶身标识，选择工具箱中的矩形选区工具，画一个矩形选区，填充紫色透明渐变颜色，效果如图 12-32 所示。单击图层样式工具面板，选择“描边”选项，为矩形边描白色边，数值如图 12-33 所示，再选择文字工具 T，写上某某香水瓶的字样，效果如图 12-34 所示，“图层”面板效果如图 12-35 所示。

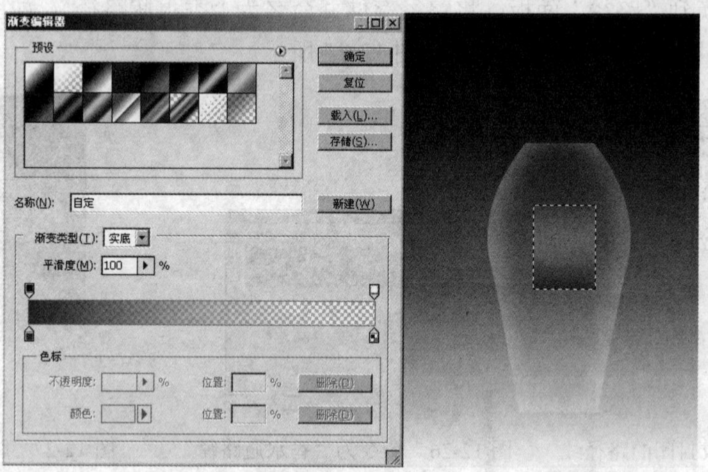

图 12-32 紫色透明渐变颜色

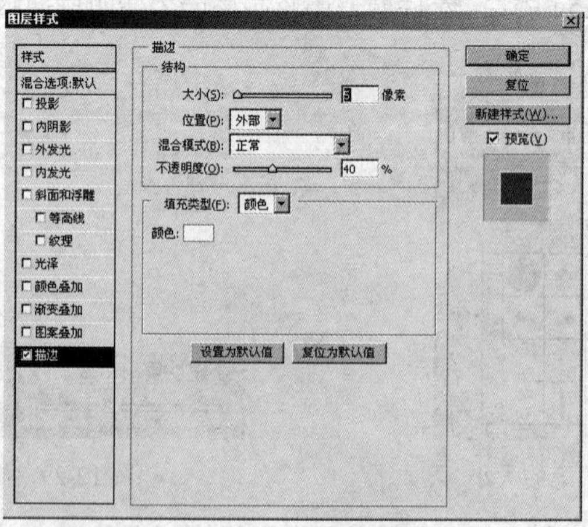

图 12-33 描边数值

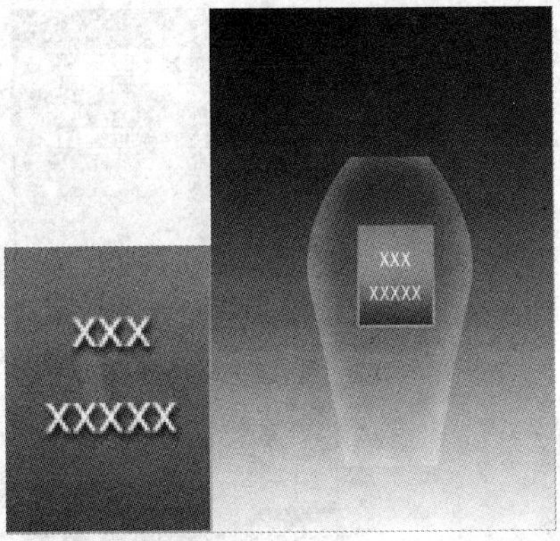

图 12-34　文字字样

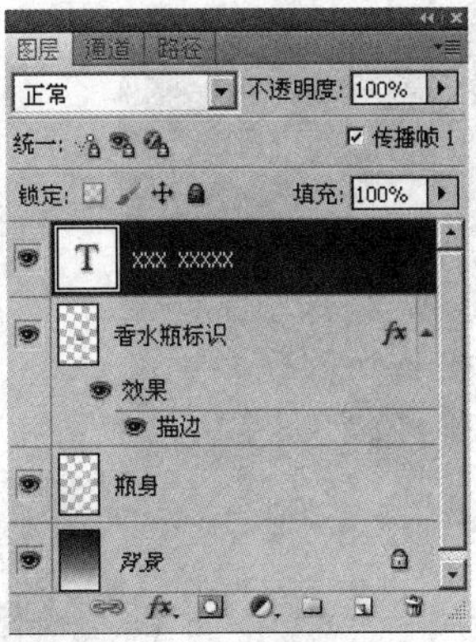

图 12-35　“图层”面板效果

（8）新建图层并命名为“香水瓶瓶口”，绘制出香水瓶瓶口，选择工具箱中的渐变工具，调整渐变色如图 12-36 所示，选择工具箱中的矩形选区工具，画一个矩形选区，填充刚才调好的渐变色，选区暂不取消，将选区上移，反方向填充渐变，单击右上方的控制点并向里拖动成为梯形形状，同理，依次绘制出瓶口形状的渐变效果，如图 12-37 所示。

图 12-36　渐变效果

图 12-37　运用自由变换绘制“瓶口”

（9）瓶底的绘制和圆柱体底部的绘制方法是一样的，按 Ctrl+R 组合键显示标尺，先拖曳出一条水平参考线放到瓶身的下方，再拖曳出两条垂直参考线贴近瓶身的两边，选择工具箱中的椭圆形选区工具，贴紧底部参考线绘制椭圆形选区，并被参考线平分为上下两部分，如图 12-38 所示，“图层”面板效果如图 12-39 所示。选择工具箱中的矩形选区，选择标题栏中的“加选”按钮，也可以按住 Shift 键加选，用矩形选区以椭圆形的上半部分为准并包含瓶身框选，如图 12-40 所示。按住 Ctrl+Shift+I 组合键将选区反向，如图 12-41 所示，删除瓶底就两角的多余部分，瓶底就绘制好了，效果如图 12-42 所示。

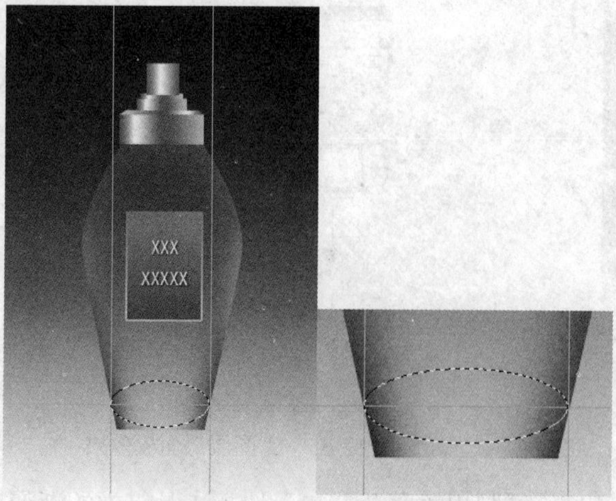

图 12-38 两条参考线贴紧底边

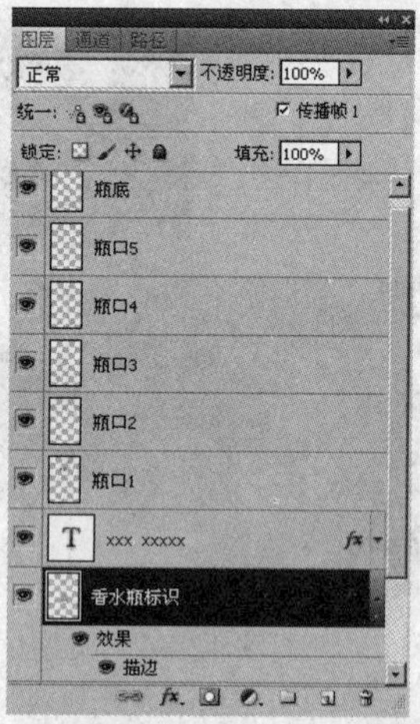

图 12-39 “图层”面板效果

图 12-40 选区全选

图 12-41 选区反选

图 12-42 删除瓶底两角

（10）绘制香水瓶底部的透视立体效果。再次选择工具箱中的椭圆形选区工具，贴紧参考线绘制椭圆形选区，把前景色调成同色调明度偏低的颜色，选择工具箱中的画笔工具，新建图层并命名为“瓶底”，在椭圆形选区内喷绘前景色，完成最后瓶底效果，如图 12-43 所示。

图 12-43 瓶底立体感最终效果

12.3 综合应用三 动画设计

动画实际上是连续的静态图画，因此在制作动画之前，首先准备好动画播放过程中的一系列单帧图像，按照我们的需要进行动画编辑。

12.3.1 综合应用描述及效果

- 原始文件：素材\模块 12\手机彩信设计.jpg
- 最终文件：效果\模块 12\手机彩信设计.gif

1. 综合应用描述

通过动画设计如图 12-44 所示的效果了解如何根据所给的单帧图像进行设计，通过动画的设计与制作能够掌握动画设计的要领，在实际生活中根据需要举一反三。案例要点如表 12-3 所示。

表 12-3 "手机彩信设计"要点分析

案例要点：

- 画笔工具的使用，绘制场景和人物
- 自定义图案的使用
- "动画"调板的使用

2. 工作情境最终效果（如图 12-44 所示）

图 12-44 手机彩信

12.3.2 综合应用情境详解

（1）执行"文件" | "新建"命令，宽和高为 310×417 毫米，新建图层并命名为"蓝天"，绘制天空背景为蓝色，可适当制作几朵云彩。新建图层并命名为"草坪"，选择工具箱中的画笔工具，调整笔刷头的大小绘制草坪。将绘制好的气球拖曳过来，再用笔刷绘制彩色蝴蝶作为装饰，如图 12-45 所示。

（2）将素材人物和风筝拖曳进图层，如图 12-46 所示，分别命名为"儿童 1"和"风筝 1"，如图 12-47 所示，并根据动画设计将人物和风筝的动态再分别命名为"儿童 2"和"风筝 3"，运用自由变换旋转人物和风筝的角度，如图 12-48 所示。

图 12-45　绘制背景

图 12-46　风筝、人物

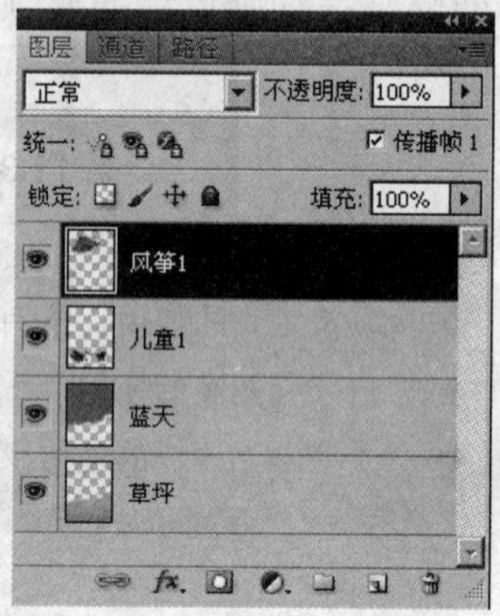

图 12-47　“图层”面板效果

图 12-48　旋转人物和风筝的角度

（3）在“风筝 1”上方新建两个图层，分别命名为“蓝色框 1”和“蓝色框 2”，使用矩形工具绘制其装饰框都为蓝色，一深一浅，目的是为了产生一闪一闪的视觉效果，可适当修饰边框效果，如图 12-49 所示。

（4）新建文字“儿童节快乐”并为 5 个字分别建立 5 个图层，可设置描边样式，如图 12-50 所示。

图 12-49　装饰框的绘制

图 12-50　创建 5 个文字图层

（5）打开“动画（帧）”面板，新建 11 个帧，将 11 个帧按照如下动画帧的前后顺序排好，分别设置帧中使用图层的显示与隐藏，如图 12-51 所示。

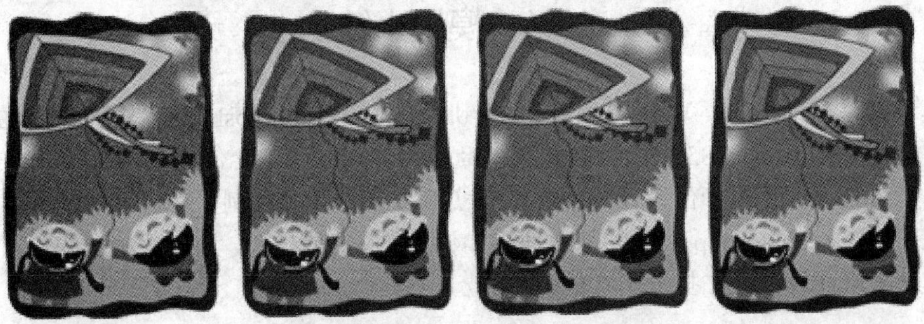

1 帧　　2 帧　　3 帧　　4 帧

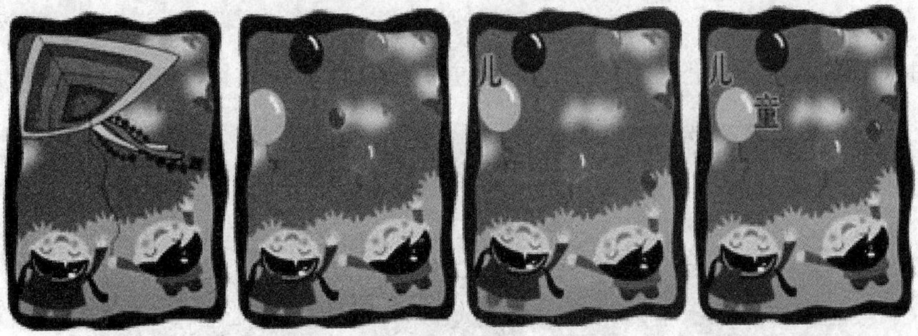

5 帧　　6 帧　　7 帧　　8 帧

图 12-51　“11 帧单帧图片”及安排顺序

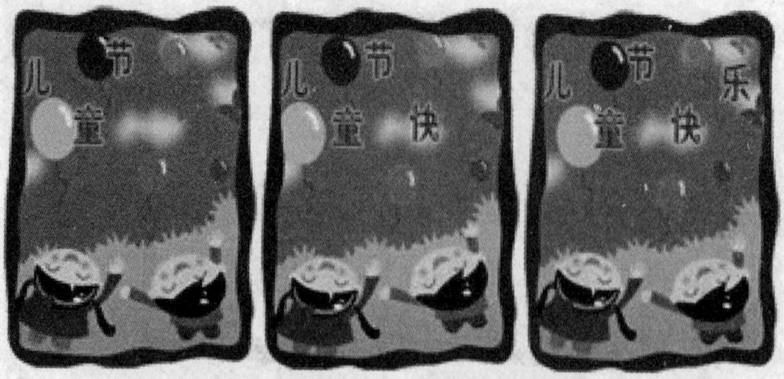

9 帧　　10 帧　　11 帧

图 12-51　“11 帧单帧图片”及安排顺序（续图）

（6）所有帧安排好后，单击“播放”按钮 ▶ 观看最终效果，“动画（帧）”面板效果如图 12-52 所示。至此，我们就可以欣赏了，也可以来些创意，自由发挥，按照自己手机屏幕的大小亲手为自己设计一个手机彩信。

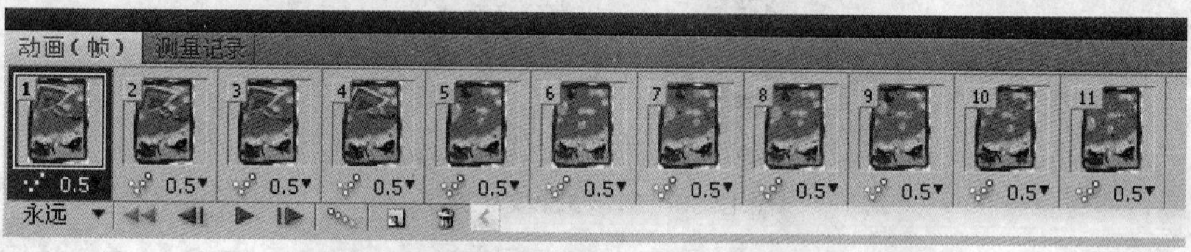

图 12-52　“动画（帧）”面板效果

12.4　模块小结

本模块通过多个不同类型的平面设计主要讲解如何运用Photoshop CS5进行综合的平面设计创作，掌握 Photoshop CS5 中的工具和菜单命令的使用方法，会使用 Photoshop CS5 进行海报设计、包装设计、手机彩信设计等平面综合实例设计。通过实例操作，读者需要多加练习，进一步巩固、掌握 Photoshop CS5 的基本理论知识，掌握实战技巧，为今后精彩的生活和工作，以及专门从事平面设计工作打下坚实的基础。

12.5　模块训练十二

1. 使用如图 12-53 所示的原始文件设计，并制作立体包装效果，如图 12-54 所示。

图 12-53　素材图像

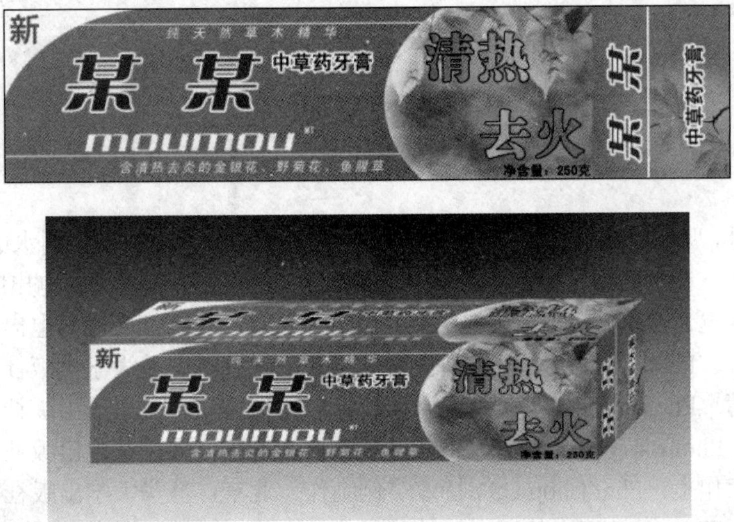

图 12-54　包装效果

2. 使用如图 12-55 所示的原始文件制作某某自助西餐店的优惠券。

图 12-55　素材图像

参考文献

[1] 彭德林，明丽宏. Photoshop CS3 中文版技能教程. 北京：中国水利水电出版社，2009.

[2] 何文生. 图形图像处理技术——Photoshop CS3. 北京：人民邮电出版社，2009.

[3] 腾龙视觉. Photoshop CS5 中文版从入门到精通. 北京：人民邮电出版社，2010.

[4] 姚海军. Photoshop CS2 图形图像处理. 北京：国防科技大学出版社，2008.

[5] 晋华菊. Photoshop CS4 完美创意设计. 北京：北京科海电子出版社，2009.

[6] 权威. Photoshop CS5 中文版完全自学手册. 北京：人民邮电出版社，2011.

[7] 科教工作室. Photoshop CS4 特效实例制作. 北京：清华大学出版社，2009.

[8] 吉祥. Photoshop CS4 数码照片处理经典 200 例. 北京：科学出版社，2010.

[9] 新视角文化行. Photoshop CS3 图像处理实战从入门到精通. 北京：人民邮电出版社，2008.

[10] 雷波. Photoshop CS4 中文版标准教程. 北京：中国青年出版社，2009.

[11] 胖鸟工作室. Photoshop CS5 完全自学手册. 北京：北京希望电子出版社，2010.